Interannuelle Klima-Wachstums-Beziehungen zentraleuropäischer Bäume von AD 1901 bis 1971

BONNER GEOGRAPHISCHE ABHANDLUNGEN

Heft 125 ISSN 0373-0468

Burkhard NEUWIRTH

Interannuelle Klima-Wachstums-Beziehungen zentraleuropäischer Bäume von AD 1901 bis 1971

Eine dendroklimatologische Netzwerkanalyse

Herausgeber • *Editor*
Geographisches Institut der Universität Bonn
Department of Geography, University of Bonn

Verantwortlicher Herausgeber • *Editor-in-Chief* W. Schenk
Schriftleitung • *Editorial Management* A. Lunkenheimer

E. Ferger Verlag 2010

Interannuelle Klima-Wachstums-Beziehungen zentraleuropäischer Bäume von AD 1901 bis 1971

von • by

Burkhard NEUWIRTH

mit 22 Tabellen, 52 Abbildungen
und einer Beilagen-CD
with 22 tables, 52 figures
and a CD-supplement

In Kommission bei • *on consignment with*
E. Ferger Verlag, Bergisch Gladbach

ISBN: 978-3-931219-40-6

Druck • *Print* Druckerei Martin Roesberg, 53347 Alfter-Impekoven

Inhalt

Abbildungen

Tabellen

Vorwort

Die vorliegende Arbeit entstand als Dissertation im Rahmen meiner Tätigkeiten als Wissenschaftlicher Mitarbeiter am Lehrstuhl für Klimatologie und Hochgebirgsökologie von Herrn Prof. Dr. Matthias Winiger. Sie wurde im Mai 2005 mit der Online-Publikation unter

http://hss.ulb.uni-bonn.de/diss_online/math_nat_fak/2005/neuwirth_burkhard/neuwirth.htm

abgeschlossen und liegt nun mit diesem Heft auch in gedruckter Form vor. Ziel der Untersuchung ist die Validierung der These, dass die in den Radialzuwächsen der Bäume enthaltenen Anomalien zu regionalen Wachstumsmustern führen, die durch die von den mittleren Bedingungen abweichenden Witterungsverhältnissen verursacht werden.

Die Idee zu dieser Arbeit entstand in mehreren Gesprächen mit Prof. Winiger und Prof. Dr. Fritz Hans Schweingruber (WSL Birmensdorf/CH), meinen beiden Doktorvätern. Beiden danke ich für die immerwährende Bereitschaft, Fragen und Probleme zu diskutieren und Anregungen sowie Denkanstösse gegeben zu haben. Prof. Schweingruber danke ich überdies dafür, mich mit vielen Dendrochronologen bekannt gemacht zu haben. Dies hat mir viele Zugänge zu Kollegen und Labors und deren Jahrringdaten geöffnet, ohne die diese Arbeit nicht umsetzbar gewesen wäre.

Der gesamten Forschergruppe und insbesondere Herrn Prof. Winiger bin ich zu Dank verpflichtet für die Möglichkeiten, die mir am Geographischen Institut der Uni Bonn geboten wurden. Nicht nur, dass meine finanzielle Absicherung durch eine Doktorandenstelle gesichert war, ich konnte meine wissenschaftlichen Arbeiten im Bereich der Dendrochronologie ganz nach meinen Vorstellungen realisieren. Bei Prof. Winiger fand ich im Rahmen seiner Möglichkeiten immer ein offenes Ohr für die Umsetzung von Ideen und kleinen Projekten, die Realisierung von Anschaffungen, die Finanzierung von Dienstreisen im In- und Ausland.

Zu besonderem Dank verpflichtet bin ich meinem Kollegen und Freund Dr. Jan Esper (WSL Birmensdorf/CH). Er hat mein Interesse für die Dendroklimatologie geweckt, mich in die Gedankengänge und Methoden der Dendrochronologie eingeführt und viele Stunden mit mir verbracht, angefangen mit einer ersten Betreuung der Geländearbeit zur Diplomarbeit bis hin zur Diskussion der letzten Ergebnisse dieser Dissertation.

Wolfram Elling (Forschungsinstitut Weihenstephan, Freising/D), Christoph Dittmar (Uni Bayreuth/D), Kurt Nicolussi (Uni Innsbruck/A), Otto Ulrich Bräker, Poalo Cherubini, Theo Forster, Holger Gärtner, Felix Kienast, Padrout Nogler, Andreas Rigling, Fritz Hans Schweingruber, Kerstin Treydte (alle WSL Birmensdorf/CH), Stephan Bonn (TU Dresden/D), Carole Desplanque, Veronique Petitcolas, Christoph Rolland (alle Uni Grenoble/F), Rob Wilson (Ontario/CAN), Fabian Meyer (Uni Basel/CH), Ellen Gers, Dagmar Friedrichs, Ulf Büntgen, Heike Gruber (GIUB Bonn/D), Burghart Schmidt (Uni Köln/D), Tim Mitchell (CRU Norwich/GB) und Heiko Paeth (MIUB Bonn/D) stellten mir für diese Arbeit einen Teil ihrer Datensätze mit den dazugehörigen Metadaten vorbehaltlos und unentgeltlich zur Verfügung. Mir ist bewusst, dass dies keine Selbstverständlichkeit ist und ich mit diesen Daten auch eine Verantwortung übernommen habe. In der Hoffnung dieses Vertrauen erfüllt zu haben, bedanke ich mich bei allen Genannten für die Bereitstellung der Daten.

Meinen ehemaligen und aktuellen Kolleginnen und Kollegen im Bonner Dendrolabor Ulf Büntgen, Jan Esper, Dagmar Friedrichs, Holger Gärtner, Heike Gruber, Lisa Hauck, Ingo Heinrich, Kerstin Treydte und Anne Verstege sage ich Dank für ihre Hilfe und Diskussionsbeiträge zu methodischen, inhaltlichen und organisatorischen Bereichen in verschiedenen Stadien der Arbeit. Ebenso gilt mein Dank meinen Kolleginnen und Kollegen in der AG Winiger, besonders Susanne Schmidt, Martin Gumpert, Andre Walter und Patrick Cremer sowie Isabelle Roer aus dem GRK 437, für ihre Beiträge in klimatologischen und GIS-technischen Fragen.

Yamout Hossein danke ich für seine Einführung in ArcView, besonders bei der Erstellung der Kartengrundlagen. Der Firma RinnTech in Heidelberg, namentlich Frank Rinn, Constantin Sander und Ursula Röper, danke ich für ihre prompten Hilfestellungen bei Hard- und Software bezogenen Fragen und Problemen zur Jahrringbreitenmessung und –analyse.

Schließlich möchte ich meinen Eltern Else und Franz-Josef und ganz besonders meiner Ehefrau Ulrike meinen Dank aussprechen. Es ist mir bewusst, dass es nicht selbstverständlich ist, mit 32 Jahren noch einmal ein Studium zu beginnen und Jahre später eine Promotion anzuschließen.

1 Einführung

„Klima-Veränderungen mit der Zeit gibt es seit Bestehen der Erde und sind etwas ganz Natürliches und Selbstverständliches" (KRAUS 2000: 426)

und umfassen alle Größenordnungen in Raum und Zeit. Dass der Mensch insbesondere durch die verstärkte Freisetzung klimarelevanter Gase seit Beginn der industriellen Revolution in der ersten Hälfte des 19. Jahrhunderts in das globale Klima eingreift, gilt als gesichert (ENQUETE KOMMISSION 1994). Parallel ist seit etwa AD 1860 ein kontinuierlicher Anstieg der globalen Oberflächentemperatur, definiert als das Mittel der Lufttemperaturen nahe der Land- und Meeresoberflächen, messbar und wird für das 20. Jahrhundert mit 0,6 ± 0,2° C beziffert (IPCC 2001 a). Prognosen für die zukünftige Klimaentwicklung schreiben den Erwärmungstrend fort, weisen aber trotz des Einsatzes gekoppelter Ozean-Atmosphäre-Modelle (z. B. CUBASCH et al. 1992) größere Schwankungsbreiten im Bereich mehrerer Grad Celsius auf, besonders in der Prognose regionaler Ausprägungen. Zudem ist bis heute unklar, wie groß der anthropogene Anteil speziell an den Klimaänderungen der letzten ca. 150 Jahre ist.

Zur Beantwortung solcher Fragen und zur Optimierung der Modellergebnisse bedarf es präziser Kenntnisse über die Amplituden, Frequenzen und räumlichen Variabilitäten der Klimaänderungen vergangener Zeiten sowie über die sie auslösenden Ursachen. Für solche Untersuchungen reichen die Zeiträume, in denen instrumentelle Klimadaten vorliegen, nicht aus (FLOHN 1985), so dass auf Stellvertreterdaten, so genannte Proxis, zurückgegriffen werden muss. Gegenüber anderen Proxis wie Eisbohrkernen, Warven, phänologischen Daten oder historischen Quellen bieten Jahrringe zwei große Vorteile: einerseits sind sie bis ins Alleröd zurück lückenlos und jahrgenau datierbar, wie die nahezu 12.000 Jahre umfassende süddeutsche Eichenchronologie belegt (BECKER 1993), andererseits stellen sie in Regionen mit jährlich wiederkehrender Wachstumsunterbrechung wie den gemäßigten Breiten ein nahezu ubiquitär verfügbares Proxi dar. Somit sind Jahrringe das zeitlich und räumlich am Höchsten aufgelöste Proxi für das Holozän.

1.1 Forschungsstand und Problemstellung

Heute ist die Dendrochronologie als Disziplin zur Rekonstruktion vergangener Umweltzustände weit über das Zeitalter instrumenteller Messungen hinaus anerkannt (BRÄUNING 1995, SCHWEINGRUBER 1996), sei es für die Erforschung von Frequenzen und Ausdehnungen historischer Waldbrände (SWETNAM 1993), der Frequenz und Amplitude geomorphologischer Prozesse (SHRODER 1980) und Erosionsbeträge (GÄRTNER et al. 2001, GÄRTNER 2003) oder im Bereich der Paläoklimatologie (BRIFFA et al. 1998, ESPER et al. 2002 a).

Der klassische Ansatz dendroklimatischer Forschungen basiert auf der Untersuchung Wachstum steuernder Faktoren, aus der Transferfunktionen für die Beziehungen zwischen Klima und Jahrringen abgeleitet werden. Ziel ist die Rekonstruktion des Klimas bzw. einzelner Klimaelemente bis weit über das Zeitalter instrumenteller Messungen hinaus. Neben der Jahrringbreite gewinnen zunehmend die Jahrringdichte (SCHWEINGRUBER et al. 1978, ESCHBACH et al. 1995) und Isotopenanalysen von Kohlen- und Sauerstoff (CRAIG 1954, FARQUHAR et al. 1982, LEAVITT et al. 1995, SCHLESER 1995, TREYDTE

2003) an Bedeutung. Dabei gelangen einfache Korrelationsberechnungen zwischen Jahrringwachstum und einzelnen Klimaelementen (LaMarche 1974) ebenso zur Anwendung wie multiple Korrelations- und Regressionsanalysen, so genannte „response functions" (Fritts 1976, Cook & Kairiukstis 1992). Neben diesen kontinuierlichen zeitreihenanalytischen Ansätzen entwickelten sich zur Extraktion des Klimasignals aus dem Jahrring Techniken auf der Basis von Extrem- bzw. Weiserjahruntersuchungen (Schweingruber 1996: 480–511, Esper et al. 2001 b, Neuwirth et al. 2004). Es wird untersucht, welche Wachstumsreaktionen durch bestimmte klimatische Konstellationen an ökologisch unterschiedlich ausgestatteten Standorten hervorgerufen werden. Dieser „diskontinuierliche Ansatz dient als Plausibilitätskontrolle für die kontinuierliche Zeitreihenanalyse" (Esper 2000: 5).

Mit der Weiterentwicklung der PC-Technik können großräumige bis hemisphärische Betrachtungen in Form von Netzwerkanalysen angestellt werden. In solchen Netzwerken werden je nach Datenumfang alle Jahrringchronologien mit Klimaelementen korreliert. So untersuchen Kahle et al. (1998) die Zusammenhänge zwischen der Variation von Klima und Witterung und Wachstumsreaktionen von Fichten, Tannen, Buchen und Eichen im Schwarzwald. Sie kommen zu dem Ergebnis, dass dem Witterungsgeschehen eine Schlüsselrolle bei der Steuerung kurz- bis mittelfristiger Wachstumsabläufe zukommt, wobei sich die Höhenlage stärker differenzierend auf das Wachstum von Bäumen auswirkt als der Faktor Exposition. Briffa et al. (2001) bilden ein nordhemisphärisches Netzwerk aus Dichtechronologien über die vergangenen 600 Jahre und untersuchen für die Temperatur so genannte „low-frequency-Variationen", d. h. Schwankungen von 10 und mehr Jahren. Dabei fassen sie ihre 387 Einzelchronologien zu neun Regionen zusammen, um aus diesen Sommertemperaturen zu rekonstruieren. Methodisch anders verfahren Mann et al. (1998) bei ihrer nordhemisphärischen Temperaturrekonstruktion, in dem sie ihr Netzwerk, zu dem neben Jahrringserien auch andere Proxis wie Eisbohrkerne und Warven zählen, in ein GRID-Netz gliedern und für jeden Gitternetzpunkt die Rekonstruktionen durchführen. Vergleiche beider resultierender Kurven zeigen hohe Ähnlichkeiten (Briffa et al. 2001). 1999 haben Mann e. a. ihre Kurve mit real gemessenen Temperaturdaten überlagert. Diese Darstellung fand Eingang in den IPCC-Bericht „Climate Change 2001 – The Scientific Basis" (IPCC 2001 a: 134) und stellt in der IPCC – „Summery for Policymakers" die zentrale Figur für die Temperaturentwicklung der letzten 1000 Jahre dar (IPCC 2001 b: 3). Jüngst liefern Mann et al. (2004) ein Corrigendum zu den Daten ihres Netzwerkes, bemerken aber, dass diese Korrekturen keinerlei Auswirkungen auf ihre publizierten Resultate hätten. Esper et al. (2002 a) jedenfalls gelangen mit anderen Standardisierungstechniken, mit deren Hilfe nicht-klimatische Trends aus den Proxidaten eliminiert werden, zu etwas anderen Ergebnissen. Sie belegen damit in einem 14 Standorte umfassenden nordhemisphärischen und extratropischen Netzwerk die Tauglichkeit von Jahrringdaten für den Nachweis von Säkularschwankungen (Cook et al. 2004).

Neben der Temperatur gilt die Aufmerksamkeit auch der Rekonstruktion anderer Klimaelemente. Rekonstruktionen des Niederschlages erweisen sich als diffiziler, was auf die räumlich höheren Disparitäten der Niederschläge zurückzuführen ist. Dennoch zeigen $\delta^{13}C$-Analysen aus Jahrringen ein hohes Niederschlagssignal (Saurer et al. 1997). Treydte et al. (2001) sehen das größte Potential für Niederschlagsrekonstruktion in einem Methodenverbund aus Kohlenstoff- und Sauerstoffanalysen unter Berücksichtigung standortökologischer Bedingungen. Erst jüngst konnten WILSON et al. (2004) für verbaute Fichtenhölzer aus dem Bayrischen Wald und FRIEDRICHS & NEUWIRTH (2004) für Eichen aus Fachwerkhäusern im südlichen Nordrhein-Westfalen die Eignung zur Rekonstruktion vergangener Niederschlagsbedingungen nachweisen. Bislang aber sind Niederschlagsrekonstruktionen nur großräumig gemittelt (BRADLEY & JONES 1987) oder aus historischen Quellen abgeleitet worden. So konnte PFISTER (1985) auf der Basis verschiedener Proxis, insbesondere historischer Quellen und phänologischer Daten für die Schweiz die Klimageschichte von 1525 bis 1860 in jahrgenauer Auflösung dokumentieren (s. a. PFISTER et al. 1999). GLASER (2001) legte gar eine 1000-jährige „Klimageschichte Mitteleuropas" vor, in der er neben Temperatur und Niederschlag auch für ausgewählte Jahre die mitteleuropäischen Druckverhältnisse rekonstruierte. Gerade dem Luftdruck und speziell der Nordatlantischen Oszillation (NAO) gilt in jüngster Zeit besonderes Interesse (COOK & D'ARRIGO 2002, LUTERBACHER et al. 2002).

Das Wachstum terrestrischer Ökosysteme und speziell der Wälder wird vor allem von lokal-klimatischen Bedingungen wie der Länge der Vegetationsperiode oder dem Wechselspiel der Klimaelemente Temperatur und Niederschlag gesteuert. Obwohl diese Bedingungen räumlich sehr stark variieren können, werden sie alle von der Lage derselben großen Luftdruckgebiete und den daraus resultierenden Zugbahnen der Zyklonen gesteuert. Für den nordatlantischen Raum erkannte DEFANT (1924) schon zu Beginn der 20er Jahre des vergangenen Jahrhunderts die Luftdruckschaukel zwischen dem Azorenhoch und dem Islandtief, heute bekannt als die Nordatlantische Oszillation, als den entscheidenden Zirkulationsmodus. Je nach Zustand der NAO, gewöhnlich ausgedrückt als standardisierte Abweichungen vom Mittelwert der Druckdifferenz zwischen zwei ortsfesten Beobachtungsstationen (PAETH 2000), erfolgen mehr zonale oder meridionale Strömungsmuster. So ist ein positiver NAO-Wert durch einen überdurchschnittlichen meridionalen Druckgradienten gekennzeichnet, aus dem vornehmlich zonale Strömungen resultieren. Zentraleuropa liegt dann im Einflussbereich westlicher Windrichtungen, die warm feuchte Luftmassen im Winter und kühl feuchte im Sommer nach Mittel- bis Nordeuropa, aber trockene Bedingungen für den südeuropäischen Raum bringen (HURRELL 1995). Bei negativer NAO verlagern sich die Westwindbereiche in südliche Richtung bis in den Mittelmeerraum hinein, wohingegen Mitteleuropa eher nördlichen Strömungskomponenten ausgesetzt ist. BENISTON & REBETEZ (1996) und BENISTON (1997) zeigten darüber hinaus, dass Schneehöhe und Ausaperungstermine in der Schweiz hoch mit den Indizes zur NAO korreliert sind. Daraus lässt sich eine Abhängigkeit der Vegetationsdauer von der NAO ableiten.

Für alle Untersuchungen zur NAO ist die Definition der so genannten NAO-Indizes von Bedeutung. In der oben angesprochenen Euler'schen, d. h. auf bestimmte Orte fixierten Betrachtungsweise basieren die Indizes auf den Stationsbeobachtungen von Akureyri auf Island und Ponta Delgada auf den Azoren (ROGERS 1984, DESER & BLACKMON 1993). Wegen der längeren Zeitreihen werden alternativ die Stationsdaten von Stykkisholmur/Island und Lissabon/Portugal oder Gibraltar/Spanien (HURRELL 1995, JONES et al. 1997) eingesetzt. Bei dieser statischen Betrachtung bleibt allerdings die evidente Verschiebung der Aktionszentren Islandtief und Azorenhoch unberücksichtigt (Mächel 1995, Kapala et al. 1998). Ulbrich & Christoph (1999) konnten zeigen, dass dieser Verlagerungsprozess auf anthropogene Einflüsse wie die Verbrennung fossiler Brennstoffe zurückzuführen sein könnte. Glowienka-Hense (1990) schlägt als alternativen Ansatz eine dynamische Definition des NAO-Index vor, in dem das gesamte nordatlantische Bodenluftdruckfeld zwischen 10° und 70° W sowie 20° und 70° N einbezogen wird. Dieser Index folgt den Druckzentren in meridionaler Richtung und entspricht so einem Lagrange'schen Ansatz.

Die Zeitreihen des Bodenluftdruckes für Gibraltar und Akureyri reichen bis AD 1822, die für Stykkisholmur bis AD 1836 und die für Lissabon und Ponta Delgada gar nur bis AD 1863 respektive 1864 zurück. Für zeitreihenanalytische Aussagen über langfristige Variabilitäten und Trends sind die daraus abzuleitenden NAO-Zeitreihen zu kurz, so dass in jüngster Zeit auch Rekonstruktionen für die verschiedenen NAO-Indizes durchgeführt werden. Dabei kommen unterschiedliche Proxis zum Einsatz. Cook et al. (1998) rekonstruieren aus Jahrringen den Winter-NAO (DJFM) für die Periode von AD 1648 bis 1980, Appenzeller et al. (1998) aus den Eisbohrkernen Grönlands einen jährlichern NAO-Index von 1648 bis 1991, wohingegen Luterbacher et al. (1999) aus Multiproxidaten, einer Kombination aus verschiedenen Proxis (hier Jahrringe, Eisbohrkerne und alte Luftdruckaufzeichnungen) einen NAO-Index mit monatlicher Auflösung von AD1675 bis 1992 rekonstruieren. Ein von Schmutz et al. (2000) durchgeführter Vergleich erbrachte keine gute Übereinstimmung zwischen den bedeutendsten Rekonstruktionen. Cook & D'Arrigo (2002) führen als dafür möglichen Grund die zu kurze aus instrumentellen Daten bestehende Kalibrationsphase an, auf die der seit den 1970er Jahren einsetzende NAO-Anstieg einen zu großen Einfluss ausübe. Sie legen eine neue Rekonstruktion vor, wobei sie durch ein ausgedehnteres zirkumnordatlantisches Datennetz und eine nicht durch die NAO-Anomalie ab den 1970ern beeinflusste Kalibrationsphase eine Verbesserung erreichen (Cook & D'Arrigo 2002: 1755). Die Resultate zeigen deutlich bessere Übereinstimmungen zur Rekonstruktion von Luterbacher et al. (2002), widerlegen aber diejenige von Appenzeller et al. (1998).

Insgesamt können die dendroklimatischen Rekonstruktionen in drei Gruppen gegliedert werden:

1 Untersuchungen auf lokaler Maßstabsebene zumeist unter Berücksichtigung mehrerer Wirkungsfaktoren (Temperatur, Niederschlag, Standortökologie),

2. Untersuchungen auf subkontinentaler Ebene, die einen Wachstumsfaktor, zumeist die Temperatur oder in jüngster Zeit die NAO, betreffen und

3. Untersuchungen auf hemisphärischer bis globaler Ebene zur Rekonstruktion der Temperaturverhältnisse.

Dabei konzentrieren sich fast alle Untersuchungen auf die Rekonstruktion der mittleren Bedingungen vergangener Klimaverhältnisse. Räumliche Variabilitäten bleiben zumeist unberücksichtigt. Nur wenige Arbeiten befassen sich mit dem Themenkomplex (2.). Diese Arbeiten sind meist auf Extremräume, z. B. Waldgrenzbereiche, beschränkt. So untersuchten z. B. Schweingruber & Briffa (1996) entlang der borealen Waldgrenze Russlands, Hüsken (1994) und Kienast (1985) für Teilräume der Alpen, Luckman

(1993) für die kanadischen Rocky Mountains, Bräuning (1994, 1999) für Osttibet und Esper et al. (2003) für das Tien Shan Gebirge in Kirgistan, jeweils in subalpinen Waldgrenzökotonen, räumliche Temperaturdisparitäten. Das interdisziplinäre EU-Forschungsprojekt ADVANCE-10K (Analysis of Dendrochronological Variability and Associated Natural Climates in Eurasia – the last 10.000 years) unter der Koordination der Climate Research Unit in Norwich/GB verknüpfte diese Hochgebirgsräume mit dem zirkumpolaren Raum zu einem nordhemisphärischen Netzwerk und legte eine auf Gitternetzboxen (Briffa et al. 1999) basierende, räumlich hoch aufgelöste Rekonstruktion der Temperaturbedingungen für die vergangenen 600 Jahre vor (Briffa et al. 2002). Die zwischen den Hochgebirgsräumen und borealen Waldgürteln liegenden gemäßigten Breiten sparten sie entweder ganz aus oder überbrückten sie wie in Europa durch wenige Standorte.

Auf der Grundlage der im Rahmen des EU-Projektes „Dendrochronological analysis of climate-growth relations of five important European tree species along an east-west transect across the European Union: Vosges Mountains – Black Forest – Voges Mountains – Lorraine“ und der von Lenz et al. (1986) erhobenen Daten aus dem Jura, dem Schweizer Mittelland und dem Umland von Bern legten Schweingruber & Nogler (2003) eine Klima-Wachstums-Studie für das südliche Mitteleuropa vor. Aus dem Vergleich der Verbreitung extremer Wachstumsanomalien, so genannten Weiserjahren, mit zeitgleichen Witterungsprofilen in einem zweidimensionalen Höhenprofil finden sie einen sehr differenziert wirkenden Einfluss der Witterung auf die Jahrringbreiten der untersuchten Baumarten. Darin ist wohl der wichtigste Grund zu sehen, dass in den Mittelbreiten keine räumlich differenzierenden Untersuchungen vorliegen. Dennoch kommen Schweingruber & Nogler (2003) zu dem Schluss, dass auch in temperierten Zonen die Rekonstruktion von Klimafaktoren möglich ist, jedoch nur unter der Voraussetzung eines großen Datennetzwerkes sowie deren statistischen Homogenisierung und biogeographischen Stratifizierung. Aus diesen Ausführungen leitet sich die übergeordnete Zielsetzung der vorliegenden Studie ab.

1.2 Zielsetzung und Konzeption

Das übergeordnete Ziel der Analyse der Klima-Wachstums-Beziehungen der wichtigsten Baumarten Zentraleuropas ist die Evaluierung der Potentiale jahrringanalytischer Untersuchungen in den temperierten Mittelbreiten für die Rekonstruktion vergangener Klimabedingungen. Als Zentraleuropa wird das ca. 750.000 km² umfassende Areal zwischen 5° und 15° östlicher Länge sowie 42,5° und 52,5° nördlicher Breite definiert. Es umfasst damit in West-Ost-Richtung den gesamten Alpenbogen und erstreckt sich von den nördlichen Apenninen bis ins Norddeutsche Tiefland.

Konkret werden die modifizierenden Einflüsse untersucht, die verschiedene Witterungsbedingungen, parametrisiert durch Temperatur, Niederschlag und drei unterschiedlich definierte NAO-Indizes, auf das Radialwachstum zentraleuropäischer Bäume verschiedener Standorttypen ausüben. Als dendrochronologische Datengrundlage fließen die Jahrringbreitenserien von über 17.000 Bäumen aus 377 Standorten mit ökologisch unterschiedlichen Charakteristika in die Untersuchungen ein. Der Datensatz umfasst mit Tanne (*Abies alba* Mill.), Rotbuche (*Fagus sylvati-*

ca L.), Lärche (*Larix decidua* Mill.), Fichte (*Picea abies* Karst.), Arve (*Pinus cembra* L.), Waldkiefer (*Pinus sylvestris* L.), Bergkiefer (*Pinus uncinata* Mill.) und Stiel- und Traubeneiche (*Quercus robur* L. / *Qu. petraea* Liebl.) die wichtigsten Wald bildenden Baumarten Zentraleuropas.

Die Untersuchungen werden auf das Zeitfenster AD 1901 bis 1971 eingeschränkt. Ein Grund für diese Beschränkung resultiert aus dem gemeinsamen Überlappungsbereich der in die Studie einfließen Datensätze. Die Datensätze zu Temperatur und Niederschlag legen das Startjahr fest. Erst ab AD 1901 liegen flächendeckende Reanalysedaten in 10-minütiger räumlicher Auflösung vor. Das Endjahr der Untersuchungsperiode ergibt sich aus der Mitte der 70er Jahre des 20. Jahrhunderts verstärkt einsetzenden Erhebung von dendroökologischen Datensätzen.

Darüber hinaus sind die Folgen des globalen Klimawandel verstärkt ab den 70er Jahren in den klimatischen Datensätzen bemerkbar (Cook et al. 2002). Um eventuell negative Einflüsse dieser Entwicklung auszuschließen, soll diese Phase in dieser Untersuchung keine Berücksichtigung finden.

Den Untersuchungen liegen folgende Fragestellungen zu Grunde:

1. Welchen Beitrag können clusteranalytische Techniken für die Ausweisung von Regionen mit ähnlichen radialen Wuchseigenschaften und für die Analyse der Klima-Wachstums-Beziehungen leisten?
2. Wie sind die Bäume in Zentraleuropa auf interannueller Skalenebene gewachsen? Können ähnliche, aber auch abweichende Wachstumsmuster zwischen den Standorten quantifiziert werden?
3. Welche klimatischen Faktoren steuern die interannuellen Wachstumsvariationen der Bäume Zentraleuropas? Lassen sich dabei artspezifische und/oder durch räumlich variierende Standortfaktoren determinierte Unterschiede quantifizieren?
4. Welchen Einfluss übt die NAO auf das Baumwachstum aus? Bestehen Unterschiede zwischen den NAO-Indizes und liefern sie einen über Temperatur- und Niederschlagsanalysen hinausgehenden Beitrag für die Klima-Wachstums-Beziehungen?
5. Lassen sich im Untersuchungsgebiet, das naturräumlich in Hoch- und Mittelgebirge sowie Tiefländer gegliedert ist, Regionen mit ähnlichen Klima-Wachstums-Beziehungen ausgliedern und wie stimmen diese mit der naturräumlichen Gliederung überein?

Zur Bearbeitung und Beantwortung dieser Fragenkomplexe wird eine Vorgehensweise gewählt, deren Grundstruktur sich aus der Umkehrung der natürlichen Wachstumsprozesse von Bäumen und insbesondere von Jahrringen ableiten lässt (Abb. 1.1).

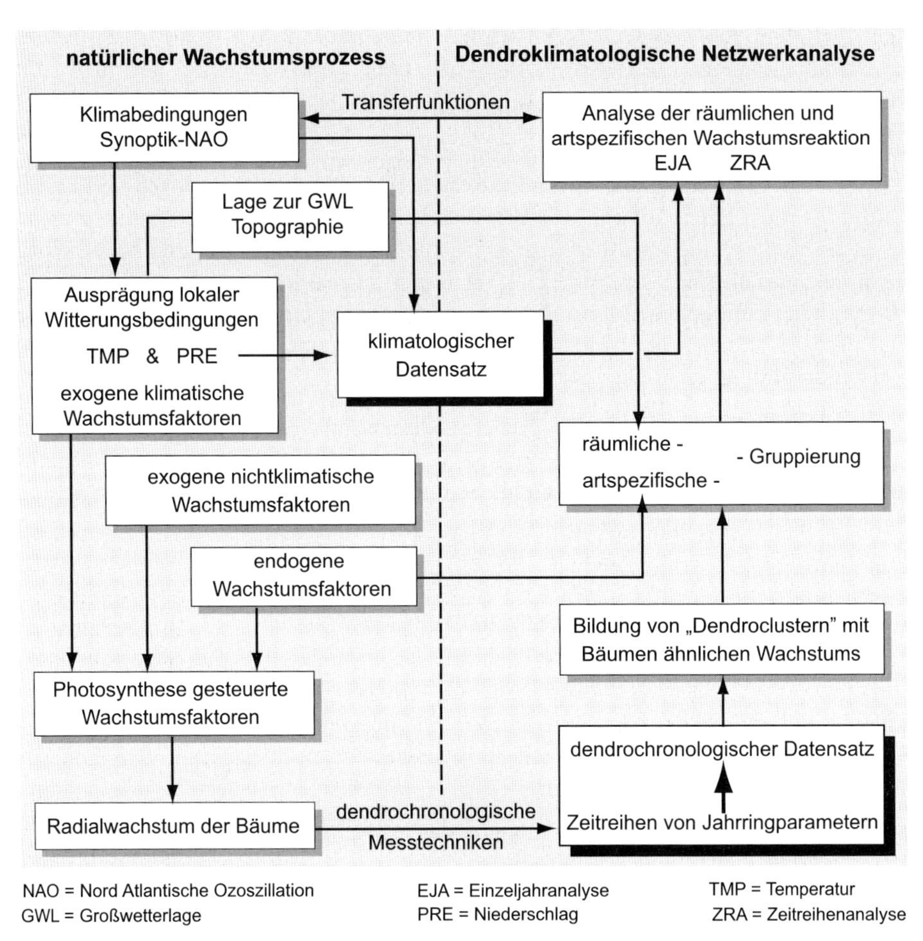

Abb. 1.1 Vereinfachte schematische Darstellung des natürlichen Wachstumsprozesses von Jahrringen in Bäumen (links) und Ableitung der strukturellen Vorgehensweise in der vorliegenden Studie (rechts)

In vereinfachter Darstellung können die synoptischen Bedingungen, die maßgeblich durch die NAO gesteuert werden, als Ausgangspunkt natürlicher Wachstumsprozesse angesehen werden. In Abhängigkeit der Lage eines Standortes zu den wetterwirksamen Druckgebieten und der dortigen topographischen Gegebenheiten bildet sich ein Lokalklima mit standorttypischen Temperatur- und Niederschlagsverhältnissen aus. Zusammen mit nichtklimatischen Einflüssen (z. B. geomorphologische Prozesse, Insektenkalamitäten, anthropogene Eingriffe) wirken sie als exogene Faktoren auf die Wachstumsprozesse der Bäume ein. Variationen der exogenen Faktoren modifizieren das durch endogene Faktoren (z. B. hormonale Steuerungen, Stoffwechselhaushalt, Assimilationsvorgänge) genetisch determinierte Radialwachstum und führen zu charakteristischen Jahrringsequenzen.

Aus diesen Sequenzen können mit Hilfe dendrochronologischer Messtechniken wie Jahrringbreitenmessung, Radiodensitometrie oder Massenspektrometrie stetige Zeitreihen von verschiedenen Jahrringparametern erhoben werden, die in ihrer Gesamtheit den dendrochronologischen Datensatz ausmachen. Auf der Basis von Baum- und Standortmittelkurven werden Standorte mit ähnlichen Wachstumsmustern zu ‚Dendroclustern' vereinigt und unter Berücksichtigung artspezifischer und topographischer Kriterien zu ‚Dendrogruppen' zusammengefasst. In dem abschließenden Schritt werden die Datenreihen der Dendrogruppen den Klimaindizes in Einzeljahranalyse (EJA) und Zeitreihenanalyse (ZRA) zur Interpretation räumlicher und artspezifischer Wachstumsreaktionen gegenübergestellt. In einem über den Rahmen dieser Studie hinausgehenden Schritt können die Ergebnisse dieser dendroklimatologischen Netzwerkanalyse unter anderem zur Herleitung von Transferfunktionen genutzt werden, die wiederum der Rekonstruktion vergangener Klimabedingungen dienen.

In der praktischen Umsetzung dieses Konzepts bildet das dendroklimatologische Netzwerk bestehend aus den dendrochronologischen Daten, den klimatologischen Daten und den korrespondierenden Metadaten den zentralen Bestandteil. Bevor jedoch die einzelnen Datensätze ins Netzwerk integriert werden können, bedürfen sie einer umfassenden Aufbereitung (Abb. 1.2 A). Ausgehend von den einheitlich formatierten Datensätzen des Netzwerkes entstehen in der Datenverarbeitungsphase (Abb. 1.2 B) durch Indexierungs- und Gruppierungsmaßnahmen aufeinander aufbauende Ebenen mit Zeitreihen zu den Anomalien der dendrochronologischen und klimatologischen Indizes. Jede dieser Ebenen mündet bereits in eigenständige Teilergebnisse (graue Sechsecke in Abb. 1.2) wie die Weiserwert- und Clusterkarten, die Wachstumsdiagramme oder die Jahresgänge der Klimaanomalien. Alle Teilergebnisse können einerseits selbst einer eingehenden Auswertung unterzogen werden oder, wie in der vorliegenden Studie, in eine Einzeljahranalyse zur klimatologischen Deutung von extremen Wuchswerten und in eine auf Korrelationen gestützten Zeitreihenanalyse zur Untersuchung der funktionalen Zusammenhänge zwischen Wachstums- und Klimaanomalien einfließen. Die Ergebnisse der beiden eigenständigen Analyseverfahren bilden die Bestandteile der Klima-Wachstums-Beziehungen der zentraleuropäischen Bäume.

Die im Fließdiagramm dargestellten Methoden (Rauten in Abb. 1.2) zur Aufbereitung der Daten (Kap. 2.1 und 2.2), zur Quantifizierung der Anomalien (Kap. 2.3), zur Clusterbildung (Kap. 2.4), zur Analyse der Klima-Wachstums-Beziehungen (Kap. 2.5) und zur kartographischen Umsetzung von Teilergebnissen (Kap. 2.6) werden in Kapitel 2 beschrieben.

Kapitel 3 beschreibt mit den wichtigsten Baumarten der Wälder Zentraleuropas die zentralen Untersuchungsobjekte der Arbeit. Im Anschluss an die Vorstellung der wichtigsten Phasen der holarktischen Florengeschichte (Kap. 3.1) und einer Gliederung der Waldgesellschaften Zentraleuropas (Kap. 3.2) wird ein besonderer Fokus auf die ökologischen Ansprüche und die aus dendrochronologischer Sicht bedeutsamen Eigenschaften der Baumarten gelegt (Kap. 3.3). Eine tabellarische Gegenüberstellung dieser Eigenschaften (Kap. 3.4) schließt die Vorstellung der Baumarten ab.

Kapitel 4 befasst sich mit den Bausteinen des dendroklimatologischen Netzwerkes (Kap. 4.1) und beschreibt Strukturen und Verteilungen in den beiden Datentools, den dendrochronologischen (Kap. 4.2) und den klimatologischen (Kap. 4.3) Daten.

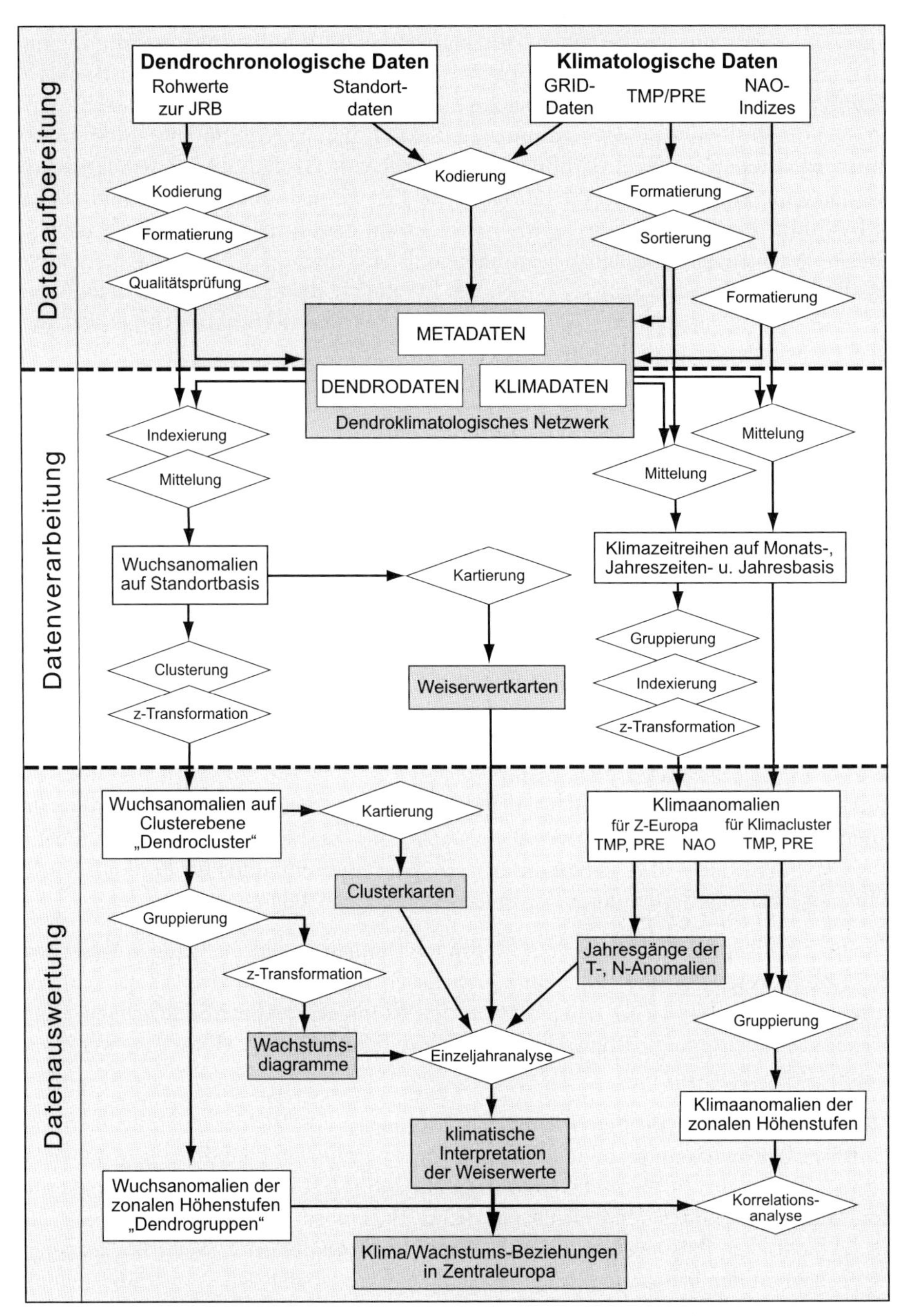

Abb. 1.2 Fließdiagramm zur methodischen Vorgehensweise im Rahmen der dendroklimatologischen Netzwerkanalyse

Kapitel 5 stellt die Gruppierungen der beiden Datentools vor. Die dendrochronologischen Daten werden auf der Grundlage multivariater statistischer Verfahren in Dendrocluster eingeteilt (Kap. 5.1), die Temperatur- und Niederschlagsdaten nach der geographischen Breite und der Meereshöhe in zonale Höhenstufen analog in Klimacluster (Kap. 5.2). Zum Abschluss des Kapitels erfolgt die Einordnung der Dendrocluster in die zonalen Höhenstufen. Zur Unterscheidung gegenüber den Dendroclustern wird für diese nach Baumarten gegliederten Dendrodaten der zonalen Höhenstufen der Begriff Dendrogruppe eingeführt.

Kapitel 6 befasst sich mit dem Wachstum zentraleuropäischer Bäume. Auf Basis der Standorte und der Dendrocluster werden die Wüchsigkeit (Kap. 6.1), statistische Merkmale der Jahrringbreitenserien (Kap. 6.2) und Weiserwerte (Kap 6.3), jeweils differenziert nach Baumarten und Höhenlage der Bestände, diskutiert.

Neben der Wachstumsanalyse liegt ein sekundäres Ziel dieses Kapitels in der Beschreibung der durch die Clusterung induzierten Modifizierungen der Ergebnisse.

Kapitel 7 stellt die Klima-Wachstums-Beziehungen in Zentraleuropa vor. Nach der Beschreibung grundlegender Zusammenhänge auf der Basis extremer zentraleuropäischer Weiserwerte (Kap. 7.1) folgt eine nach Baumarten differenziert geführte Analyse der Klima-Wachstums-Beziehungen (Kap. 7.2), ehe eine besondere Betrachtung der NAO-Einflüsse auf das Radialwachstum der Bäume (Kap. 7.3) die Präsentation der Ergebnisse beschließt.

Kapitel 8 diskutiert die gewonnen Resultate und bringt sie in einem Diagramm zusammen, in dem die bedeutenden Klima-Wachstums-Beziehungen nach Baumarten und Höhenstufen differenziert anschaulich dargestellt werden. Auf Grundlage einer Zusammenfassung der wichtigsten Arbeitsschritte und Befunde erfolgt ein kurzer Ausblick mit Empfehlungen für Folgeuntersuchungen.

Begleitend zur Arbeit enthält ein separater Anhangband alle wichtige Tabellen, Karten und Diagramme, die zum Verständnis der Befunde relevant sind. Dieser Anhang ist der Arbeit als CD-Rom beigefügt.

2 Methoden

Auf Grund des enormen Datenumfangs (vgl. Kap. 4) werden in der vorliegenden Arbeit aus methodischer Sicht neue Wege im Rahmen dendroklimatologischer Analysen aufgezeigt. Verschiedene Techniken werden so kombiniert, dass sich für die Dendroklimatologie Analysemöglichkeiten für viele Daten in hoher räumlicher Auflösung bieten.

Ein erster methodischer Block liegt in der Aufbereitung der dendrochronologischen (Kap. 2.1) und klimatologischen (Kap. 2.2) Daten. Bei den dendrochronologischen Daten gliedert sich die Datenaufbereitung in Kodierungs- und Formatierungsarbeiten (Kap. 2.1.1) sowie in eine Qualitätsprüfung (Kap. 2.1.2). Die anschließende Quantifizierung von Anomalien (Kap. 2.3) in Anlehnung an die CROPPER-Methode (1979) wird für Dendro- und Klimadaten analog durchgeführt.

Für die Jahrringdaten werden SPSS-gestützte Faktoren-, Cluster- und Diskriminanzanalysen (Kap. 2.4.1–3) zur Analyse der räumlichen Wachstumsmuster durchgeführt. Die Klimadaten werden nach geographischen Kriterien in so genannte zonale Höhenstufen gegliedert.

In der Klima-Wachstums-Analyse (Kap. 2.5) werden die beiden großen Datenpools zusammengebracht, wobei zwei methodische Ansätze verfolgt werden, die Einzeljahranalyse (Kap. 2.5.1) und die Zeitreihenanalyse auf der Grundlage von Korrelationsberechnungen (Kap. 2.5.2). Zu Präsentationszwecken werden räumliche Bezüge in einem geographischen Informationssystem kartographisch umgesetzt (Kap. 2.6).

2.1 Aufbereitung der Dendro-Daten

Die vorliegende Studie basiert auf insgesamt 487 Chronologien zur Jahrringbreite, die aus über 17.000 Einzelserien zusammengesetzt sind. Für den Untersuchungszeitraum von 1901 bis 1971 ergeben sich daraus über 1,2 Millionen Jahrringe. Da die Daten aus einem Dutzend verschiedener Laboratorien bzw. Arbeitsgruppen des In- und Auslandes (vgl. Tab. 4.1) bereit gestellt wurden und sich bislang noch kein einheitlicher internationaler Schlüssel zur Kodierung und Formatierung von dendrochronologischen Datenreihen durchsetzen konnte, mussten die Datensätze zunächst in eine einheitliche Form gebracht werden.

2.1.1 Kodierung und Formatierung

Der im Bonner Dendrolabor in Zusammenarbeit mit den ehemaligen Kollegen K. Treydte, H. Gärtner und vor allem J. Esper kreierte 8-stellige Schlüssel wurde leicht modifiziert und erfüllt so die Aufgabe, Datensätze aus der ganzen Welt eineindeutig zu katalogisieren. Die ersten drei Stellen sind mit Buchstaben belegt und beschreiben mit zunehmender Genauigkeit die Lokalität. Der erste Buchstabe repräsentiert für europäische Datensätze den Staat, bei außereuropäischen Daten den Kontinent. Der zweite Buchstabe steht innerhalb Europas für das Bundesland bzw. den Kanton, das Departement etc., wohingegen in anderen Kontinenten diese Position für den Staat vorgesehen ist. Die bislang festgelegten Belegungen für die erste und zweite Stelle sind dem Anhang II zu entnehmen. Auf der dritten Stelle des Kodierschlüssels folgt innerhalb und außerhalb Europas das Kürzel für die Region. Die Stellen 4 und 5 der Schlüssel sind bei rezenten Proben, d. h. Daten von lebenden Bäumen, mit Ziffern versehen und entsprechen den Standortnummern. Bei historischen Daten sind gegenüber den rezenten Daten Buchstaben zu vergeben, die dem Haus respektive dem Fundplatz entsprechen. Die Stellen 6 und 7, die in allen Fällen mit Ziffern belegt sind, entsprechen bei rezenten Proben der Baumnummer, bei historischen Proben der Balkennummer bzw. der Nummer des Fundstückes. Die 8. Stelle ist mit einem Buchstaben aus der ersten Hälfte des Alphabets besetzt und beschreibt bei Bäumen den Bohrkern bzw. bei Scheiben den Radius.

Die 8. Stelle des Kodierschlüssels dient zusätzlich zur Kennzeichnung von Bearbeitungsschritten, wozu die Buchstaben m bis z zur Verfügung stehen. Fest belegt sind der Buchstabe *m* für die Mittelkurve, *t* für eine Trendkurve, *u* für eine Probe am Stammfuß des Baumes (sie dient zumeist einer genauen Altersbestimmung) sowie *z* für zero, was ausdrücken soll, dass zu diesem Baum keine weitere Probe vorliegt. Die Buchstaben *m*, *t* und *s* (für Sampler) können auch bereits an der 4. Stelle des Kodes stehen. In solchen Fällen behalten sie ihre Bedeutung bei, diesmal jedoch auf den gesamten Standort bezogen.

Verwechslungen und/oder Doppelbelegungen sind nach diesem Schlüssel ausgeschlossen, sofern eine gewissenhafte Dokumentation in Form von Inventarisierungstabellen geführt wird. Der dem Anhang III beigefügte Auszug der Inventarisierungstabelle zeigt die für diese Untersuchung wesentliche Merkmale der 377 nach der Qualitätsprüfung selektierten Datensätze.

Alle zur Verfügung stehenden Jahrringdatensätze sind zunächst in ein einheitliches Format zu bringen. Dazu wird auf Empfehlung von P. Nogler (WSL Birmensdorf/CH; mündl. Mitteilung 2000) das Editorprogramm „TextPad – Version 4.4" der Firma Helios Software Solutions in Longridge/GB, ausgewählt, da es neben den üblichen Funktionen eines Editorprogramms auch eine spaltenweise Bearbeitung von Datensätzen erlaubt. Mit TextPad werden alle Datensätze in eine Datenstruktur transformiert, die für jeden Standort alle Einzelserien in Spalten aufweist, und als Text-Datei gespeichert. Dieses Format erlaubt ein Einlesen der Datensätze in das Tabellenkalkulationsprogramm MS-EXCEL. In EXCEL werden die Daten der Einzelserien mit der angefertigten Formeldatei „BMK-ad1650.xls" (Anhang IV.1) zu Baum- und Standortmittelkurven aggregiert. Unter Verwendung der Formeldatei „TSAP-trans.xls" (Anhang IV.2) wird ein Import der Serien in das Softwarepaket

Stelle:	1 2 3	4 5	6 7	8
Belegung:	c w l	0 2	1 2	b
Bedeutung:	Lokalität	Standort	Baum	Probe

Abb. 2.1 Beispiel eines dendrochronologischen Kodierschlüssels im Bonner Dendrolabor für die b-Probe des Baumes 12 im Standort 2 des Lötschentals im schweizerischen Wallis

TSAP (Time Series Analysis and Presentation, Rinn 1996) ermöglicht, das umfassende Möglichkeiten zur unmittelbaren Verknüpfung der Jahrringdaten mit den zugehörigen Metainformationen erlaubt. Bei jedem Datenimport in TSAP müssen die Metadaten einzeln in den so genannten Daten-Header eingegeben werden. Dies erfolgte über den in TSAP integrierten BORLAND-Editor, in welchem eine Eingabemaske vorgefertigt wurde. Anhang IV.9 zeigt exemplarisch für den Lötschentaler Fichtenstandort „cwl01" den Header, wie er für alle Datensätze angelegt wurde und innerhalb von TSAP für Datenbankabfragen zur Verfügung steht. Diese Datentransformation ermöglicht einen Transfer aller dendrochronologischen Datensätze zwischen allen gängigen und für diese Studie benutzten Softwarepaketen.

2.1.2 Qualitätsprüfung

Alle dieser Untersuchung zur Verfügung stehenden Datensätze wurden einer umfassenden Prüfung unterzogen, in der auf der Basis von Baummittelkurven für jeden Standort folgende Parameter berechnet werden:

a) Varianz v (Bahrenberg et al. 1999), Gleichläufigkeit *G* (Schweingruber 1983), Signalstärkeparameter NET (Esper et al. 2001);

b) Bestimmtheitsmaß b_r des Pearsonschen Korrelationskoeffizienten (Bahrenberg et al. 1999), Studentscher t-Wert t_{stud} (Bahrenberg et al. 1999), Güteindex *GI*.

Die mittleren Sensitivitäten, die als Maß für die Bewegtheit der Serien angesehen werden können und auf Perioden mit eher ausgeglichenen oder schwankenden Wachstumsverhältnissen hinweisen (Fritts 1976, Schweingruber 1983), stellen eine häufig in dendrochronologischen Arbeiten eingesetzte Kenngröße dar. Dieses Maß hängt jedoch stark von der Varianz der Jahrringserien ab (Strackee & Jansma 1992). Überdies vermag es wenige sehr starke Schwankungen nicht von vielen kleineren zu unterscheiden und kann somit keine kausale Erklärung für die beobachtete Schwankungsbreite liefern (Bräuning 1999). Mittlere Sensitivitäten werden somit in dieser Studie nicht berücksichtigt, sondern, wie Strackee & Jansma (1992) folgerichtig vorschlagen, durch die Varianz und die Autokorrelation erster Ordnung ersetzt. Die unter a) geführten Parameter werden für jedes Jahr, die unter b) für die komplette Serie errechnet. Die in den folgenden Formeln benutzten Kürzel und deren terminologische Bedeutungen sind im Anhang I in alphabetischer Weise aufgelistet.

Der Variationskoeffizient nach Pearson, kurz **Varianz** v_j genannt, normiert die als Standardabweichung ausgedrückte Streuung einer Wertemenge an deren Mittelwert (Anhang V, F-1) und liefert ein relatives Streuungsmaß, das Vergleiche zu anderen Varianzen zulässt. Für die Berechnung der v_j bilden die Jahrringwerte der Bäume eines Standortes im Jahr *j* die Wertemenge und der mittlere Radialzuwachs des Standortes in diesem Jahr den Normwert. Die Varianz gibt somit die Standardabweichung in Prozent des Mittelwertes an. Gemittelt über alle Jahre der Untersuchungsperiode liefern sie die Gesamtvarianz, mit der die Bäume eines Standortes um die Standortmittelkurve streuen.

Die **Gleichläufigkeit**, kurz *GLK*, entspricht einem einfachen Vorzeichentest für synchrone Jahr-zu-Jahr-Schwankungen zwischen einzelnen Baumserien (Schweingruber

1983, RIEMER 1994). Die jährliche Gleichläufigkeit berechnet das Verhältnis synchron ansteigender und absinkender Zuwächse zwischen einzelnen Baumserien (ESPER et al. 2001 a).

Aus der additiven Kombination der Varianz mit der Gegenläufigkeit, dem Residuum der Gleichläufigkeit zu 1, ergibt sich ***NET***. *NET* liefert Aussagen darüber, wie gut eine Mittelkurve die in den Einzelserien enthaltenen Signale widerspiegelt, wobei die Mittelkurve die Einzelsignale um so stärker repräsentiert, je kleinere Werte *NET* annimmt (ESPER et al. 2001 a).

Aus dem Produktmoment-Korrelationskoeffizient r_{xy} nach Pearson (Anhang V.F-4), im Folgenden kurz als Korrelationskoeffizient bezeichnet, lässt sich das Bestimmtheitsmaß b_r ableiten. Es gibt Aufschluss über den Anteil der durch die Korrelation, besser das korrespondierende Regressionsmodell erklärten Varianz in Bezug auf die Gesamtvarianz (BAHRENBERG et al. 1999).

Mit dem **Studentschen *t-Test*** wird die Wahrscheinlichkeit geprüft, mit der ein in der Korrelation ermittelter Zusammenhang angenommen wird, obwohl keiner vorhanden ist. Er hilft so, mögliche Scheinkorrelationen auszuschließen. Aus Formel 6 von Anhang V errechnet sich ein Wert t_{stud}, der bei Überschreitung eines Schwellenwertes t_{krit} den Zusammenhang für ein zuvor festgelegtes Signifikanzniveau α mit (t-2) Freiheitsgraden statistisch verifiziert.

In der Qualitätsanalyse sind die Rohwerte der Baummittelkurven die Basis der Berechnungen, weshalb in jeder Formel korrekterweise ein weiterer Laufindex i mit $i = 1,...,n$ eingefügt werden müsste, der über die n Standorte des Netzwerkes läuft und diese näher spezifiziert. Der Übersichtlichkeit wegen wird darauf verzichtet, da mit diesem Hinweis Verwechslungen auszuschließen sind. Für die Anwendungen in der Qualitätsanalyse folgt daraus, dass bei den für jeden Baum zu berechnenden Parametern erst die Mittelung über alle Bäume des entsprechenden Standortes den in die Prüfung einfließenden Wert liefert.

Diese Aussage gilt nicht für den neu gebildeten **Güteindex *GI***, der nach Berechnung obiger Parameter direkt für den gesamten Standort ermittelt wird. Die Einführung von *GI* ist erforderlich, da obige Parameter verschiedene Eigenschaften der Jahrringserien untersuchen und in der Qualitätsprüfung zum Ausschluss jeweils anderer Standorte führen würden. *GI* integriert diese Eigenschaften in einem Index, indem die auf den Korrelationen beruhenden und so das Wuchsniveau berücksichtigenden Studentschen t-Werte an dem Signalstärkeparameter *NET* normiert werden.

Die statistischen Parameter werden in EXCEL mit der Formeldatei „Güteindex-1650. xls" (Anhang IV.3) berechnet und sind der Inventarliste der Jahrringdaten (Anhang III) beigefügt. Tabelle 2.2 stellt abschließend die in der Qualitätsprüfung benutzten und der zitierten Literatur entnommenen Schwellenwerte für die verschiedenen Parameter dar. Für den neuen Parameter GI erwies sich der empirisch abgeleitete Schwellenwert von 10 als praktikabel. Es werden dadurch alle Standorte ausgeschieden, die entweder bei einem Parameter extreme Abweichungen von dessen Schwellenwert aufweisen oder bei vielen Parametern im Bereich der jeweiligen Schwellenwerte liegen. So bleibt z. B. der

Tab. 2.1 Die für die Qualitätsprüfung der dendrochronologischen Datensätze benutzten Parameter und deren Schwellenwerte

Name	Kürzel	Schwellenwert
Varianz	v_i	0,5
Gleichläufigkeit	G_i	< 0,7
Signalstärkeparameter	NET_i	0,8
Bestimmtheitsmaß	b_i	< 0,2
Güteindex	GI_i	< 10,0

Standort Briançonnais-Infernet mit dem Keycode fdh38 trotz eines schwachen NET-Wertes von 0,86 noch im Datensatz enthalten, da er für die anderen Parameter im Vergleich zu den Schwellenwerten günstigere Eigenschaften aufweist.

2.2 Aufbereitung der Klima-Daten

Die Klimadaten, die in GRID-Daten für Temperatur und Niederschlag einerseits und Datensätzen zu Luftdruckgradienten der Nordatlantischen Oszillation andererseits zu differenzieren sind (vgl. Kap. 4.2), weisen unterschiedliche Quellen und somit voneinander abweichende Ausgangsformate auf. Da die NAO-Daten für diese Studie bereits in einem EXCEL Format vorliegen, beschränken sich die Aussagen zur Formatierung auf die GRID-Daten.

Auf Grund der begrenzten Kapazitäten von EXCEL-Tabellen mit 256 Spalten und 65.536 Zeilen bedürfen die GRID-Daten der CRU-Klimadatenbank (Mitchell et al. 2003) einer Teilung. Für diese Studie werden die GRID-Daten für den Bereich von 3° bis 17° östlicher Länge und 42° bis 55° nördlicher Breite ausgewählt. Es resultieren 4.707 GRID-Punkte, die über die Ränder des gewählten Untersuchungsgebietes (5°–15°E / 42,5°–52,5°N) hinausreichen, um Randprobleme bei kartographischen Interpolationen zu mildern. Die Umrechnung von geographischen Koordinaten in die fortlaufende Nummerierung der GRID-Punkte ergibt sich aus Tabelle 2.2.

Die Aufteilung der je Klimaelement ~187 MB großen Originaldateien erfolgt mit dem Editorprogramm TextPad 4.4 und liefert je Längengrad eine Textdatei, die in EXCEL eingelesen werden kann. Mit der Formeldatei „GRID-Transform.xls" (Anhang IV.4) werden die Rohdaten zunächst in SI-Einheiten umgerechnet. Anschließend erfolgt eine Sortierung nach Monaten, bei der gleichzeitig die Daten aus der ursprünglichen Spaltenform in eine Zeilenform übertragen werden. In einem dritten in „GRID-

Tab. 2.2 Umrechnung von geographischen Koordinaten in die GRID-Punkt-Nummern der CRU-Klimadaten (Mitchell et al. 2003)

ermittelter Wert	Meridional					Zonal			
Geographische Koordinaten	-11°	0°	3°	17°	32°	34°	42°	55°	72°
Nummern der GRID-Punkte	0	66	84	168	258	0	48	126	228
Umrechnungsformel	GRID-Nr.=6 (11 + Gradzahl)					GRID-Nr.=(Gradzahl-34) 6			

Transform.xls“ implementierten Makro werden aus den Monatswerten Mittel- und Summenwerte berechnet. Die Mittel- bzw. Summenwerte werden für die Jahreszeiten, zwei unterschiedlich definierte Vegetationsperioden und das gesamte Jahr gebildet. Die Jahreszeiten sind entsprechend den meteorologischen Jahreszeiten, also jeweils vom ersten bis zum letzten Tag der jeweiligen drei Monate, definiert. So bilden die Monate Dezember des Vorjahres bis Februar den Winter (Kurzform: DJF), März bis Mai den Frühling (MAM), Juni bis August den Sommer (JJA) und September bis November den Herbst (SON). Die Vegetationsperiode ist über die Monate April bis September (VEG1) und über die Monate Mai bis August (VEG2) definiert und überspannen so die längste respektive kürzeste Wachstumsperiode im Untersuchungsgebiet. Im gleichen Arbeitsschritt werden den Daten geographische Länge und Breite, die Höhe NN und die GRID-Punktnummer hinzugefügt, die zuvor aus der den CRU-Daten anhängenden Datei „elevations file“ in eine für „GRID-Transform.xls“ lesbaren Datei „Metadaten.xls“ transferiert wurden. „GRID-Transform.xls“ kann diese Umrechnungen für bis zu 35 GRID-Punkte, der Maximalzahl an Punkten eines Längengrads im Untersuchungsgebiet, in einem Arbeitsgang ausführen. Die Datei liegt in zwei Versionen vor, als „GRID-Transform-T.xls“ für die Bildung von Mittelwerten bei Temperaturen und als „GRID-Transform-N.xls“ für die Berechnung von Summen für Niederschläge.

2.3 Quantifizierung von Anomalien

Ein in der Zeitreihenanalytik sowohl von Jahrringsequenzen (Fritts 1976, Cook & Kairiukstis 1992) als auch von meteorologischen Messreihen (Messerli 1979, Schönwiese 1992) häufig eingesetztes Werkzeug, Zeitreihen auf ein vergleichbares Niveau zu bringen, liegt in der Indexierung. Ziel der Indexierungen ist die Separierung der Signale vom Rauschen. Ein besonderes Störsignal der Jahrringsequenzen liegt in der Reduktion der Jahrringbreiten mit zunehmendem Alter und Baumumfang, dem Alterstrend, der sich in Analysen besonders negativ bei unterschiedlich alten Bäumen bemerkbar machen kann und zu eliminieren ist (Bräker 1981). Weitere störende Einflüsse können u.a. Bestandes- und Konkurrenzeffekte, nichtklimatische Standorteinflüsse oder besonders bei Klimadaten Veränderungen der Messgeräte und/ oder deren Umgebung (Herzog & Müller-Westermeier 1998) sein. Die prinzipielle Vorgehensweise der Indexierung liegt in der Subtraktion bzw. Division der Datensätze von bzw. durch Ausgleichsfunktionen, die deterministischer oder empirischer Art sein können. Subtraktionen führen dabei zu Indexreihen, die einen Mittelwert von Null aufweisen, die ursprünglichen Einheiten aber beibehalten. Aus der Division hingegen resultieren dimensionslose Serien, wobei neben der Normierung der Mittelwerte auf Null die Varianzen auf Eins transformiert sind und so die Rohwerte systematisch verändert werden. Überdies betonen verschiedene Indexierungen Signale verschiedener Frequenzen (Schönwiese 1992, Riemer 1994) und müssen an die Fragestellung angepasst sein (Esper 2000: 15), wobei die Grundprinzipien dendroklimtologischer Indexierung einzuhalten sind. Die Prozeduren sind erstens auf alle Einzelserien, d. h. auf die Baumkurven und nicht erst auf die Standortmittelkurven, anzuwenden und zweitens über alle Serien unverändert zu belassen (Esper & Gärtner 2001: 282).

2.3.1 Quantifizierung der Wuchsanomalien – Cropperwerte

In der vorliegenden Studie liegt das Interesse auf der Evaluierung und Interpretation der Jahr-zu-Jahr-Variationen im Wachstum der Bäume (vgl. Kap. 1.3), deren zeitgleich in vielen Bäumen auftretende Extremwerte in der Dendroökologie als Weiserwerte (Schweingruber 1996) bezeichnet werden. Zur Betonung solcher hochfrequenter Signale sind alle mittel- und langfristigen Trends aus den Datensätzen zu eliminieren. Die Quantifizierung von Weiserwerten kann mit unterschiedlichen Techniken realisiert werden, die aber zum Teil nicht vergleichbare Resultate produzieren. Meyer (1998–1999) zeigt beispielsweise, dass für einen räumlichen Vergleich mit wechselnden Standortbedingungen die Techniken geeignet sind, die auf einem mehrjährigen Filter basieren. Diese Bedingung erfüllen die drei Techniken ‚gewichteter Hochpassfilter' nach Fritts (1976), ‚relatives Ereignisjahr' nach Schweingruber (1996) und ‚*z*-Transformation in einem Gleitfenster' nach Cropper (1979). Es wird die Technik nach Cropper (1979) ausgewählt, in dem das „Ausreißerverhalten einzelner Bäume quantifiziert wird" (Esper 2000: 69).

Meyer (1998–1999) bewertet diese Technik auf Grund des ausgemachten Nachteils einer zu geringen Bewertung von schmalen Jahrringen in insgesamt engen Jahrringsequenzen zwar als brauchbar, legt aber eine kritische Prüfung nahe. Nach Cropper (1979) tritt dieses Problem besonders bei gleichförmigen Serien, darunter sind Jahrringserien mit einer geringen Jahr-zu-Jahr-Variabilität zu verstehen (Kaennel & Schweingruber 1995), auf, wenn diese zusätzlich einem starken niederfrequenten Trend unterliegen. Zur Minimierung dieses Artefaktes bietet Cropper die Indexierung der Jahrringbreitenserien mit einem 13-jährigen gewichteten Tiefpassfilter (Fritts 1976) an, die vor der *z*-Transformation durchzuführen ist. Diese Tiefpassfilterung zeigt auf sensitive Serien nahezu keine Auswirkungen, führt aber bei weniger sensitiven Datensätzen zu einer Verbesserung der Resultate (Cropper 1979: 52), sodass der oben aufgezeigte Nachteil minimiert wird.

Nach Riemer (1992) ist die Indexierung der Rohwertkurven für jeden Baum vor der Ermittlung der Weiserwerte durchzuführen, um die durch den Alterstrend hervorgerufenen Schwankungen so gering wie möglich zu halten. Die Werte für den 13-jährigen gewichteten Tiefpassfilter ($F13g_j$) werden für jedes Jahr berechnet (Anhang V, F-8). Aus der Division der Jahrringbreitenwerte durch den korrespondierenden Filterwert errechnen sich Indexwerte, die durch eine anschließende z-Transformation die Cropperwerte C_j ergeben (F-9). Berechnungsgrundlage der Weiserwerte C_j nach Cropper (1979) ist folglich die Kombination einer Tiefpassfilterung mit einer z-Transformation der Jahreswerte in einem 5-jährigen gleitenden Fenster. Abschließend werden die Cropperwerte einer weiteren *z*-Transformation unterzogen. Die resultierenden Werte C_{jz} sind so direkt als Standardabweichungen zu interpretieren und können mit denen anderer Standorte verglichen werden.

Die Cropper-Transformation, deren Berechnung in EXCEL mit der Formeldatei „Cropper-13-div.xls" erfolgt (Anhang IV.7), führt zu einer völligen Trendeleminierung und damit auch zu einer Betonung ausschließlich der interannuellen, d. h. der hochfrequenten Signale in den Baumserien. Die anschließende Mittelung der für jeden Baum berechneten Cropperwerte liefert Standortsequenzen, die in exempla-

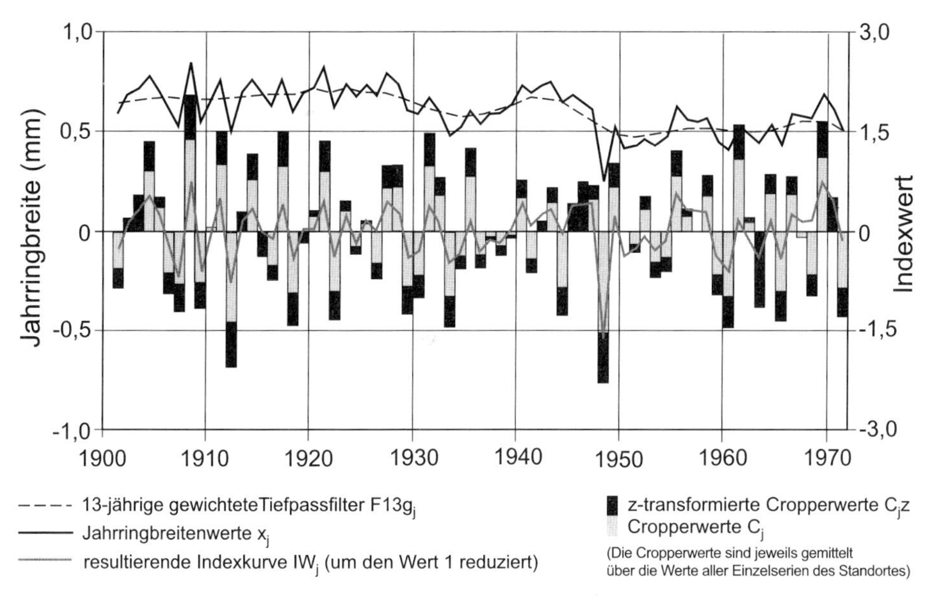

Abb. 2.2 Die Jahrringbreitenwerte x_j eines Fichtenstandortes nahe der oberen Waldgrenze am südexponierten Hang im Lötschental/CH cwl01 und ihre Modifizierungen bei Anwendung der *z*-Transformation nach CROPPER (1979)

rischen Untersuchungen im Lötschental höchste Ähnlichkeiten zu visuell ermittelten Extremjahren ergeben (NEUWIRTH et al. 2004). Über ähnliche Befunde berichtet ESPER (2000) für Wacholder (*Juniperus*-Spezies) im Karakorum(NW-Pakistan).

Abbildung 2.2 illustriert die Modifizierungen am Beispiel der Jahrringbreitenmittelkurve eines Standorts nahe der oberen Waldgrenze im Lötschental/Schweiz, die nach der baumweisen Behandlung der Daten in der beschriebenen Technik durch Mittelung entstanden.

2.3.2 Begriff und Ausweisung der Weiserwerte

Bei der Einzeljahranalyse handelt es sich um eine ökologische Interpretation bestimmter Extremjahre, die in einer Zeitreihe nicht homogen verteilt auftreten (BRÄUNING 1999) und einer genauen Definition bedürfen (RIEMER 1994). In der vorliegenden Studie werden die Ereignisjahre ausschließlich aus Messreihen abgeleitet. Im Sinne von SCHWEINGRUBER et al. (1990) werden sie daher als Ereigniswerte bezeichnet und analog als Weiserwerte, wenn sie in einer zu definierenden Mindestzahl von Serien auftreten. LEUSCHNER & MAKOVKA (1992) prägen den Begriff Standortweiserjahre für die in einem Standort typischen Jahre. Treten sie gehäuft in einer Gruppe von Standorten auf, so spricht RIEMER (1992) von Gruppenweiserjahren. In dieser Arbeit sind die Standortgruppen aus einer Clusteranalyse abgeleitet, weshalb ihre Weiserjahre als Clusterweiserwerte und die, die das gesamte Untersuchungsgebiet betreffen, als zentraleuropäische Weiserwerte bezeichnet werden.

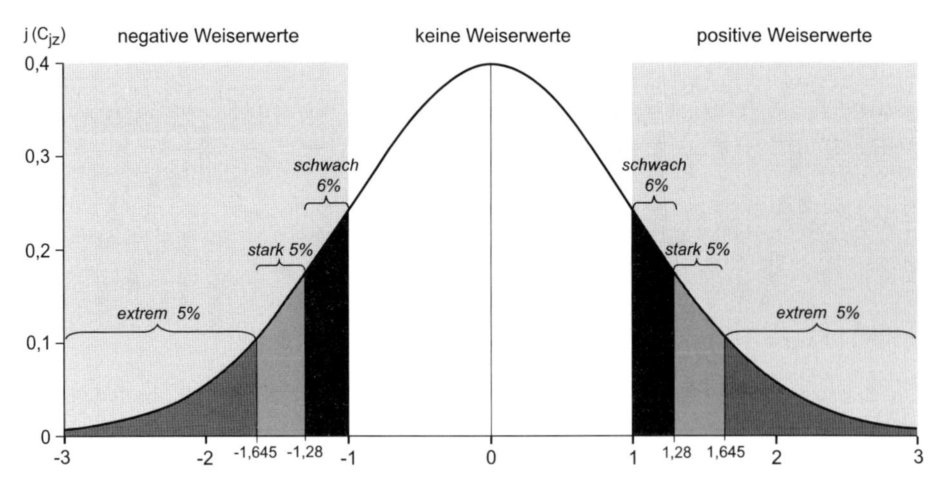

Abb. 2.3 Die Wahrscheinlichkeitsdichtefunktion der standardisierten Normalverteilung φ (*z*) (vgl. Anhang V, F-10) mit Schwellenwerten und Begriffsdefinitionen

Ausgangspunkt für die Ausweisung von Weiserwerten sind die für die jeweilige Raumeinheit, Dendrocluster oder Dendrogruppe, gemittelten und z-transformierten Zeitreihen der Cropperwerte. Der Wert eines Jahres wird als Weiserwert ausgewiesen, wenn er um einen bestimmten Betrag vom mittleren Wuchsniveau abweicht. Hughes (1989) definierte für die von ihm untersuchten Mammutbäume (*Sequoiadendron giganteum*) Ereigniswerte mit einer Abweichung von mehr als 2 Standardabweichungen als Weiserwerte. Bei Anwendung dieses Schwellenwertes auf die Bäume Zentraleuropas würden kaum Weiserwerte ausgewiesen, sodass weichere Kriterien zu wählen sind. Die Festlegung der Schwellenwerte wird anhand der Dichtefunktion der Standardnormalverteilung φ (*z*) (Abb. 2.3) erörtert.

Diese Flächenanteile sind als die Wahrscheinlichkeiten zu interpretieren, mit der ein Ereignis in dem entsprechenden Bereich eintrifft. Die Werte $-1C_{jz}$ und $+1C_{jz}$, die als Streuung einer Standardabweichung um den Mittelwert μ=0 zu verstehen sind, begrenzen beispielsweise etwa 68 % aller Werte. Die Werte der Jahre, in denen dieser Schwellenwert über- bzw. unterschritten wird, werden als Weiserwerte definiert (markierte Flächen in Abb. 2.3). Je nach Intensität des Ereignisses werden für negative und positive Abweichungen je drei Typen von Weiserwerten unterschieden. Sie werden als schwach bezeichnet, wenn der Betrag des z-transformierten Cropperwertes größer als 1,0 ist (schwarzer Bereich in Abb. 2.3). Wenn der Wert $|C_{jz}|>1{,}28$ (mittelgraue Flächen), dann wird das Ereignis als stark bezeichnet, bei $|C_{jz}|>1{,}645$ (dunkelgraue Flächen) handelt es sich um einen extremen Weiserwert. Die starken Weiserwerte liegen außerhalb der 80 %, die extremen außerhalb der 90 % um den Mittelwert streuenden Werte. Tabelle 2.3 stellt die Kriterien und Eigenschaften der verschiedenen Weiserwerte zusammenfassend gegenüber und ordnet ihnen die in Abbildungen eingesetzten Signaturen zu.

Tab. 2.3 Bezeichnungen, Schwellenwerte und Signaturen für Weiserwerte verschiedener Intensitäten

Name	Schwellenwert	Bereich	Signatur in Abbildungen	
normal	$\lvert C_{jz} \rvert \leq 0{,}845$	$\leq \mu \pm 30\%$	keine Zeichen	
schwach	$\lvert C_{jz} \rvert > 0{,}845$	$> \mu \pm 30\%$	negativ: ○	positiv: □
stark	$\lvert C_{jz} \rvert > 1{,}280$	$> \mu \pm 40\%$	negativ: ⊘	positiv: ▧
extrem	$\lvert C_{jz} \rvert > 1{,}645$	$> \mu \pm 45\%$	negativ: ●	positiv: ■

2.3.3 Quantifizierung klimatischer Anomalien

Die Datensätze der Klimaelemente Temperatur und Niederschlag und die der NAOI werden analog zu den Jahrringdaten bearbeitet. Dabei stellt sich das Problem der großen Datenmenge. Die Indexierungsprozedur müsste bei Anwendung auf die 4707 GRID-Punkte im Untersuchungsgebiet für 2 Klimaelemente und jeweils 19 Monaten bzw. Monatszusammenfassungen etwa 193.000 Mal durchgeführt werden. Daher soll im Folgenden geprüft werden, wie sich eine Umkehrung des dendrochronologischen Grundsatzes „erst indexieren, dann mitteln" auf die Ergebnisse auswirkt. Diese Umkehrung soll zu einer deutlichen Minderung des Rechenaufwandes führen.

Exemplarisch wird dies an den Klimaclustern 4 und 10 (vgl. Tab. 5.5), deren Zustandekommen in Kapitel 5.2 beschrieben ist, geprüft. Diese Cluster eignen sich für den Test, da sie einerseits aus unterschiedlich vielen GRID-Punkten (18 für Cluster 4, 279 für 10) gebildet werden. Andererseits sind sie in Räumen (Cluster 4 in den Hochalpen oberhalb 1750 m NN und zwischen 42,5° und 45° N, Cluster 10 unterhalb 250 m NN zwischen 47,5° und 50° N) lokalisiert, die größte räumliche Unterschiede aufweisen. Beides lässt für die ausgewählten Klimacluster die höchsten Disparitäten erwarten, zumal die Niederschlagsdaten zur Prüfung heran gezogen werden. Im Vergleich zu den Temperaturen stellen die Niederschläge das räumlich differenziertere Klimaelement dar.

In Abbildung 2.4 werden die Testergebnisse für beide Klimacluster gegenübergestellt. Die grauen Säulen zeigen die Niederschlagsanomalien, wenn die Zeitreihen der GRID-Punkte indexiert und dann über die das Cluster bildenden Punkte gemittelt werden. Die schwarzen Säulen ergeben sich aus der umgekehrten Vorgehensweise, d. h. die Zeitreihen der GRID-Punkte eines Cluster wurden zuerst gemittelt und die resultierende Mittelkurve dann indexiert. Die Säulen zeigen eine hohe Ähnlichkeit zwischen den beiden unterschiedlichen methodischen Ansätzen. Alle Jahre weisen für beide Ansätze nicht nur gleichgerichtete, sondern zumeist auch annähernd gleich dimensionierte Ausschläge auf. In beiden Clustern liefert allerdings die Filterung im Anschluss an die Clusterbildung leicht erhöhte Werte, was besonders für Cluster 10 (Abb. 2.4 B) gilt.

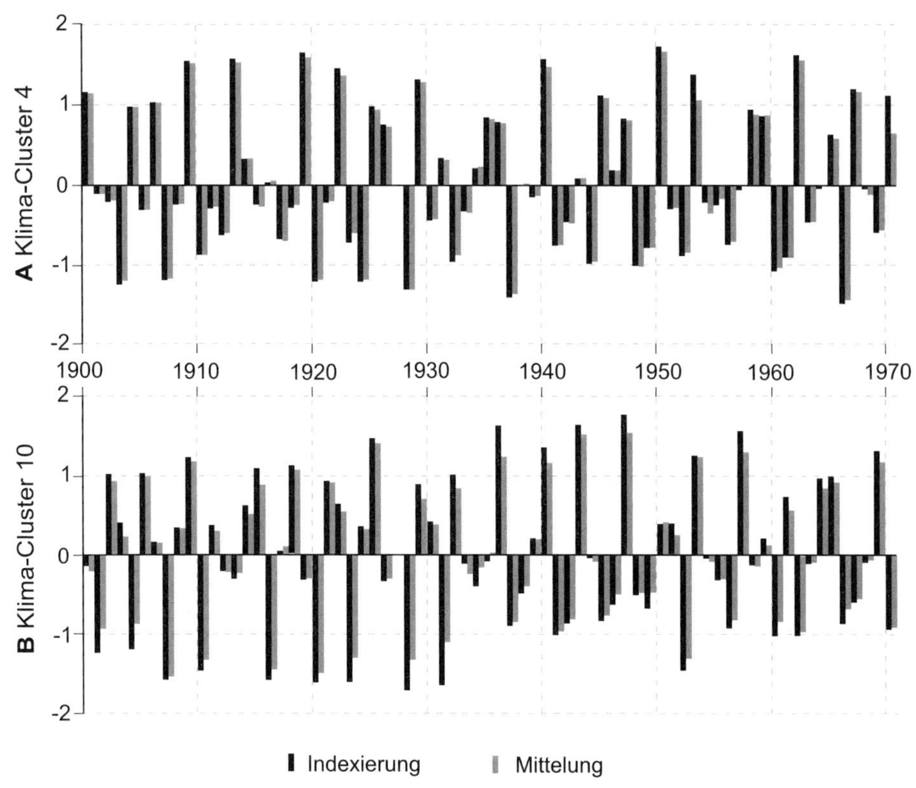

Erläuterungen zur Bildung und Eigenschaften der Cluster sind Kapitel 5.2 zu entnehmen.

Abb. 2.4 Mittelung von Datenreihen und anschließende Indexierung versus Indexierung der Einzelserien und anschließende Mittelung – ein Vergleich zweier methodischer Ansätze für die Indexierung von Niederschlagsdaten an zwei Beispielen, den Klima-Clustern 4 und 10

Zur Stützung dieses optischen Befundes der Ähnlichkeit beider Ansätze wird ein F-Test durchgeführt (Tab. 2.4). Voraussetzung für die Durchführung des F-Tests ist die Normalverteilung beider zu vergleichenden Zeitreihen, wozu ein χ^2 -Test eingesetzt wird. Die Gleichheit der Mittelwerte ist durch die Indexierung der Datensätze gegeben und bedarf keiner Prüfung.

Die statistischen Tests bestätigen die Annahme, dass für die Niederschlagsdaten die beiden methodischen Ansätze – Clusterbildung vor oder nach der Filterung – bei einer Irrtumswahrscheinlichkeit von 5 % die gleichen Verteilungen liefern. Da Temperaturen im Raum deutlich homogener verteilt sind, wird der Schluss abgeleitet, alle Klimadaten erst räumlich zu gruppieren (vgl. Kap. 5.2) und dann zu indexieren, wodurch sich die Filterprozedur auf 570 Arbeitsgänge reduziert. Die Indexierung der Klimadaten erfolgt anschließend nach der für die Jahrringdaten beschriebenen Prozedur.

Tab. 2.4 Testergebnisse zur Prüfung der Gleichheit zweier alternativer Methoden zur Indexierung von Niederschlagsdaten für zwei Beispiele: A Klimacluster 4 in Hochlagen oberhalb 1750 m NN zwischen 42,5° und 45°N; B Klimacluster 10 in Tieflagen unterhalb 250 m NN zwischen 47,5° und 50°N

		A Klima-Cluster 4	**B** Klima-Cluster 10
χ^2-Test	Nullhypothese	Die aus den alternativen Methoden resultierenden Verteilungen sind normalverteilt.	
	Prüfgröße	$\chi^2 = \sum \frac{(b_j - e_j)^2}{e_j}$	b_j := beobachtete Werte e_j:= Werte der Normalverteilung
	kritischer Wert	für α=5% und (n-3)=68 FG gilt:	$\chi^2_{krit} \geq 43{,}8$
	Testergebnis	$\chi^2_{emp}(Clu - Fil - 4) = 7{,}78$ $\chi^2_{emp}(Fil - Clu - 4) = 12{,}46$	$\chi^2_{emp}(Clu - Fil - 10) = 11{,}57$ $\chi^2_{emp}(Fil - Clu - 10) = 6{,}83$
	Entscheidung	Für alle vier Verteilungen liegt der empirische unter dem kritischen Wert. Die Nullhypothese ist verifiziert, d.h. die Serien sind normalverteilt.	
F-Test	Nullhypothese	Die aus den alternativen Methoden resultierenden Verteilungen weisen die gleichen Varianzen auf.	
	Prüfgröße	$F = \frac{s_1^2}{s_2^2}$	s1 und s2 := Standardabweichungen der alternativen Verteilungen
	kritischer Wert	für α=5% und $(n_1$-1,n_2-1)=(70;70) FG gilt: F_{krit}=1,503	
	Testergebnis	$F_{emp}(4)$ = 1,0941	F_{emp} (10) = 1,3378
	Entscheidung	In beiden Fällen gilt $F_{emp} < F_{krit}$, so dass die Nullhypothese anzunehmen ist, d.h. die alternativen Methoden liefern die gleichen Varianzen	

2.4 Räumliche Analysen – Clusterbildung

Die räumliche Analyse dient der Ausscheidung von homogenen Regionen - homogen in Bezug auf bestimmte Eigenschaften der Objekte innerhalb der Gruppen. In der vorliegenden Studie handelt es sich bei diesen Eigenschaften einerseits um klimatische und andererseits um Anomalien der Radialzuwächse zentraleuropäischer Bäume. Die Homogenität soll innerhalb der Gruppen größer sein, als die zwischen unterschiedlichen Gruppen und leitet sich aus den Korrelationen zwischen den Ausprägungen verschiedener Variablen (z. B. Cropperwerte in den Jahren einer Zeitreihe) in mehreren Objekten (z. B. Raumeinheiten wie Standorte oder daraus gebildete Gruppen) ab. Das zentrale Werkzeug der räumlichen Analysen stellt in dieser Arbeit die Clusteranalyse (Kap. 2.4.2) dar, die jede Beobachtungseinheit Clustern zuordnet. Der Clusteranalyse wird eine Faktorenanalyse (Kap. 2.4.1) vorgeschaltet, deren Hauptzweck in der Datenreduktion liegt. Ein weiterer Vorteil der vorgeschalteten Faktorenanalyse liegt in der statistischen Unabhängigkeit, in der Mathematik auch als Orthogonalität bezeichnet, der resultierenden Faktoren. Sie erlaubt in der Clusteranalyse den problemlosen Einsatz verschiedener Ähnlichkeitsmaße (Bahrenberg et al. 2003: 308). Da die für die Berechnungen eingesetzte Statistiksoftware SPSS innerhalb der Clusteranalyse „nur“ über so genannte „schrittweise“ Methoden verfügt, die gewisse Nachteile bei der Klassifizierung aufweisen, wird eine Diskriminanzanalyse (Kap. 2.4.3) nachgeschaltet, die die Gruppeneinteilung prüfen und verbessern soll. Die methodischen Werkzeuge dieser räumlichen Analysen sind der multivariaten Statistik zuzuordnen, d. h. es werden im Allgemeinen mehr als zwei Variablen betrachtet, wodurch die Anschaulichkeit in der Beschreibung und Darstellung der Methoden ebenso komplex wird wie die rechnerische Umsetzung.

2.4.1 Faktorenanalyse

Wie bereits erwähnt, liegt das hier verfolgte Ziel der Faktorenanalyse in der Schaffung der Orthogonalität der Variablen und in einer Datenreduktion. Das originäre Ziel einer Faktorenanalyse, die Interpretation der Beziehungen zwischen Variablen (definiert als beobachtbare Größen) und nicht direkt beobachtbaren komplexen Größen (den Hauptkomponenten oder Faktoren), steht nicht im Mittelpunkt dieser Arbeit.

An die Ausgangsdaten für die Faktorenanalyse werden mit der metrischen Skalierung und der Linearität der Variablen, die durch eine z-Transformation zu erzielen ist, nur leicht erfüllbare Kriterien gestellt. Diese Variablen sind dann so zu Gruppen zusammenzufassen, dass jede Gruppe durch einen Faktor repräsentiert wird, der die Variablen als Linearkombinationen der Faktoren ausdrückt (BELLGARDT 1997). Es wird davon ausgegangen, dass durch die Faktoren der Anteil der Varianz ausgedrückt wird, der den Variablen einer Gruppe gemein ist. Nur dieser Varianzanteil kann auf gemeinsame „Ursachen", den Faktoren, zurückgeführt werden (BAHRENBERG et al. 2003: 229).

Die Faktorenanalyse lässt sich in der hier angewandten Form in vier Schritte gliedern, (i) der Festlegung der Anzahl der Faktoren, (ii) der Anfangsschätzung der zunächst unbekannten Kommunalitäten, (iii) der Bestimmung bzw. die Extraktion der Faktorladungen und (iv) der Interpretation der Faktorladungen. Die Kommunalitäten beschreiben eine Eigenschaft der Variablen und ergeben sich aus der Summe der quadrierten Ladungen über alle Faktoren (BAHRENBERG et al 2003). Sie geben somit die durch die Faktoren erklärten Varianzanteile der Variablen an und sind von den Eigenwerten zu unterscheiden, die eine Eigenschaft der Faktoren sind und sich aus der Addition der quadrierten Ladungen über alle Variablen ergeben.

Als formales Kriterium für die Festlegung der Faktorenzahl steht das Kaiser-Kriterium zur Verfügung, nach dem nur Faktoren berücksichtigt werden, deren Eigenwert größer als 1 ist. Bevor der iterative Prozess der Faktorenextraktion vollzogen werden kann, ist ein Anfangswert der Kommunalitäten festzulegen, d. h. es ist der Anteil der Varianz der Ausgangsvariablen zu schätzen, der durch die Linearkombinationen erklärt werden soll.

Für die Kommunalitätenschätzung stehen mehrere Möglichkeiten zur Auswahl, die unterschiedlichen Einfluss auf die Ergebnisse nehmen. Die Vor- und Nachteile dieser Möglichkeiten werden besonders bei ÜBERLA (1977) und BACKHAUS et al. (1994) eingehend diskutiert. Am Häufigsten und auch in dieser Studie wird als Kriterium für die Kommunalität einer Variablen ihr multiples Bestimmtheitsmaß (vgl. F-5) mit den anderen Variablen herangezogen. Darin liegt der Vorteil, dass dies das einzig inhaltlich begründbare Kriterium ist, da es den Anteil der Varianz angibt, den eine Variable mit den Anderen gemein hat. Und nur dieser Anteil lässt sich auch auf gemeinsame Ursachen zurückführen.

Die Extraktion der Faktorenladungen erfolgt nach der Maximum-Likelihood-Methode, die auf der Idee basiert, dass die berechnete Korrelationsmatrix nur eine Stichprobe einer Grundgesamtheit darstellt. Die Werte der Korrelationsmatrix, die Ladungen, werden, ausgehend von der Kommunalitätenschätzung, so bestimmt, dass die Wahrscheinlichkeit der Gleichheit zur Matrix der Grundgesamtheit maximal ist (Maximum-Likelihood-Prinzip). Daraus werden nun die Kommunalitäten für den folgenden Iterationsschritt ermittelt. Das Verfahren wird abgebrochen, wenn die Kommunalitäten mit denen des nachfolgenden Schrittes übereinstimmen. Die Eigenwerte λ, deren Vektoren und die Ladungen stehen letztlich als Lösungen der Faktorenanalyse zur Verfügung und werden für die Interpretation genutzt.

Die Interpretation der Faktoren erfolgt durch das Zusammenspiel der Variablen mit hohen (Ladung nahe „1) oder niedrigen (Ladung nahe 0) Ladungen. Eine Optimierung kann durch eine Faktorrotation erzielt werden, wobei die Faktorachsen gedreht werden. Durch diese Rotationen werden nur die Werte der Ladungen, nicht aber die Kommunalitäten, d. h. die Datenzusammenhänge, verändert, was die Faktoren besser interpretierbar werden lässt (Bellgardt 1997: 212). Die Rotation wird als orthogonale Rotation nach der Varimax-Methode, dem „Standard-Rotationsverfahren" (Bellgardt 1997: 213), durchgeführt, die die Varianz der quadrierten Faktorladungen für jeden Faktor maximiert. Bahrenberg et al. (2003: 246) weisen darauf hin, dass erst ein rechenaufwendiges Iterationsverfahren über alle Faktoren das Varimax-Kriterium erfüllt, nicht aber dessen Anwendung auf jeden einzelnen Faktor.

In der vorliegenden Studie wird die Faktorenanalyse eingesetzt, um die Wachstumsanomalien in den 70 Jahren von 1902 bis 1971 (den Variablen) in Faktoren von räumlichen Weiserwertmustern zu gruppieren (vgl. Kap. 5.1).

2.4.2 Clusteranalyse

Im Gegensatz zur Faktorenanalyse, deren Ziel in der Gruppierung von Variablen liegt und deren Korrelationen sich aus den Zusammenhängen zwischen den Werten der verschiedenen Objekte (hier Raumeinheiten) ergeben, zielt die Clusteranalyse auf die Gruppierung der Raumeinheiten selbst ab. Die Raumeinheiten mit ähnlichen Ausprägungen in Bezug auf verschiedene Variablen werden genau einem Cluster zugeordnet. Darin liegt ein markanter Unterschied zur Faktorenanalyse, bei der trotz Rotation keine eindeutige Zuordnung der Variablen zu den Faktoren möglich ist (Bahrenberg et al. 2003: 278). In der Clusteranalyse werden sukzessive Gruppen von ähnlichen Objekten zusammengefasst, wobei die Ähnlichkeit aus der Lage der Objekte in dem von den f-Faktoren aufgespannten f-dimensionalen Koordinatensystem abgeleitet wird. Grob lässt sich die Clusteranalyse in drei wesentliche Arbeitsschritte gliedern, (i) in die Festlegung eines solchen Ähnlichkeitsmaßes, auch Distanzmaß d genannt, (ii) in der Auswahl des Algorithmus zur Fusionierung der Cluster in Abhängigkeit des gewählten Distanzmaßes und (iii) der Festlegung der Clusteranzahl.

Als Distanzmaß wird die Euklidische Distanz d eingesetzt, die als „Luftlinienentfernung" zwischen zwei Punkten, die in dem durch die Variablen aufgespannten Koordinatensystem liegen, zu verstehen ist. Durch die Quadrierung werden große Differenzen bei der Distanzberechnung stärker berücksichtigt (Backhaus et al. 1994: 274), was im Sinne der vorliegenden Untersuchung von interannuellen Abweichungen als vorteilhaft zu bewerten ist.

Für die Bildung der Cluster stehen zahlreiche Algorithmen zur Verfügung, die ausführlich von Fischer (1982) diskutiert werden. Es kommen aber nur so genannte schrittweise Methoden in Betracht, da nur diese in SPSS zur Verfügung stehen. Der in dieser Studie eingesetzte Algorithmus ist das Average-Linkage-Verfahren, das die durchschnittliche Distanz aller Paare von Objekten zweier Cluster zur Entscheidungsfindung über die Fusionen heranzieht. Der Nachteil dieser wie auch aller anderen schrittweisen Methoden liegt darin, dass einmal zugeordnete Objekte in einem späteren Clusterschritt nicht mehr umgruppiert werden können (Fischer 1982). Dieser Nachteil kann durch eine im Anschluss an die Clusteranalyse durchgeführte Diskriminanzanalyse (Kap. 2.4.3) ausgeglichen werden.

Aus diesen Fusionsschritten leitet sich der dritte wesentliche Schritt der Clusteranalyse ab, die Bestimmung der Zahl der Cluster. Als Hilfsmittel dient dazu der Linkage-Tree, der in der deutschsprachigen Literatur auch als Dendrogramm oder Stammbaum bezeichnet wird. Das Dendrogramm stellt die graphische Umsetzung der Fusionsschritte dar, wobei der Zusammenschluss zweier Objekte bzw. Cluster zu einem neuen Cluster durch das Zusammenführen zweier Stränge des Baumes illustriert wird. Der so erzeugte Fusionspunkt entspricht der Euklidischen Distanz zwischen zwei zusammengeführten Gruppen. Je weiter rechts er im Dendrogramm (vgl. Anhang VI) zu liegen kommt, desto größer ist die Heterogenität zwischen den fusionierten Gruppen. Die Euklidische Distanz fungiert somit auch als Kriterium für die Bestimmung der Clusterzahl, wobei Sprünge zwischen den Fusionen und folglich zwischen den euklidischen Distanzen zweier aufeinander folgender Schritte eine gute Entscheidungshilfe liefern. Es werden nur solche Sprünge berücksichtigt, die größer als alle vorherigen sind (Bahrenberg et al. 2003).

Die beschriebenen drei Hauptschritte der Clusteranalyse liefern für sich genommen nur eine reine Gruppierung. Die Charakterisierung der gefundenen Cluster (Anhang VII) ist anzuschließen, wobei die Eigenschaften der zu einem Cluster gehörenden Objekte (vgl. Spalten 9 bis 12 in Anhang VII) zur Beschreibung des Clusters herangezogen werden. Diese Bewertung der gefundenen Cluster erfolgt aber erst, nachdem eine Diskriminanzanalyse zur Prüfung und eventuellen Verbesserung der Clusterung erfolgt ist.

2.4.3 Diskriminanzanalyse

Die Diskriminanzanalyse dient der Überprüfung von Gruppeneinteilungen und ermöglicht darüber hinaus auch die Zuordnung eines neuen Objektes (hier z. B. Standort), dessen Gruppenzugehörigkeit nicht bekannt ist, auf Grund seiner Merkmalsausprägungen zu den vorgegeben Gruppen. Das Ziel der in dieser Studie eingesetzten Diskriminanzanalyse gilt ausschließlich dem ersten Aspekt und ist in dem Klassifikationsproblem der durchgeführten schrittweisen Clusterung begründet (vgl. Kap. 2.4.2). Nach Backhaus et al. (1994) lässt sich die Diskriminanzanalyse in 6 Teilschritte gliedern, von denen im Folgenden nur die grundlegenden Funktionsweisen am Beispiel der linearen Diskriminanzanalyse, nur sie ist in SPSS implementiert, vorgestellt werden. Schritt (i), die Definition der Gruppen ist bereits von der Clusteranalyse absolviert worden. Schritte (ii) und (iii) befassen sich mit der Formulierung und Schätzung der Diskriminanzfunktion, wozu ein Kriterium festzulegen ist. Der folgende Schritt (iv) prüft die Diskriminanzfunktion und vergleicht dazu die neu geschaffene Klassifizierung mit der aus der Clusteranalyse hervorgegangenen. In Schritt (v) erfolgt die Prüfung der Merkmalsvariablen, auf deren Grundlage eine Empfehlung für eine Umgruppierung gegeben wird. Der abschließende Schritt (vi) betrifft die Klassifizierung von weiteren, bislang nicht gruppierter Objekte und ermöglicht eine nachträgliche Zuordnung neuer Objekten in eine bestehende Clusterung.

Zur besseren Anschauung wird die Diskriminanzanalyse auf einen zweidimensionalen Fall, d. h. nur zwei Gruppen von Objekten, reduziert (Abb. 2.5). Aus geometrischer Sicht (Abb. 2.5 A) versucht sie die Ableitung einer linearen Funktion, die Objekte verschiedener Gruppen in dem von ihren Ausgangsvariablen aufgespannten Koordinatensystem „optimal voneinander trennt und eine Prüfung der diskriminatorischen Bedeutung der Merkmale ermöglicht" (Backhaus et al. 1994: 96). Eine solche Funktion stellt die erstmals von Fisher (1936) eingeführte Diskriminanzfunktion Y (Anderson 1996) dar (Anhang V, F-11). Sie lässt sich als eine Linearkombination der Variablen darstellen. Y kann offenbar nicht gleich den Achsen X_1 bzw. X_2 sein, wie die auf die Achsen projizierten Verteilungen verdeutlichen – sie überschneiden sich stark (Abb. 2.5 A). Die oben angesprochenen diskriminatorischen Merkmale können z. B. auch als Distanzen zu einer senkrecht zu Y stehenden Trenngeraden verstanden werden (Abb. 2.4 B). In der Praxis finden sich zumeist mehrere Funktionen mit solchen Eigenschaften, sodass ein Kriterium definiert werden muss, das den Überschneidungsbereich der Gruppenwerte minimiert, das Diskriminanzkriterium Γ. Es ergibt sich aus der Streuung zwischen den Gruppen, normiert durch die Streuung innerhalb der Gruppen (Anhang V, F-12). Die Streuung zwischen den Gruppen kann auch als die durch die Diskriminanzfunktion erklärte Streuung und die Streuung in den Gruppen als die nicht erklärte Streuung,

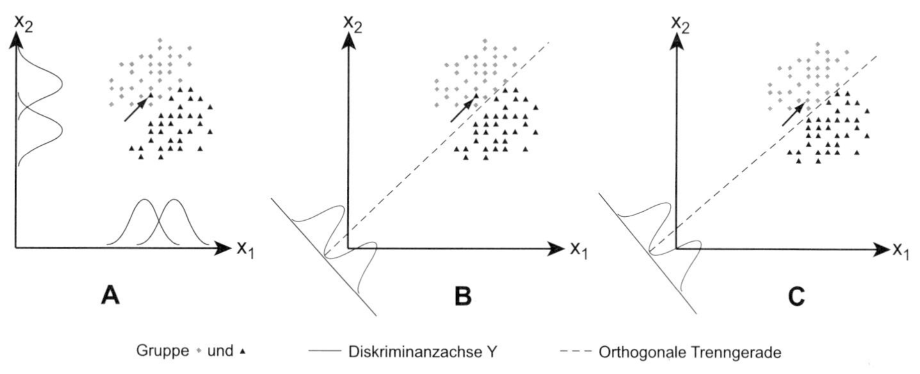

Quelle verändert nach Bahrenberg et al. 2003: 319, 320 u. 326

A nach der Clusteranalyse, **B** getrennt durch Diskriminanzachse Y und dazu orthogonaler Trenngerade mit einem falsch zugeordnetem Objekt und **C** Trennung der Cluster mit neu zugeordnetem Objekt nach der Diskriminanzanalyse. Die Pfeile weisen auf das falsch zugeordnete Objekt hin.

Abb. 2.5 Schematische Darstellung der Lage von Objekten zweier Gruppen sowie deren Verteilungen im durch die Variablen X_1 und X_2 aufgespannten Koordinatenraum

somit als das Verhältnis von erklärter zu nicht erklärter Streuung verstanden werden (Backhaus et al. 1994).

In Schritt (iv) hat eine Prüfung der Güte, sprich Trennkraft, der gefundenen Diskriminanzfunktion zu erfolgen, die sich in den Diskriminanzwerten z widergespiegelt (Backhaus et al. 1994). Das gebräuchlichste und hier eingesetzte Gütemaß stellt Wilks-Lambda dar, das die Streuung in den Klassen, also die nicht erklärte Streuung, an der Gesamtstreuung normiert (Bellgardt 1997: 190). Wie die Schreibweise für den Zweiklassenfall zeigt (Anhang V, F-13) ist Wilks-Lambda ein inverses Gütemaß, bei dem kleine Werte eine hohe und große Werte eine niedrige Trennkraft von Y anzeigen. Die große Bedeutung von Wilks-Lambda liegt darin, dass es sich in eine probabilistische Variable umformen lässt. Dadurch sind Wahrscheinlichkeitsaussagen über die Verschiedenheit von Gruppen möglich, was in der abschließenden Prüfung der Merkmalsvariablen von Nutzen ist.

Die Prüfung der Merkmalsvariablen erfolgt nach dem Wahrscheinlichkeitskonzept. Es berücksichtigt a-priori-Wahrscheinlichkeiten, die die Wahrscheinlichkeit der Gruppenzugehörigkeit eines Objektes ohne Kenntnis der abgeleiteten Diskriminanzfunktion erlauben. Mit Hilfe des Satzes von Bayes über bedingte Wahrscheinlichkeiten (Hinderer 1980: 33) können aus den a-priori-Wahrscheinlichkeiten a-posteori-Wahrscheinlichkeiten berechnet werden, die die Wahrscheinlichkeiten angeben, mit der ein Objekt c mit gegebenem Diskriminanzwert z_c einer Gruppe angehören würde. Über die bedingten Wahrscheinlichkeiten fließen die in den Merkmalsvariablen enthaltenen Informationen in die Berechnung ein (Backhaus et al. 1994). Ein Objekt wird nun der Gruppe zugeordnet, für die es die höchste a-posteriori-Wahrscheinlichkeit aufweist. Die Klassifikationsgüte kann abschließend aus einer Tabelle abgelesen werden, in der die Häufigkeiten richtiger und falscher Klassifikationen gegenüber gestellt werden.

In der praktischen Umsetzung der Diskriminanzanalyse sind die als falsch ausgewiesenen Objekte/Standorte noch neu in die Gruppen/Cluster einzuordnen (Abb. 2.4 C), sodass die Gruppen entlang der Trennfunktion disjunkte Mengen aufweisen. Die auf die Distanzfunktion Y projizierten Verteilungen weisen keine Überschneidungen mehr auf.

2.5 Analyse der Klima-Wachstums-Beziehungen

Die Analysen der Klima-Wachstums-Beziehungen basieren auf den nach der Cropper-Methode indexierten und zu Clustern aggregierten Datensätzen und fokussieren ausschließlich die hochfrequenten Klimasignale. Zur Untersuchung der pflanzlichen Reaktionsweisen auf sich ändernde Witterungs- und Klimabedingungen werden zwei unterschiedliche Strategien eingesetzt (Schweingruber 1993), die Einzeljahranalyse (Kap. 2.5.1), in der Weiserwerte durch Klimavariationen erklärt werden und die Zeitreihenanalyse (Kap. 2.5.2), die die mittleren Zusammenhänge der Klimaelemente mit dem Radialwachstum der Bäume hinterfragt.

2.5.1 Einzeljahranalyse

Aus den Intensitäten von Weiserwerten, für deren Ausbildung ein Gefüge von genetischen, standörtlichen, pathologischen und klimatischen Faktoren verantwortlich ist (Cook 1987), können für bestimmte Baumarten und/oder an bestimmten Standorten Rückschlüsse auf die das Radialwachstum der Bäume limitierende oder fördernde Einflüsse gezogen werden (Schweingruber et al. 1991). Ziel der Einzeljahranalyse ist die Untersuchung der klimatischen Ursachen für die Ausprägung interannueller Jahrringvariabilitäten. Die hier favorisierte und von Schweingruber & Nogler (2003) als phänologischer Erklärungsansatz bezeichnete Vorgehensweise versucht ähnliche Weiserwertmuster klimatologisch zu begründen. Im Gegensatz dazu steht der klimatologische Ansatz, in dem für klimatische Extremereignisse das Zuwachsverhalten der Bäume und Baumkollektive interpretiert wird. Für die Evaluierung klimatischer Signale aus Wuchsanomalien ist das zeitgleiche und gleichsinnige Auftreten von Weiserwerten in der Mehrzahl der Bäume eines Standortes oder mehrerer ähnlicher Standorte bedeutsam. Sie weisen auf einen gemeinsamen, das Wachstum beeinflussenden Faktor hin. An ökologisch unterschiedlichen Standorten können Bäume bei gleichen synoptischen Bedingungen verschiedene, zum Teil auch entgegensetzte Wachstumsreaktionen zeigen (LaMarche 1974, Kienast 1985). Die größten Potentiale für die dendroklimatologische Interpretation von Radialzuwächsen sind aus dem Vergleich ökologisch unterschiedlicher Standorte unter Berücksichtigung der artspezifischen Gegebenheiten zu erwarten (Neuwirth et al. 2004).

Die in dieser Studie durchgeführte Einzeljahranalyse basiert auf der Interpretation von Karten und Diagrammen zur Intensität und Verteilung der Wachstumsmuster sowie zur Beschreibung der klimatischen Bedingungen während der für die Jahrringbildung bedeutsamen Monate. Alle Karten und Diagramme sind für jedes Jahr der Untersuchungsperiode von AD1901 bis 1971 auf jeweils einer Seite im Anhang XIV dargestellt. Die Seiten zeigen (i) jeweils links oben eine flächenhafte Verteilung der Weiserwerte auf Grundlage der 377 Standorte, (ii) jeweils rechts oben die Intensitäten der Weiserwerte in den Dendroclustern und (iii) auf den unteren Seitenhälften so genannte Weiserwert/Klima-Diagramme, den zentralen Bausteinen der Einzeljahranalyse. Der im Folgenden als Wachstumsdiagramm bezeichnete linke Teil dieser Weiserwert/Klima-Diagramme zeigt symbolisch positive und negative Weiserwerte verschiedener Intensitätsstufen (Tab. 2.3), jeweils nach Baumarten und Höhenstufen differenziert.

Auf klimatologischer Seite stellt sich zunächst die Frage nach einem geeigneten und repräsentativen Vergleichsdatensatz. Die Dendrocluster können aus Standorten zusammengesetzt sein, die wie im Fall des Dendroclusters 24 weit voneinander entfernt liegen (Tab. 5.4). Für sie können keine meteorologischen Daten aus unmittelbarer Nähe des Baumstandortes, einer Forderung für dendroklimatologische Studien (Schweingruber 1996: 441), gefunden werden. Überdies belegen Cook et al. (1991) sowie Meyer & Schweingruber (2000) in ihren Studien, dass auch aus Klimaverhältnissen weit entfernter Stationen und/oder aus deren Mittel hohe Korrelationen zu den Wachstumsverhältnissen eines Standortes zu finden sind. Aus diesen Gründen wird für die Einzeljahranalyse aus den GRID-Punktdaten eine für das gesamte Untersuchungsgebiet gültige Datenreihe gebildet. Es werden dazu die monatlich aufgelösten Zeitreihen der Klimacluster, die für jedes Cluster trendbereinigte Anomalien vom 70-jährigen Mittel darstellen (vgl. Kap. 5.2), durch ungewichtete arithmetische Mittelwerte vereinigt. Die Daten der zentraleuropäischen Klimaserien werden so umgruppiert, dass sie für jedes Jahr Jahresgänge der Temperatur- und Niederschlagsanomalien bilden, die vom September des Vorjahres bis zum August des aktuellen Jahres reichen und somit die für die Jahrringbreitenbildung wichtigen Monate überspannen (vgl. Kern & Moll 1960).

Die Indizes der NAO (Kap. 4.3.2) stellen bereits indexierte Zeitreihen dar, die für das ganze Untersuchungsgebiet gelten. Nach einer z-Transformation fließen sie als Jahresgänge vom September des Vorjahres bis zum folgenden August in die Einzeljahranalyse ein. Zusammen mit den Jahresgängen der Temperatur- und Niederschlagsanomalien werden sie in Klima-Weiserwert-Diagrammen den Wachstumsmustern gegenüber gestellt. Der obere Teil dieser Diagramme (Anhang XIV, untere Seitenhälfte) zeigt die Klimaelemente Temperatur und Niederschlag als Anomalien zum jeweiligen Monatsmittel der Periode 1901 bis 1971, der untere Teil die NAO-Indizes. Unter den Karten und Diagrammen von Anhang XIV werden stichwortartig knappe Charakterisierungen der Beziehungen zwischen Weiserwerten und Klima gegeben.

Da die Klimadaten in monatlicher Auflösung zur Verfügung stehen, können keine klimatischen Extremereignisse wie z. B. Spätfröste, die exakt nur aus Tagesdaten abzuleiten sind, berücksichtigt werden. In Einzelfällen kann dieses Manko durch Literaturquellen kompensiert werden.

2.5.2 Kontinuierliche Zeitreihenanalyse

Die Zeitreihenanalysen dieser Arbeit konzentrieren sich ausschließlich auf die Untersuchung der interannuellen Variationen. Die mittel- bis langfristigen Signale sind durch die beschriebenen Indexierungen vollends eliminiert. Ziel der kontinuierlichen Zeitreihenanalyse ist die Kalibration der interannuellen Jahrringvariationen durch klimatische Einflussfaktoren. Grundlage dieses statistischen Klima-Wachstums-Modells sind lineare Einfachkorrelationen auf der Basis von Korrelationskoeffizienten r_{xy}. Sie sind als Maß für die Stärke eines Zusammenhangs zwischen zwei Zeitreihen x und y zu verstehen (Anhang V, F-4).

Der Einsatz der linearen Einfachkorrelation in dem Klima-Wachstums-Modell birgt gegenüber dem klassisch methodischen Ansatz der Response Functions (Fritts 1976, Cook et al. 1991), einem multiplen Regressionsverfahren zur Beschreibung des Radialwachstums als additiven Effekt der Witterung einzelner Monate (Bräuning 1999), keine Nachteile, wenn die Abhängigkeiten innerhalb der Datensätze bei der Interpretation der Resultate berücksichtigt werden (Esper 2000). Zudem entspricht ihr Einsatz dem in der neueren Literatur (Briffa et al 1998, 2002, Bräuning 1999, Esper et al. 2002 a, 2002 b, Grudd et al. 2002) erkennbaren Trend hin zu einfachen Berechnungen.

Auf dendrochronologischer Seite fließen die entsprechend der Croppermethode indexierten Zeitreihen (Kap. 2.3.1) der Dendrocluster als Prädikator in das Klimawachstumsmodell ein, wobei die Dendrocluster jeweils den Klimaclustern zugeordnet werden, in denen ihr geographisches Zentrum liegt. In jeder zonalen Höhenstufe werden die Dendrocluster nach den sie dominierenden Baumarten gruppiert und in Dendrogruppen zusammengefasst (vgl. Kap. 5.2, besonders Tab. 5.4). Die Zeitreihen der Dendrogruppen werden mit den monatlichen, jahreszeitlichen und jährlichen Zeitreihen der indexierten Anomalien für Temperatur und Niederschlag und mit den Zeitreihen der NAO-Indizes korreliert. Dieses Modell beschreibt den vereinfachten funktionalen Zusammenhang zwischen den Wuchsanomalien und den Anomalien von Temperatur, Niederschlag und NAO, wobei zu berücksichtigen ist, dass durch ein derartiges lineares Modell nie alle Varianzanteile des Jahrringsignals erklärt werden können.

Zeitreihen sind autokorreliert. Autokorrelationen der 1. Ordnung spiegeln den Einfluss eines vorhergehenden Jahres auf das nachfolgende Jahr wider (Bahrenberg et al. 2003), wobei bei einer hohen positiven Autokorrelation einem hohen (niedrigen) Wert im Mittel wieder ein Jahr mit einem hohen (niedrigen) Wert folgt und analog bei negativen Autokorrelationen. Hohe Autokorrelationen reduzieren die Zahl der Freiheitsgrade (Cook & Jacoby 1977). In den vorliegenden Datensätzen zu den Anomalien der Parameter bestehen ausschließlich schwache bis mittlere negative Autokorrelationen (vgl. Anhang VIII), die darauf hinweisen, dass sich eher Zeitpunkte mit großen und kleinen Werten abwechseln (Riemer 1994). Die Autokorrelationen können nach Schönwiese (1992) durch eine Reduktion der Freiheitsgrade FG_r korrigiert werden (Anhang V, F-14). Die den Zeitreihen behafteten Autokorrelationen sowie die daraus abgeleiteten reduzierten Freiheitsgrade sind dem Anhang IX beigefügt und werden bei der Bestimmung der Signifikanzlevels berücksichtigt.

Die ungleichen Längen der Zeitreihen, Reihen der Vorjahreswerte sind um ein Jahr verkürzt, und die unterschiedlichen Einflüsse der Autokorrelationen auf die Zahl der Freiheitsgrade bedingen für die Korrelationen unterschiedliche Signifikanzniveaus. Zur besseren Vergleichbarkeit werden die Koeffizienten in Korrelations-Signifikanz Levels (KSL-Werte) transformiert, die diese Unterschiede berücksichtigen. Für positive und negative Zusammenhänge werden je vier Levels unterschieden, KSL-Wert 1 für das Signifikanzniveau $\alpha = 0{,}1$, KSL-Wert 2 für $\alpha = 0{,}05$, KSL-Wert 3 für $\alpha = 0{,}01$ und KSL-Wert 4 für $\alpha = 0{,}001$.

Aus den 19 Zeitreihen (12 Monate von September des Vorjahres bis August des aktuellen Jahres, 4 Jahreszeiten, 2 Vegetationsperioden und einer Jahresreihe) der 5 Klimaparameter (Temperatur, Niederschlag, 3 NAO-Indizes) und den 29 Dendrogruppen resultieren 2755 Korrelationskoeffizienten. Die Berechnungen erfolgen mit der Formeldatei „Kor-F13g.xls" (Anhang IV.8), die die Koeffizienten unter Berücksichtigung der durch die Autokorrelation reduzierten Freiheitsgrade in KSL-Werte umsetzt. Für die abschließenden Auswertungen werden die KSL-Werte in Histogrammen dargestellt (Anhang XV).

2.6 Kartographische Umsetzung

Die kartographische Umsetzung der gewonnen Resultate erfolgt unter zu Hilfenahme eines Geographischen Informationssystems GIS. Für die Analyse und Präsentation raumbezogener Daten wird das Desktop-GIS ArcView 3.2 der Firma ESRI (Environmental Systems Research Institute) in Kalifornien eingesetzt.

Grundlage aller kartographischen Darstellungen dieser Arbeit ist das digitale Höhenmodell GTOPO 30, aus dem der zentraleuropäische Raum großräumig (0° bis 18°E / 40° bis 55°N) ausgeschnitten wurde. Dies erlaubt die Einbeziehung von Sachdaten, sprich von dendrochronologischen Standorten und Klima-GRID-Punkten, über die Ränder des Untersuchungsgebietes (5° bis 15°E / 42,5° bis 52,5°N) hinaus, wodurch eventuelle Randprobleme beim Übergang von Punkt- zu Flächendaten größtenteils in diesen Außenbereich verlagert werden.

Aus dem G-TOPO 30 entstand die Kartenbasis durch eine Lambert-Projektion. Durch diese Projektion wird die Gestalt von Polygonen minimal verzerrt, nach Angaben des Herstellers beträgt die Verzerrung innerhalb von 15° um einen Brennpunkt weniger als 2 %. Die Verzerrung äußert sich in einer radialen Stauchung und einer vertikalen Dehnung der Formen (BUHMANN et al. 1996). Entfernungen werden folglich entlang der Breitengrade geringfügig verringert und entlang der Meridiane erhöht dargestellt.

Die Umsetzung der Punkt- in Flächendaten erfolgt über die so genannte „Inverse Distance Weighted“ (IDW) Interpolation, die davon ausgeht, dass jeder Punkt lokal eine hohe Bedeutung besitzt, die mit zunehmender Distanz abnimmt. In dem Interpolationsverfahren werden nahe liegende Punkte mit einem höheren Gewicht als entferntere Punkte versehen. ArcView bietet für die Festlegung der in die Interpolation einfließenden Punkte zwei Optionen, der „Fixed Radius Option“ und der „Nearest Neighbours Option“. Bei Ersterer wird die Zahl der berücksichtigten Punkte durch einen festen Radius eines Distanzkreises (Abb. 2.6) festgelegt, während mit der zweiten Option die Anzahl der nächsten Nachbarn vorgegeben wird.

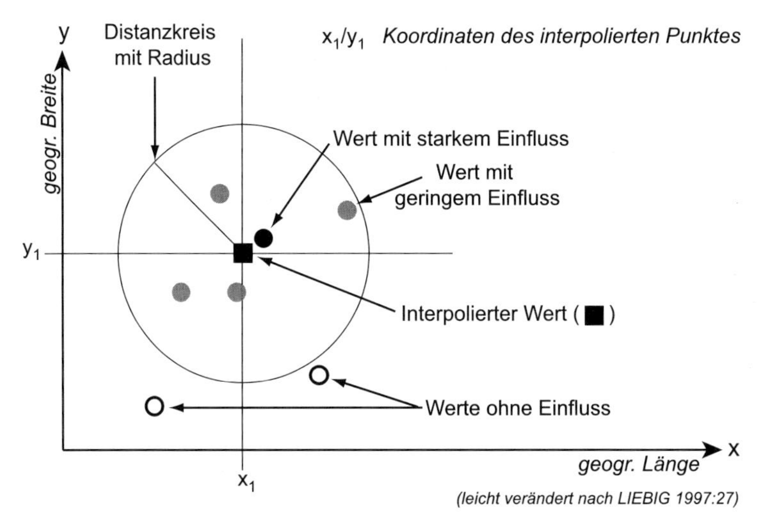

Abb. 2.6 Schematische Darstellung zur Berechnung eines interpolierten Wertes aus den Punktwerten mit der IDW-Interpolation in ArcView

In der vorliegenden Studie kommen beide Methoden zum Einsatz. Für die Darstellung der Weiserwerte der Dendrocluster wird die „Fixed Radius Option“ mit einer Distanz von 10 km gewählt. Dieser sehr kleine Radius führt in dem ca. 750.000 km^2 großem Untersuchungsgebiet dazu, dass keine zwei Dendrocluster in einem Distanzkreis liegen, d. h. sich nicht gegenseitig bei der Interpolation beeinflussen. In der kartographischen Umsetzung resultieren daraus für die Darstellungen der Punktinformationen farbige Kreissymbole (vgl. Anhang XIV, jeweils rechte Karte), wobei die Farben die Intensitäten der Weiserwerte widerspiegeln. Dieser Kartentyp wird im Folgenden Clusterkarte genannt.

Mit der Wahl einer Mindestzahl an nächsten Nachbarn wird auf jeden Fall die Interpolation zwischen zwei Clustern und somit eine flächenhafte Darstellung der Punktinformationen erzielt. Bei dieser Option fließen weiter entfernte Punkte ebenfalls mit antiproportional zur Distanz entsprechenden Gewichten in die Berechnung ein. Die „Nearest Neighbours Option“ wird für die Umsetzung der Weiserwerte auf der Grundlage der 377 Standorte mit einer auf 8 festgelegten Zahl der berücksichtigten Nachbarn eingesetzt. Die resultierenden Karten werden als Weiserwertkarten bezeichnet. Auf eine Glättung der resultierenden Flächenbegrenzungen wurde verzichtet, da gezackte Begrenzungslinien zwischen zwei Farbstufen einen Hinweis auf eine mangelhafte Datendichte liefern.

Die Weiserwertkarten beinhalten bei der Umsetzung der Punktinformationen ein nicht zu unterschätzendes Problem, wenn zwischen horizontal eng beieinander liegenden Punkten mit großer Vertikaldistanz interpoliert werden muss. Entgegengesetzte Reaktionen, wie sie bei dendrochronologischen Datensätzen zwischen Hoch- und Tieflagenstandorten auftreten können, können bei der Interpolation zu einem neutralen Wert gemittelt werden. Somit können die Weiserwertkarten besonders im Hochgebirge nur eine grobe Vorstellung von den realen Verhältnissen liefern und dürfen nicht einzeln interpretiert werden. In Regionen, die durch die Untersuchung von Beständen verschiedener Höhenlagen hohe horizontale Standortdichten auf engstem Raum erreichen, kann erst die zusätzliche Betrachtung der Höhenverteilung der Weiserwerte, wie sie in den im Anhang XIV beigefügten Wachstumsdiagrammen zum Ausdruck kommt, näheren Aufschluss über die konkrete Situation liefern.

3 Waldbäume Zentraleuropas

Die Wälder Zentraleuropas und deren Verbreitung in der heutigen Form sind Ausdruck natürlicher und anthropogener Faktoren. Zum Verständnis der heutigen Verbreitung und Gliederung der Wälder und Waldgesellschaften Mitteleuropas (Kap. 3.2) ist die geschichtliche Entwicklung der Wälder (Kap. 3.1) bedeutsam. Weiterhin werden die für diese Arbeit bedeutsamen ökologischen und dendrochronologischen Merkmale der wichtigsten waldbildenden Baumarten Zentraleuropas skizziert (Kap. 3.3) und gegenüber gestellt (Kap.3.4).

3.1 Holarktische Florengeschichte

Zusammen mit Nordamerika und dem größten Teil Asiens bildet Europa ein gemeinsames Florenreich, die Holarktis. Im Vergleich zu den anderen Regionen nimmt Mitteleuropa eine Sonderstellung ein, da seine Gehölzflora arm an Gattungen und Arten ist. 45 Laubbaumarten und 8 Nadelholzarten Mitteleuropas stehen 106 beziehungsweise 18 im östlichen Nordamerika gegenüber (Ellenberg 1996). Diese Artenarmut ist auf die Florengeschichte und auf die besondere zonale Lage Europas zurückzuführen. Während der pleistozänen Kältephasen starben alle im Tertiär in Mitteleuropa beheimateten Bäume ab (Ellenberg 1996). Selbst im mediterranen Raum waren die Klimabedingungen für ein Überleben der Bäume zu hart und eine weitere Südwanderung der Arten, wie etwa in Nordamerika, war durch die blockierende Lage des Mittelmeeres eingeschränkt.

Nach den Eiszeiten wanderten vor etwa 10.000 Jahren, im Präboreal, mit *Pinus sylvestris, Fagus sylvatica, Quercus pubescens, Corylus avellana* und *Pinus cembra* die ersten Bäume aus östlicher gelegenen Regionen wieder nach Europa ein, ehe im Atlantikum, der holozänen Warmphase vor etwa 7 bis 6.000 Jahren, mit *Abies alba*, *Picea abies* oder *Acer pseudoplatanus* Wärme liebende Arten folgten (Pott 1995). Die Gehölzflora nach den Glazialzeiten war grundlegend die gleiche wie zuvor, die Diversität gegenüber der Flora Nordamerikas oder Ostasiens jedoch deutlich reduziert (Burga & Perret 1998). Auf Grund der nun herrschenden klimatischen Bedingungen (milde Temperaturen, ausgedehnte Vegetationsperioden und genügend Niederschläge zu allen Jahreszeiten) entwickelte sich in der Folgezeit eine weitgehend geschlossene Bewaldung.

> „*Nur die salzigen Marschen und die windbewegten Dünen an der Küste, manche übernassen und nährstoffarmen Moore, einige Felsschroffen, Steinschutthalden und Lawinenbahnen in den Gebirgen sowie die Höhen oberhalb der klimatischen Baumgrenze würden* [...] *waldfrei bleiben*" (Ellenberg 1996: 24).

Die ersten anthropogenen Einflüsse in den Wäldern werden mit dem Beginn der jüngeren Steinzeit vor etwa 5.500 Jahren angesetzt, als die Besiedlung dichter und die Wirtschaftsweise bäuerlich wurde (Ellenberg 1990, Jäger 1994). Rodungen zur Gewinnung von Ackerbauflächen und das Treiben von Vieh in benachbarte Wälder führten zumindest in den Altsiedelgebieten zu ersten Waldvernichtungen. So können um Christi Geburt zumindest in diesen Regionen die Waldgebiete (Abb. 3.1) nicht mehr überall als natürlich angesprochen werden, aber zwischen den besiedelten „Gebieten dehnten sich immer noch riesige, geschlossene Waldungen" (Ellenberg 1996: 41) aus.

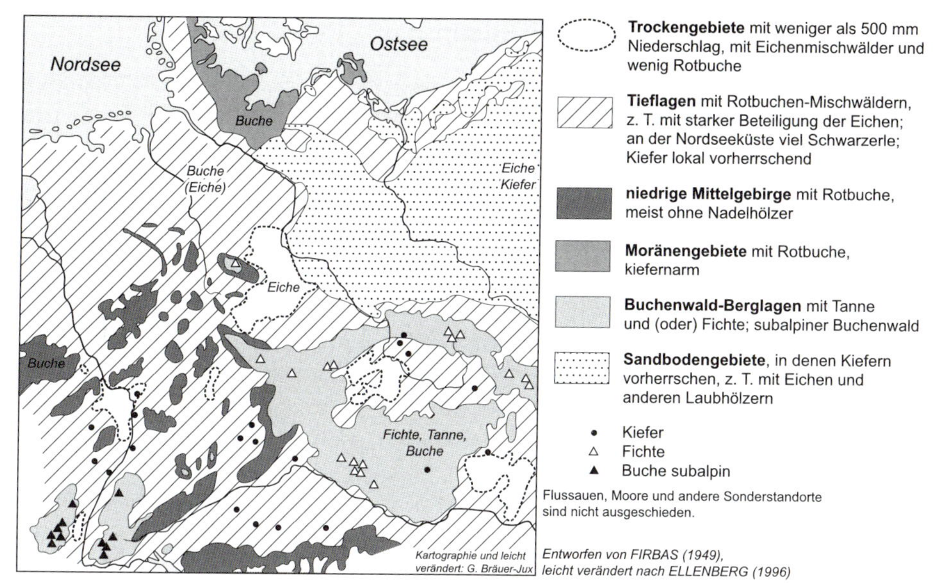

Abb. 3.1 Naturnahe Großgliederung der Vegetation Zentraleuropas (ohne Alpen) um Christi Geburt

Eine gute Vorstellung über die mögliche Verteilung der Wälder Zentraleuropas ohne große menschliche Eingriffe vermittelt ein Blick auf die Situation vor der Römerzeit, als hauptsächlich klimatologische Faktoren die Waldverteilung dominierten, modifiziert durch topographische und standortökologische Faktoren wie Höhenlage, Exposition und Bodenbeschaffenheit. In den vergangenen zwei Jahrtausenden waren die Wälder drei intensiven Zerstörungsphasen ausgesetzt, verursacht durch die Besiedlung vieler Gebiete Zentraleuropas durch die Römer, der mittelalterlichen Neubesiedlungsphase und der massenhaften Verfeuerung von Holz mit der aufkommenden Industrialisierung Mitte des 19. Jahrhunderts (Jäger 1994). Somit kann heute in Mitteleuropa kaum ein Waldstück mehr als nicht intensiv vom Menschen beeinflusst angesprochen werden.

Im Folgenden werden Wälder als naturnah angesprochen, wenn sie geschlossene Bestände und keine reinen Forstbestände oder gar parkähnliche Anlagen sind. So verstehen Ott et al. (1997: 106) naturnahe Wälder als solche, die nur soweit durch den Menschen beeinflusst sind,

> *„dass sich Baumartenmischung und Struktur innerhalb einer Baumgeneration in den ursprünglichen Zustand zurückentwickeln können".*

Ähnlich definiert Ellenberg (1996: 111) in Anlehnung an Tüxen (1956, zitiert nach Ellenberg 1996) naturnahe Wälder über die potentiell natürliche Vegetation als

> *„das Artenspektrum, das sich unter den gegenwärtigen Umweltbedingungen ausbilden würde, wenn der Mensch überhaupt nicht eingriffe und die Vegetation Zeit fände, sich bis zu ihrem Endzustand zu entwickeln".*

3.2 Waldgesellschaften Zentraleuropas

Wie oben beschrieben wäre Mitteleuropa von Natur aus ein fast lückenloses Waldland, wobei das Endstadium der natürlichen Waldentwicklung nach gegebenen Klima- und Bodenbedingungen in zonale Gesellschaften oder so genannte „klimatische Klimaxgesellschaften" differenziert ist (ELLENBERG 1996: 111). Diese zonalen Bedingungen werden durch lokale Gegebenheiten, insbesondere durch das Relief, stark modifiziert. Speziell in semiariden Hochgebirgen führen enorme Strahlungsunterschiede der Nord- und Südhänge (CRAMER 2000) zu strengen Expositionsunterschieden bezüglich der Vegetations- und Waldverbreitung (FLOHN 1956, SCHICKHOFF 1995, ESPER 2000). Auch in den Gebirgen Mitteleuropas sind deutliche extrazonale Verteilungen vorzufinden. So berichtet u. a. HÖRSCH (2003), dass auf den Südhängen im Wallis vornehmlich Wärme und Trockenheit liebende bzw. ertragende Arten anzutreffen sind. In den Mittelgebirgen dagegen sind eher Differenzierungen zwischen den Ost- und Westseiten der Gebirgszüge anzutreffen, die auf Luv-Lee bedingte Niederschlagsunterschiede zurückzuführen sind (z. B. BÖHM 1965). Zonale und extrazonale Vegetationseinheiten werden durch „Dauergesellschaften" (BRAUN-BLANQUET 1964) auf Sonderstandorten wie in Flussauen, auf Dünen oder in Mooren unterbrochen. Diese Einheiten sind als azonal zu bezeichnen, da sie in gleicher Pflanzenkombination in mehreren Zonen mit unterschiedlichen allgemeinen Klimabedingungen vorkommen können. Einen Überblick über die herrschenden Baumarten der mitteleuropäischen Vegetationseinheiten liefert Tabelle 3.1, wobei auf die in ELLENBERGS (1996: 113) Darstellung ausgewiesene azonale Verteilung verzichtet wurde. Diese Sonderstandorte finden im weiteren Verlauf der Arbeit keine Berücksichtigung (vgl. Kap. 4.2.1).

Tabelle 3.1 verdeutlicht die Veränderungen der zonalen und extrazonalen Verteilungsmuster, beschränkt auf die vorherrschenden Baumarten, mit der Höhenlage, die in insgesamt vier Stufen untergliedert ist. In den Tieflagen, die sich durch geringe Niederschläge bei relativ hohen Durchschnittstemperaturen auszeichnen, beherrschen die Rotbuchen (*Fagetum* Gesellschaften) und Eichen (*Quercetum* und besonders *Carpinetum* Gesellschaften) die Vegetation. In den planaren (ebenen) Lagen der kontinentaleren Regionen gesellt sich vor allem auf sandigem Untergrund die Waldkiefer (*Pinus sylvestris*) hinzu, wohingegen in den tief gelegenen Hügelländern (colline Bereiche) vor allem Hainbuchen in Eichenmischwäldern (*Carpinetum* Gesellschaft) auftreten. Die submontane Stufe, die im nördlichen Mitteleuropa bereits bei 200 bis 300 m NN, in südlicheren Regionen bei 500 bis 600 m NN beginnt, ist fast überall durch die Buche geprägt. Nur in südexponierten Lagen des kontinentaleren Osten Mitteleuropas werden sie durch Kiefern-Eichen-Mischwälder (*Pino-Quercetum*) abgelöst. In der montanen Stufe, in der nächtliche Kaltluftabflüsse in der Vegetationsperiode zu Frösten führen können, gesellen sich zu den Buchen zunehmend Nadelhölzer (*Abieti-Fagetum*). Die subalpine Stufe, die nach SITTE et al. (2002: 1008) ab etwa 1700 m NN einsetzt, ist durch zunehmende Klimaungunst gekennzeichnet, die sich in erhöhter Frostgefahr und verkürzter Vegetationsperiode äußert. Buchen treten nur noch auf guten Böden und bei relativ ozeanischen Klimabedingungen im subalpinen Bergahorn-Buchenwald (*Aceri-Fagetum*) auf und gehen in Nadelholzverbände wie Fichten-Tannenwälder (*Vaccinio-Abietenion*), subalpine Fichtenwälder (*Vaccinio-Piceenion*) und schließlich in Lärchen-Arven-Wälder (*Rhododendro-Vaccinienion*) über (Abb. 3.2).

Tab. 3.1 Herrschende Baumarten in der zonalen und extrazonalen Vegetation von der Ebene bis ins Gebirge im westlichen (eher subozeanischen) und östlichen (mehr oder minder kontinentalen) Bereich Mitteleuropas

ALLGEMEIN	ZONAL			EXTRAZONAL					
				Schatthang			Sonnhang		
STANDORT-CHARAKTER: Kurzbezeichnung ( )	**Sand** (S)	**Lehm** (L)	**Kalk** (K)	S	L	K	S	L	K
Ausgangsgesteine	Sand, Sandstein, u.a.	Löß, Moräne, Silikatgesteine	Kalkstein, Dolomit						
Reife Bodentypen	stark saure Braunerde	Parabraun-u. Braunerde	Rendzina						
Humusform unter Laubwald	Moder	Mull	Mull	Moder	Mull		Mode	Mull	
SUBOZEANISCH: **Höhenstufe** subalpin	**Fichte**	Bergahorn Fichte Rotbuche	Bergahorn **Rotbuche**	Fichte			(Fichte) Bergahorn Rotbuche		
montan	Weißtanne Fichte Rotbuche	**Weißtanne Rotbuche**	(Weißtanne) **Rotbuche**	Fichte Weißanne	Rotbuche (Fichte) Weißtanne		(Kiefer)	(Weißtanne) Rotbuche	
submontan	Eiche **Rotbuche**	**Rotbuche**	**Rotbuche**	Rotbuche Weißtanne	Weißtanne Rotbuche		(Kiefer)	Eiche Rotbuche	
collin-planar	Eiche **Rotbuche**	(Eiche) **Rotbuche**	**Rotbuche**	Rotbuche	Linde u.a. Rotbuche		(Kiefer) submedit. Eichen-Mischwald		
± KONTINENTAL: **Höhenstufe** montan	(Rotbuche) (Weißtanne) **Fichte**	(Rotbuche) Weißtanne **Fichte**	(Fichte) **Weißtanne Rotbuche**	Fichte			(Kiefer) Weißtanne Fichte		
submontan	Eiche Rotbuche **Kiefer**	Kiefer Fichte Eiche **Rotbuche**	**Eiche Rotbuche**	Fichte Kiefer Rotbuche	Fichte Weißtanne Rotbuche		Kiefer Eiche	Kiefer Eiche	
collin-planar	(Eiche) **Kiefer**	Linde Eiche **Hainbuche**	Eiche **Hainbuche**	(Rotbuche) Eiche Kiefer	(Rotbuche) Fichte Hainbuche		Kiefer	kontinent. Eichen-Mischwald	

Quelle verändert nach Ellenberg 1996: 113

Den oberen Abschluss finden die Wälder in dem temperaturlimitierten oberen Waldgrenzbereich mit Lärchen-Arven-Fichten Waldgesellschaften (*Vaccinio-Pinetum cembrae*), in denen Fichten allerdings nur vereinzelt zu finden sind. Zumeist ist der oberste Bereich stark vom Menschen degradiert (Holtmeier 1995), sodass nur Rhododendron Heiden (*Larici-Pinetum cembrae*) gedeihen.

Detaillierte Darstellungen der Vegetationsmuster in den verschiedenen Stufen sind bei Ellenberg (1996: 111 ff.), Mayer (1984) und Sitte et al. (2002: 1004 ff.) sowie für die alpinen Nadelwälder bei Ott et al. (1997) und für das östliche Wallis bei Hörsch (2003) zu finden.

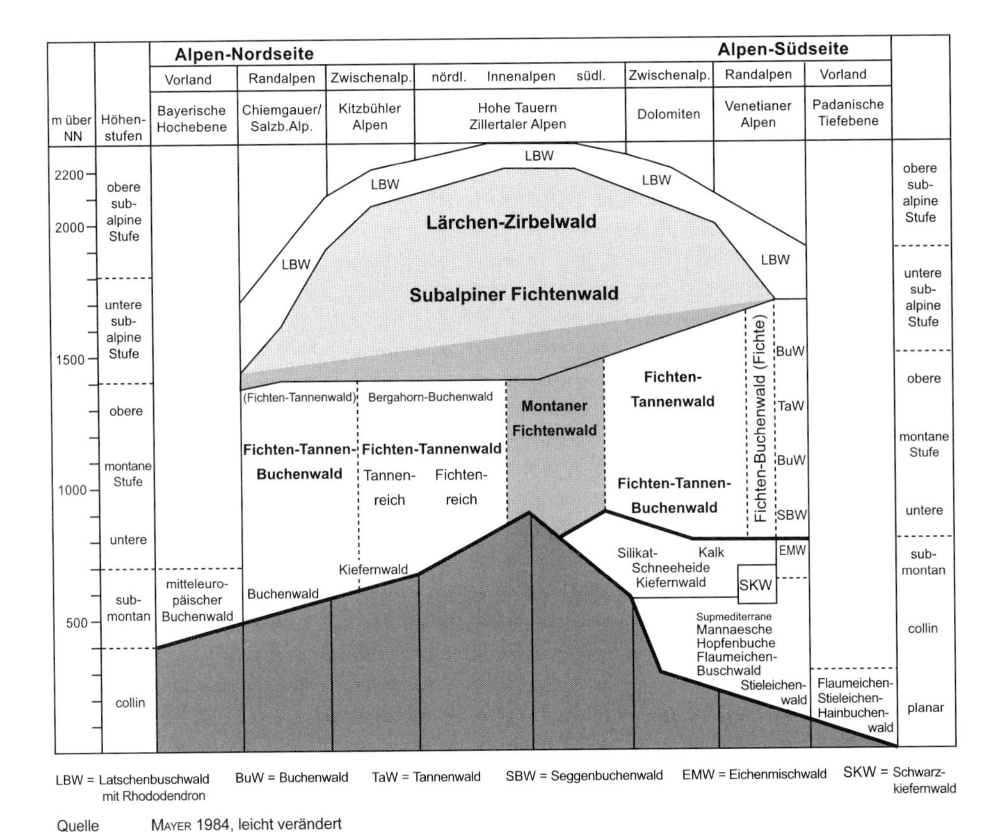

Quelle MAYER 1984, leicht verändert

Abb. 3.2 Schematischer Schnitt durch die Waldstufen der Ostalpen, insbesondere die Nadelwaldgesellschaften der montanen und subalpinen Stufe

3.3 Ökologische Ansprüche, Verbreitung und dendrochronologische Eigenschaften der Waldbäume Zentraleuropas

Die folgenden Ausführungen beschränken sich auf die in dem dendroklimatologischen Netzwerk dieser Studie integrierten Baumarten. Gegenüber den in Tabelle 3.1 für Mitteleuropa als herrschend angesprochenen Baumarten finden mit Sommer- und Winterlinde (*Tilia plotyphyllos* bzw. *T. cordata*), Bergahorn (*Acer pseudoplatanus*) und Hainbuche (*Carpinus betulus*) nur drei Spezies keine Berücksichtigung. Da Linden im Untersuchungsgebiet keine geschlossenen Bestände bilden und ebenso wie Bergahorn als Begleitbaum in Laubmischwäldern auftreten (ELLENBERG 1996) und somit nur relativ zerstreut verteilt sind, liegen keine lokalen Standortchronologien dieser Arten vor. Obwohl die Hainbuche in vielen Tieflagen Europas der Charakterbaum mit großflächiger Verbreitung ist, gibt es nahezu keine dendrochronologischen Untersuchungen zu dieser Art und somit auch keine für das Netzwerk relevanten Chronologien. Möglicherweise ist ein Grund dafür in dem Stammwuchs der Hainbuche zu finden. Besonders ältere Hainbuchen weisen oft spannrückige und gedrehte Stämme auf, die sich meist schon in geringer Höhe über dem Boden in Äste teilen und die Entnahme eines Bohrkerns mit einem für dendrochronologische Untersuchungen brauchbaren Radius erschwert. Die in dem vorliegenden Netzwerk aufgenommenen Arten Tanne, Lärche, Fichte, Kiefer, Arve, Aufrechter Bergkiefer, Buche und Eiche decken somit nahezu das komplette Spektrum der zentraleuropäischen Waldbäume ab. Die Nadelhölzer gehören ausschließlich der Familie der *Pinaceae* (Kieferngewächse), die Laubhölzer der Familie der *Fagaceae* (Buchengewächse) an (Ellenberg 1996). Die anschließenden Beschreibungen dieser Arten stützen sich hauptsächlich auf die Werke von Ellenberg (1996), Grosser (2003), Krüssmann (1976/78, 1983), Ott et al. (1997) und Schweingruber (1992, 2001). Informationen anderer Quellen werden explizit erwähnt.

3.3.1 *Abies alba* Mill. – Weißtanne

Die Weißtanne ist ein 30 bis 50 m hoher immergrüner Nadelbaum mit zumeist kerzengeradem Stamm und glatter, grauer Rinde, dessen quirlständig abstehende Äste eine kegelförmige Wuchsform hervorrufen. Als ausgesprochener Schattenbaum gedeiht sie in vor Spätfrost geschützten Lagen mit luftfeuchten, niederschlagsreichen und sommerwarmen Witterungsbedingungen, die besonders an West- und Nordhängen zu finden sind. Die durchschnittlichen Januartemperaturen in den Weißtannenbeständen dürfen kaum unter 0 °C, die Julitemperatur nicht unter 13 °C fallen. Mit ihren tiefen Pfahlwurzeln gedeiht sie optimal auf frischen, tiefgründigen, humusreichen, lehmigen bis tonigen Böden.

Ihr Verbreitungsgebiet beschränkt sich aufgrund des hohen Feuchtigkeitsbedarfs und der Frostempfindlichkeit auf die Gebirgsräume West- und Zentraleuropas in montanen und seltener in subalpinen Höhenlagen. Im Schwarzwald besiedelt sie Höhenlagen zwischen 500 und 900 m, im Jura bis 1400 m, in den Zentralalpen bis 1700 m und in den Seealpen bis 2100 m NN (Rolland et al. 2000), aber nirgends bildet sie die obere Waldgrenze. Wie Lingg (1986) berichtet, haben sich im Wallis frost- und trockenheitsresistente Rassen bilden können, die mosaikartig kleine Bestände in Kiefernwäldern nahe der Trockengrenze und in Fichten- und Lärchen-Arven-Bestände nahe der oberen Waldgrenze bilden.

Das Xylem, der Holzteil des Stammes, der Weißtanne (Abb. 3.3 A) weist keine Kernfärbung auf und ist weißlich, oft leicht rötlich schimmernd. Ihre Jahrringe sind scharf abgegrenzt und zeigen einen zumeist abrupten Übergang vom Früh- zum Spätholz. Die Tanne bildet keine Harzkanäle aus und nur selten sind traumatische, tangentiale Harzkanalreihen zu finden. Wegen dieser gleichmäßigen Struktur wird Tannenholz auch als Resonanzholz für Musikinstrumente, vor allem Orgeln und Geigen, genutzt (Klein et al. 1986, Beuting 2004). Da es sich unter Wasser überdies als sehr erhaltungsfähig erweist und in früheren Zeiten häufig für Pfähle in Palisaden und Häuser verwendet wurde (Becker et al. 1985), eignet sich auch das fossile Tannenholz für dendrochronologische und –klimatologische Untersuchungen. Allerdings sind besonders in absterbenden Tannen zahlreiche auskeilende und fehlende Jahrringe enthalten (Nogler 1981).

Besonders aus Weiserjahranalysen konnte für Tannen eine große Empfindlichkeit gegenüber Winterfrösten nachgewiesen werden (Lingg 1986, Schweingruber et al. 1991, Z'Graggen 1992), die sich in einem gehäuften Auftreten negativer Weiserjahre nach lang

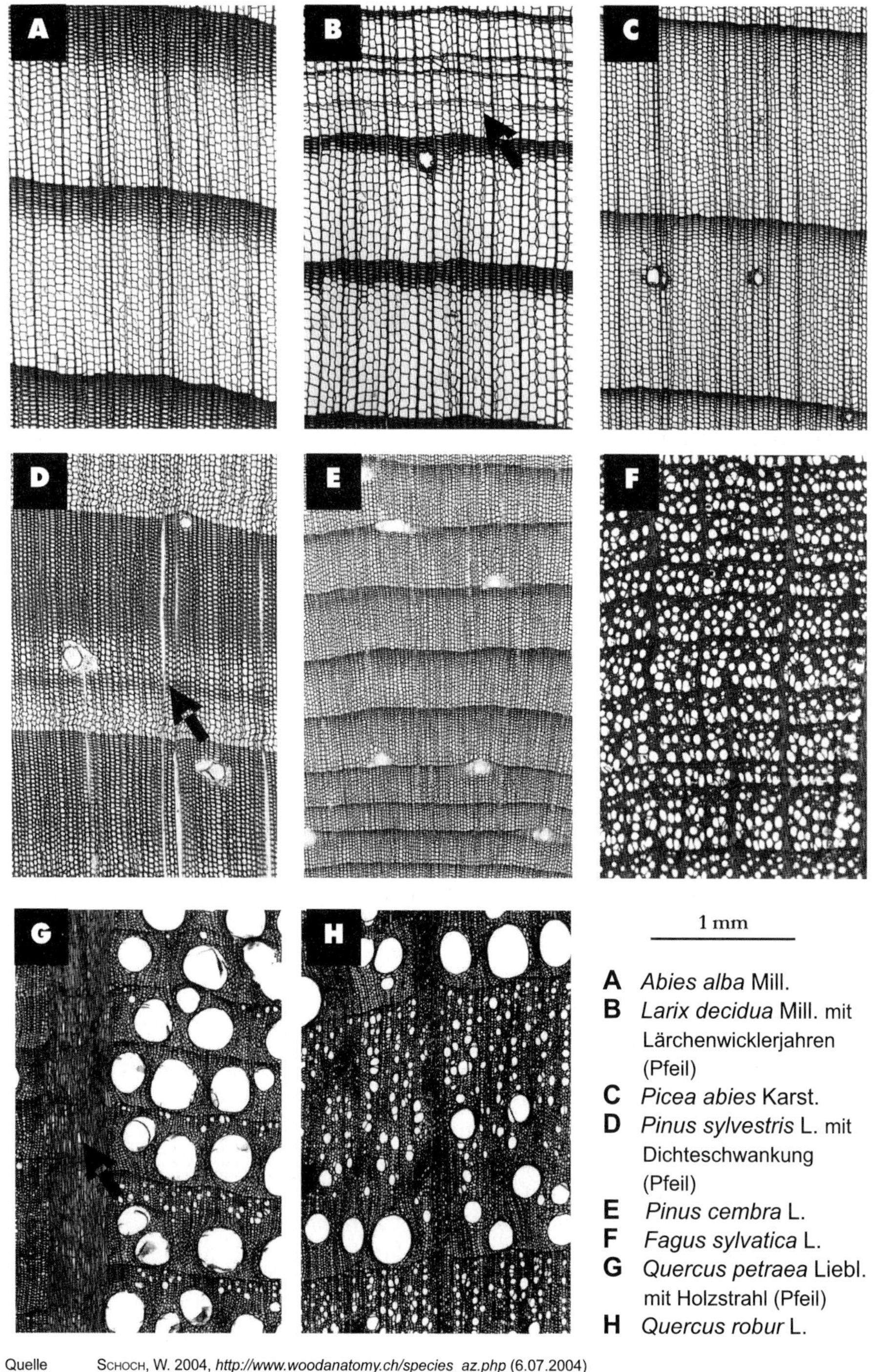

Quelle SCHOCH, W. 2004, *http://www.woodanatomy.ch/species_az.php* (6.07.2004)

Abb. 3.3 Mikroskopische Aufnahmen zur Holzanatomie der verwendeten Baumarten in 20-facher Vergrößerung

anhaltenden tiefen Wintertemperaturen äußert. Temperaturstürze nach warmem Beginn der Vegetationsperiode führen besonders bei Tannen in Höhenlagen unterhalb von 800 bis 1000 m NN zu markanten Zuwachseinbrüchen (Schweingruber & Nogler 1993), während in höheren Lagen die Tanne gegenüber Spätfrösten weniger empfindlich zu sein scheint (Schweingruber et al. 1991). Eine große Unempfindlichkeit gegenüber sommerlichen Trockenperioden weist Lingg (1986) für die Tannen im Wallis nach und erklärt dies mit den Fähigkeit der Tanne, über ihre Pfahlwurzeln tiefer gelegene Wasserreservoirs erreichen zu können. So reagiert die Tanne auch auf Veränderungen der Niederschlagsbilanz des Vorjahrs.

3.3.2 *Larix decidua* Mill. – Europäische Lärche

Die Lärche ist ein bis zu 40 m hoch wachsender sommergrüner und Laub werfender Nadelbaum mit zumeist geradem Stamm und rissiger Borke. Ihre schlanke und kegelförmige Krone wird aus quirlig angeordneten und gerade abstehenden Ästen gebildet und lichtet im Alter auf. Sie weist tief reichende, stark verzweigte Wurzeln auf, die sie sturmfest macht. Lärchen sind ausgesprochene Lichtpflanzen und weisen ein breites ökologisches Spektrum auf. So gedeihen sie einerseits in Bereichen nahe der oberen Waldgrenze bei Januarmitteltemperaturen von unter -8 °C, behaupten sich andererseits auch in Gebieten mit Januartemperaturen von über 0 °C. Die Julitemperaturen streuen von 8 °C in Hochlagen bis etwa 17 °C in Tieflagen. Im gesamten Verbreitungsgebiet der Lärche variieren die Niederschläge zwischen jährlich 600 und über 2000 mm. Zusammen mit *Pinus cembra* kann sie an der oberen Waldgrenze Bestands bildend sein, ist aber auch als Pionierholzart auf Moränen, Rutschungshängen oder in Lawinenzügen anzutreffen, sofern diese Rohböden feucht genug sind. In tieferen Lagen bevorzugt sie etwas trockenere Standorte und ist vergesellschaftet mit *Pinus sylvestris*.

Das Verbreitungsgebiet der Europäischen Lärche war ursprünglich mit vier Unterarten bzw. Rassen auf vier isolierte Teilregionen beschränkt, die Alpen (*Larix decidua ssp. decidua*), die Karpaten (*ssp. carpatica*), die Tatra (*ssp. polonica*) und die Sudeten (*ssp. sudetica*). Heute ist die Lärche auf Grund von Anpflanzungen in fast ganz Europa anzutreffen und wächst in Höhen von 150 m NN in der Weichselniederung bis über 2500m NN in den Zentralalpen.

Das Lärchenholz ist in einen gelblichen Splint- und einen rotbraunen Kernbereich zu gliedern und weist deutliche Jahrringgrenzen auf (Abb. 3.3 B). Ebenfalls auffallend ist der scharfe Übergang vom Früh- zum Spätholz.

In den Alpen werden die Lärchen seit ungefähr 2000 Jahren zyklisch alle 6 bis 10 Jahre durch die Raupen des Lärchenwicklers (*Zeiraphera diniana*) geschädigt, was sich in den Jahrringserien in starken Zuwachsreduktionen mit einer zwei- bis dreijährigen Erholungsphase widerspiegelt (Weber 1995, 1997). Dies bereitet Probleme bei hochfrequenten Klimarekonstruktionen. Allerdings weisen die Lärchen Dank ihres weiten ökologischen Spektrums, ihrer Langlebigkeit von bis über 1000 Jahren und der hohen Sensitivität gegenüber der Temperatur ein großes Potential für niederfrequente dendroklimatologische Untersuchungen auf. Besonders zu den Monatsmitteltemperaturen aus dem Herbst des Vorjahres und zum Beginn der Vegetationsperiode sind hohe Korrelationen zu finden (Petitcolas & Rolland 1996,

Desplanque 1997), während die Lärchen im Gegensatz zu anderen Nadelhölzern gegenüber Niederschlagsschwankungen ein indifferentes Verhalten zeigen (Petitcolas & Rolland 1998).

3.3.3 *Picea abies* Karst. – Europäische o. Gemeine Fichte o. Rottanne

Die Gemeine Fichte, ein immergrüner Nadelbaum, ist mit 30 bis 50 m und in Ausnahmefällen mit 70 m Wuchshöhe der höchste einheimische Nadelbaum. Von ihrem säulenförmigen und geraden Stamm mit rotbrauner bis grauer, in Schuppen abblätternder Borke zweigen die Äste leicht hängend ab und formen spitze, kegelförmige Kronen. Auf Grund ihres flachen, tellerförmigen Wurzelsystems (Tellerwurzel), bei dem nur die Feinwurzeln in die Tiefe dringen, werden Fichten bei Sturm schnell geworfen.

Ähnlich wie die Lärche weist die Fichte ein breites ökologisches Spektrum auf mit durchschnittlichen Januartemperaturen von unter -14 °C bis knapp über 0 °C und Julitemperaturen von 10 bis 17 °C. Allerdings meidet sie niederschlagsarme und lufttrockene Lagen ebenso wie Gebiete mit starken ozeanischen Einflüssen. Bei ausreichender Feuchtigkeit wächst sie auf sehr sauren und neutralen, flach- und tiefgründigen Böden. Wegen des großen Nutzertrags vom Weihnachtsbaum bis zum Starkholz wird die Fichte gegenüber anderen Arten stark vom Menschen bevorzugt und wächst heute in Europa auf vielen nicht natürlichen Standorten.

Das Verbreitungsgebiet der Fichte erstreckt sich transkontinental über Eurasien und die europäischen Gebirge und reicht in NS-Richtung von Nordskandinavien bis nach Griechenland und in WE-Richtung von den französischen Alpen bis über den Ural hinaus, wo sie in die Sibirische Fichte (*Picea obovata*) übergeht. Nach Schweingruber (1992) kann *Picea obovata* als Klimarasse von *Picea abies* angesehen werden. Die Vertikalerstreckung der Fichte steigt von Nord nach Süd an. In Nordskandinavien liegt die obere Fichtengrenze bei 400 m NN, im zentralalpinen Südtirol bei 2300 m NN. Die untere Verbreitungsgrenze steigt vom Meeresniveau in der Lüneburger Heide bis auf über 1500 m NN im Rhodope Gebirge in Griechenland an (Schmidt-Vogt 1977).

Das Fichtenholz ist ein Reifholz, d. h. in frischem Zustand ist das Kernholz wesentlich wasserärmer als das Splintholz und weist keinen Farbkern auf. Insgesamt ist das Xylem weißlich bis strohgelb und weist mäßig deutliche Jahrringgrenzen und kontinuierliche Übergänge vom Früh- zum Spätholz auf (Abb. 3.3 C), wobei es mikroskopisch im Einzelfall kaum vom Lärchenholz zu unterscheiden ist.

Dendroökologische Untersuchungen der Jahrringbreiten zeigen eine allgemeine Sensibilität der Fichten gegenüber Wärmemangel während der Vegetationsperiode (Petitcolas 1998). Neuwirth et al. (2004) bestätigen diesen Zusammenhang für Hochlagenstandorte, in denen sie besonders schmale Jahrringe mit kalt-feuchten Bedingungen im Juni und Juli in Zusammenhang bringen. In tieferen Lagen gehen Zuwachsreduktionen mit überdurchschnittlich warmen Sommern einher, die umso deutlicher ausfallen, je trockener die Bedingungen zu Beginn der Vegetationsperiode sind. Auch Dittmar & Elling (1999) sehen die Fichte in Hochlagen gut an mäßig kühle und strahlungsarme Witterung angepasst, stellen für den Flachwurzler ebenso wie Lingg (1986) in tieferen alpinen Lagen und in Mittelgebirgslagen eine Anfälligkeit gegenüber Trockenstress fest. Dieser wirkt sich umso negativer aus, wenn bereits im Vorjahr trockene Bedingungen im Hochsommer und Herbst geherrscht haben (Petitcolas 1998).

3.3.4 *Pinus sylvestris* L. – Waldkiefer o. Föhre

Die Waldkiefer, die zu den zweinadligen Kiefern zählt, ist ein immergrüner Baum mit gut entwickeltem, oberflächigem und tief reichendem Wurzelwerk. Ihre Form kann vielgestaltig sein. Während sie an Normalstandorten gerade Stämme mit bis zu 40 m Höhe ausbildet, weist sie an Trockenstandorten oft nur Höhen von gut 10 m auf und bildet krumme Stämme aus.

Waldkiefern sind in der collinen, montanen und subalpinen Stufe anzutreffen und gelten als die anspruchloseste und standorttoleranteste Lichtbaumart Europas. Sie ertragen mittlere Januartemperaturen von -15 °C in Nordeuropa bis 8 °C in Südeuropa und mittlere Julitemperaturen von 10 bis 22 °C. Ähnlich breit gestreut sind die Niederschläge an ihren Standorten, von 400 mm am Mittelmeer bis über 2500 mm in Westeuropa. Ebenso wenige Ansprüche stellt sie an die Böden, gedeiht sie doch auf lockeren Sandböden über Kalk- und Granitstein ebenso wie auf vernässten organischen Böden in Hochmooren. Reinbestände bildet sie zumeist nur an Extremstandorten, da sie auf günstigeren Böden zumeist von anspruchsvolleren Arten wie Buche oder Eiche verdrängt wird. Wegen dieser Anspruchslosigkeit ist die Waldkiefer auch nahezu überall in Europa anzutreffen.

Ihr Holz weist bei gelblichem Splint einen rötlichen Kern auf und riecht, wie alle Kiefernarten, stark nach Harz. Die Jahrringe sind deutlich voneinander getrennt und weisen auch scharfe Früh-/Spätholzgrenzen auf. Im mikroskopischen Bild auffällig sind Harzkanäle mit großen, dünnwandigen Epithelzellen (Abb. 3.3 D).

Feuchte Frühjahrsbedingungen und kühle Sommer fördern das Radialwachstum von Kiefern, wohingegen Frühjahrstrockenheit fast regelmäßig zu Wachstumseinbrüchen führt (Schweingruber et al. 1991). Die Anfälligkeit gegenüber Trockenheit verstärkt sich mit zunehmender Trockenheit der Standorte (Rigling et al. 2001, 2003). So sind für erhöhte Sterberaten von Kiefern im Wallis vor allem längere Trockenperioden als vorentscheidender Faktor verantwortlich zu machen (Rigling & Cherubini 1999).

3.3.5 *Pinus uncinata* Mill. – Bergkiefer, Aufrechte Bergföhre o. Spirke

Die Bergkiefer, die auch als Aufrechte Bergföhre, Hakenkiefer oder Spirke bezeichnet und von manchen Autoren als Subspezies von *Pinus mugo* Turra (synonym zu *Pinus montana* Mill.) eingestuft wird (Erlbeck et al. 2002), ist ein bis zu 20 m hoher Baum, der weitgehend den Habitus der Waldkiefer aufweist und ebenfalls zweinadlig ist. Ihr Verbreitungsgebiet beschränkt sich auf subalpinen Lagen in den Pyrenäen, dem Jura, dem Schwarzwald und den Westalpen bis ins Unterengadin hinein und tritt gürtelbildend in den Alpen in Höhen von 1800 bis 2200 m NN auf.

Anatomisch ist die Hakenkiefer nicht von der Waldkiefer zu unterscheiden und eignet sich für dendroklimatologische und –ökologische Untersuchungen, da sie mit über 500 Jahren relativ alt wird und insbesondere Extremstandorte besiedelt. Im Vergleich zu anderen alpinen Nadelhölzern, vor allem gegenüber der Arve, bildet sie geringe mittlere Jahrringbreiten (Petitcolas 1998). Ihre Jahrringe weisen nahezu keine positiven und nur sehr wenige negative Weiserjahre auf und zeigen nur schwache Korrelationen zur Temperatur. Andererseits reagieren sie deutlich mit negativen Weiserjahren auf Trockenheit während des Herbstes des Vorjahrs (Petitcolas & Rolland 1996).

3.3.6 *Pinus cembra* L. – Arve, Zirbe o. Zirbelkiefer

Die Arve ist eine fünfnadelige Kiefernart mit anfänglich schlanker, später reich verzweigter, unregelmäßiger Krone und tiefem, verzweigtem Wurzelwerk. Die Bäume erreichen in Optimallagen Höhen von bis zu 25 m mit zuerst graugrüner und glatter, im Alter jedoch rissiger Rinde. Die Äste sind kurz und dicht bezweigt. Als typischer Baum der kontinentalen Gebirge stellt die Licht liebende Arve bei 0 °C Jahresdurchschnittstemperatur (-9 °C im Januar und 7 bis 9 °C im Juli) kaum Wärmeansprüche und benötigt nur Niederschläge von jährlich 1000 bis 2000 mm. Sie tritt an der oberen Waldgrenze, oft vergesellschaftet mit Lärche und Fichte, Wald bildend auf. Ihr Verbreitungsgebiet ist auf die Alpen und, jedoch nur sehr kleinflächig, auf die Karpaten in Höhenlagen von 1400 bis 2500 m NN beschränkt.

Das Arvenholz weist bei gelblichem Splint, der in frischen Zustand seidig glänzt, ein leicht rötliches Kernholz auf und ist häufig mit zahlreichen, fest eingewachsenen Ästen durchsetzt. Die Jahrringe sind auf Grund des nur dünn und weniger dicht ausgeprägten Spätholzes oft nur schwer erkennbar und haben einen kontinuierlichen Übergang vom Früh- zum Spätholz (Abb. 3.3 E).

Die Breitenwerte der Arve eignen sich gut für klimatologische (Nicolussi 1995) und dendroglaziologische (Nicolussi & Patzelt 1996) Untersuchungen, sind jedoch für densitometrische Analysen auf Grund der geringen Variabilitäten der Spätholzdichte kaum geeignet (Schweingruber 2001). Als mesophile Spezies reagiert sie vor allem auf Südhängen mit starken Wachstumseinbrüchen auf sommerliche Trockenheit, besonders wenn diese zu Beginn der Vegetationszeit einsetzt (Petitcolas & Rolland 1998).

3.3.7 *Fagus sylvatica* L. – Rotbuche o. Buche

In West- und Mitteleuropa kommt mit der Rotbuche, deren Name sich von der herbstlichen Rotfärbung des sommergrünen Laubbaumes und des leicht rötlichen schimmernden Holzes ableitet, nur eine Art der Gattung *Fagus* vor. Daher wird sie im Folgenden auch kurz Buche genannt. Die Buche bildet ein tiefes Herzwurzelsystem aus und wird mit ihrer kuppeligen und breit ausladenden Krone bis über 30 m hoch.

Die Buche hat ihr ökologisches Verbreitungsspektrum im subatlantischen Klimabereich mit winterlichen Monatsmitteltemperaturen nicht unter 0 °C und Julitemperaturen von über 16 °C bei Niederschlägen oberhalb von 800 mm. Aus edaphischer Sicht bevorzugt die Buche frische, tiefgründige Kalkböden und meidet Trockenstandorte ebenso wie

Böden mit starker Wasserführung. Als Schattenbaumart ist die Buche in Tieflagen oft vergesellschaftet mit Eichen, wohingegen sie in höheren Lagen mit Tannen und Fichten zusammen lebt.

Das Verbreitungsgebiet der Buche reicht von Sizilien bis Südschweden und von Nordwestspanien und der Bretagne bis fast ans Schwarze Meer. Dabei besiedelt sie im Westen und Norden Europas fast ausschließlich Ebenen, während sie im Süden und Osten Europas eher ein Gebirgsbaum ist mit Obergrenzen von 650 m NN im Harz, 1200 bis 1500 m NN in den Pyrenäen und den Alpen und 1800 m NN im Apennin.

Das rötlich bis gelblich gefärbte Xylem weist in der Regel keinen anders gefärbten Kern auf und zeigt breite, mit bloßem Auge sichtbare Holzstrahlen. Die Jahrringe besitzen eine zerstreut bis halbringporige Struktur mit vielen einzelnen Poren und Porennestern im Frühholz (Abb. 3.3 F).

Die Buche ist besonders für dendroökologische und auch für dendroklimatologische Analysen geeignet, da sie ein weites standörtliches Spektrum aufweist und mit mittleren Altern von über 150 Jahren relativ alt wird. Allerdings können die breiten Holzstrahlen, die sich an den Jahrringgrenzen noch verdicken, die Auswertungen der Jahrringbreite erschweren. Buchen sind sehr sensitiv gegenüber wechselnden klimatischen Bedingungen, was sich in trockenen und warmen Bedingungen während der Vegetationsperiode äußert (Bonn 1998). Auf ungünstigen Standorten, auf denen ein insgesamt geringes Zuwachsniveau herrscht, treten häufig fehlende Jahrringe auf (Eckstein et al. 1984, Elling 1987). Schweingruber et al. (1991) erkennen neben der Trockenheit auch Fröste und Temperaturstürze besonders zur Zeit des Blattaustriebs als Ursache für viele negative Weiserjahre. Pfister et al. (1988) beobachteten in der Schweiz, dass Buchen in Lagen zwischen 800 und 1200 m NN gegen Ende Mai/Anfang Juni gebräunte Blätter aufweisen – ein Hinweis auf erfrorene Blätter. Diese Beobachtung geht einher mit dem Befund negativer Weiserjahre (Z'Graggen 1992).

3.3.8 *Quercus robur* L. – Stieleiche

Die Stieleiche ist ein sommergrüner, bis zu 30 m hoher Baum mit kräftigem, tiefem Wurzelwerk und breiter Krone, die aus dicken, horizontal abstehenden Ästen gebildet wird. Stieleichen leben in der collinen, seltener in der montanen Stufe der ozeanisch beeinflussten Regionen mit mittlerem Temperaturspektrum von -14 °C im Januar und 14 °C im Juli bei mindestens 300 mm Jahresniederschlag und verlangt somit mehr Wärme als die Buche. An den Boden stellt sie relativ hohe Ansprüche und bevorzugt tiefgründige, nährstoffreiche und stets frische Böden. Permanente Staunässe und Überschwemmungsbereiche meidet sie. Verbreitet ist die Stieleiche in ganz Europa zwischen 40° und 60° Nord bis in Höhen von 300 m NN in den Vogesen, 500 m NN im Harz, 1000 m NN in den Zentralalpen und 1300 m NN in den Südalpen.

Das Holz der Stieleiche besitzt bei gelblichem Splint einen gelbgrünlichen bis bräunlichen Kern und weist deutliche ausgeprägte Jahrringgrenzen auf, die zumeist relativ breit sind. Die Frühholzporen sind sehr groß und ringporig angeordnet und weisen im Frühholz des Kernbereichs große, dünnwandige Thyllen auf (Abb. 3.4 G), die einen Schutz unterbrochener Gefäße gegen schädliche Einflüsse von Außen bilden. Die

Spätholzgefäße sind deutlich kleiner und in radial gerichteten Feldern angeordnet. Neben vielen feinen, nur mikroskopisch erkennbaren Holzstrahlen weist das Xylem in unregelmäßigen Abständen auch oft über 1 mm breite Strahlen auf, die sich radial als auffällige Spiegel zeigen und das Bearbeiten von Jahrringsequenzen auf der Basis von Bohrkernen erschweren können.

Beiden Eichenarten gemein ist ein häufiger Befall von Insekten, von denen die bedeutsamsten der azyklisch auftretende Eichenwickler (*Tortix viridiana*) und der alle 3 bis 6 Jahre auftretende Maikäfer (*Melolontha melolontha*) sind. Beide Schädlinge befallen die Eichen zu Beginn der Vegetationsperiode und können zum kompletten Kahlfraß der Bäume führen, was zu deutlichen Zuwachsreduktionen besonders im Spätholz führen kann (Varley 1978, Vogel & Keller 1998).

Da das Eichenholz einen hohen Gerbstoffgehalt aufweist und so lange den Fäulnisprozessen widerstehen kann und unter Wasser fast nicht zerstörbar ist, wurde es bereits in vorgeschichtlicher Zeit als Bauholz genutzt (Eckstein et al. 1983). Die längste Reihe, die südwestdeutsche Eichenchronologie (Becker et al. 1985), reicht über 12.000 Jahre zurück. Die archäologischen Eichenchronologien ermöglichten eine Eichung der Radiokarbonmethode (Baillie et al. 1983).

Die Jahrringbreitenserien von Eichen zeichnen sich allgemein durch ihre Ausgeglichenheit aus, woraus Bonn (1998) in Jahren mit ungünstigen Witterungsbedingungen einen Konkurrenzvorteil gegenüber anderen Arten ableitet. Auch Roloff & Klugmann (1997) stellen für Eichen und insbesondere für Stieleichen eine große Toleranz gegenüber Trockenheit und wechselnden Standortbedingungen fest. Sie führen dies auf die Fähigkeit zur Ausbildung von Zweigabsprüngen als Anpassung an die Wasserversorgung an.

3.3.9 *Quercus petraea* L. – Traubeneiche

Die Traubeneiche, die auf das westliche Europa bis etwa 30° E begrenzt ist, weist morphologisch nahezu dieselben Eigenschaften wie die Stieleiche auf. Sie ist von dieser aber über die Laubform und die Anordnung der Früchte in Traubenform an kurzen Stielen gegenüber den langstieligen und einzeln hängenden Früchten der Stieleiche zu unterscheiden. Huber et al. (1941) strebten durch Merkmalkombinationen eine anatomische Trennung beider Arten an. Diese Methode führt aber selbst in standortgemäß angepflanzten Bäumen mit gut ausgebildeten Jahrringen nur zu einer Trefferquote mit einer statistischen Sicherheit von ca. 75%. Somit sind beide Arten als holzanatomisch nicht unterscheidbar einzustufen (Abb. 3.4 H) und werden in der Dendrochronologie sowie auch in dieser Studie einheitlich bearbeitet.

3.4 Gegenüberstellung artspezifischer Eigenschaften

Buchen weisen die höchsten artspezifischen Häufigkeiten an Weiserjahren auf. Schweingruber et al. (1991) ermittelten an Buchen aus dem Krauchtal östlich von Bern für das 20. Jahrhundert 35 Weiserjahre, während sich für Kiefern und Tannen je 27 und für Fichten nur 19 auffällige Jahre ergaben. Dabei bilden Buchen und Kiefern häufig doppelte Weiserjahre aus, während diese bei Tannen und Fichten zumeist nur einzeln auftreten. BONN (1998), der für Buchen in nordöstlichen Regionen Deutschlands ebenfalls über 30 Weiserjahre findet, merkt an, dass Eichen etwa nur halb so viele markante Jahre ausbilden. Einzig die Lärchen der subalpinen Stufe erreichen eine ähnlich hohe Häufigkeit. PETITCOLAS (1998) findet in einer im südwestalpinen Briançonnais lokalisierten Studie bei Lärchen für das 20. Jahrhundert 35 Weiserjahre, bei der Aufrechten Bergkiefer hingegen nur 4.

Aus dem Vergleich der Eigenschaften lassen sich wichtige Rückschlüsse für die Konkurrenz, verstanden als „ein wechselnd starker, aber immerwährender Wettbewerb um zahlreiche Standortbedingungen, von denen eine vorherrschen kann" (ELLENBERG 1996: 118), ableiten. So können sich im natürlichen Konkurrenzkampf nur die schnellwüchsigen und langlebigen Arten durchsetzen (ELLENBERG 1996), von denen wiederum die besser den Schatten ertragenden und spendenden „Schattbaumarten" wettbewerbsfähiger sind als die so genannten Lichtbaumarten. Somit sind Weißtanne und Rotbuche die allen anderen Arten überlegenen Bäume (vgl. Tab. 3.2). Zwischen diesen beiden setzt sich die Buche auf Grund ihrer Fähigkeit, auch im hohen Alter auf günstige Bedingungen noch mit Zuwachssteigerungen reagieren zu können, durch (BURSCHEL & HUSS 1997).

Tab. 3.2 Vergleich wichtiger Eigenschaften der waldbildenden Baumarten Zentraleuropas

Artname	Typ	Hö	Obere Verbreitungsgrenze				Schatten		Empfindlichkeit		
			H	SV	ZA	SA	B	J	D	SpF	WiF
Abies alba	N	> 60	900	1400	1700	2100	●	●	⊙	●	⊙
Picea abies	N	> 60	1000	1400	2200	2300	**O**	⊙	●	⊙	◎
Pinus sylvestris	N	> 40	1000	1400	2000	2000	○	○	○	○	◎
Larix decidua	**N**	> 40	-	400	2200	2500	○	( )	**O**	⊙	○
Quercus petraea	**L**	> 40	500	300	1000	1300	⊙	◎	⊙	⊙	**O**
Quercus robur	**L**	> 40	500	900	1200	1450	◎	○	○	⊙	⊙
Fagus sylvatica	L	> 40	650	1100	1500	1800	●	●	**O**	●	**O**
Pinus cembra	**N**	< 30	-	-	2300	2500	**O**	⊙	○	○	○
Pinus uncinata	N	< 30	-	-	2300	2300	◎	( )	◎	○	○

Typ: langlebige (> 200 Jahre) **N** Nadelhölzer und **L** Laubhölzer
mittellebige (< 200 Jahre) N Nadelhölzer und L Laubhölzer

Hö = maximale Baumhöhe
auf günstigen Standorten

B = Fähigkeit, als Bestand Schatten zu erzeugen
J = als Jungwuchs Schatten zu ertragen

Maximale **obere Verbreitungsgrenze** im
H = Harz, **SV** = südliches Mittelgebirge, **ZA** = Zentralalpen, **SA** = Südalpen

Fähigkeiten bzw. **Empfindlichkeiten**: **D** = Dürrezeit, **SpF** = Spätfröste im Frühjahr, **WiF** = Winterfrost
● sehr groß **O** groß ⊙ mittelmäßig ◎ gering ○ sehr gering ( ) äußerst gering

Quelle verändert aus verschiedenen Quellen nach Ellenberg 1996: 119

4 Daten – das dendroklimatologische Netzwerk

Die vorliegende Studie basiert auf einer großen Anzahl von Datensätzen, die das räumliche Spektrum des Untersuchungsraums (5° bis 15° E / 42,5° bis 52,5° N) abdecken. Dazu war die Verwendung von Fremddaten, d. h. nicht selbst erhobenen Daten, unbedingt erforderlich. Tabelle 4.1 gibt einen Überblick über die zur Verfügung stehenden Datensätze, wobei allen Personen und Institutionen nochmals ausdrücklich für die Bereitstellung ihrer Daten gedankt sei.

Tab. 4.1 Die Herkunft der zur Verfügung stehenden Datensätze nach Urheber und Typ

	Quelle	Typ	Region	Anzahl
Dendro	Bonn (Dresden)	TRW	Nordostdt. Mittelgebirge	28
	Dikau, Gärtner (Bonn, Birmensdorf)	TRW	Tschirgant, Mattertal	8
	Elling, Dittmar (Freising, Bayreuth)	TRW	Bayern	106
	Friedrichs (Bonn)	TRW	Siegtal	1
	Gruber (Bonn)	TRW	Lötschental	3
	Hüsken (Düsseldorf)	TRW	Dolomiten	1
	Neuwirth (Bonn)	TRW	Bonner Raum, Wallis, Vinschgau	22
	Nicolussi (Innsbruck)	TRW	Kärnten	9
	Rigling (Birmensdorf)	TRW	Rhônetal	6
	Rolland, Desplanque, Petitcolas (Grenoble)	TRW	franz. Alpen	101
	Schmidt (Köln)	TRW	NRW	6
	Spieker, Kahle (Freiburg)	TRW	Vogesen, Schwarzwald	36
	Wilson (Edinbourgh)	TRW	Bayern	8
	Wohlleber (Bonn)	TRW	Lötschental	1
	ITRDB (div.)	TRW	v.a. sonst. Europa	30
	Schweingruber, Forster, Kienast, Lingg, Meyer, Nogler, Schär (Birmensdorf)	TRW & MXD	Schweiz, Schwarzwald, Vogesen	je 117
	Saurer (Bern)	C-ISO	Schweiz	5
	Schleser, Treydte (Jülich, Birmensdorf)	C-ISO	Lötschental/CH	6
			Summe Dendro	**615**
Klima	Mitchell (Norwich)	TMP & PRE	Europa (4707 GRID-Punkte ausgewählt)	je 12
	PAE (Paeth, Bonn)	NAOI	nordatl. Raum	12
	PON (van Loon & Rogers, 1978)	NAOI	nordatl. Raum	12
	GIB (Jones et al. 1997)	NAOI	nordatl. Raum	12
			Summe Klima	**113.004**

C-ISO = Kohlenstoffisotopenverhältnis
MXD = maximale Spätholzdichte
NAOI = Index zur Nordatlantischen Oszillation
PRE = Niederschlag
TMP = Temperatur
TRW = Jahrringbreite

Insgesamt stehen 615 dendrochronologische und über 113.000 klimatologische Zeitreihen zur Verfügung. Da die Jahrringparameter „maximale Spätholzdichte" und „Kohlenstoffisotopenverhältnisse" keine ausreichende räumliche Dichte aufweisen, fließen in dieser Studie nur die Datensätze zur Jahrringbreite (TRW) in das dendroklimatologische Netzwerk ein. Die Anzahl der dendrochronologischen Datensätze wird somit auf 487 reduziert.

4.1 Bausteine des dendroklimatologischen Netzwerkes

Das dendroklimatologische Netzwerk vereint alle zur Verfügung stehenden Datensätze in einer einheitlichen und kompatiblen Struktur und Formatierung (vgl. Kap. 2.2). Indem es diese Daten einerseits mit den korrespondierenden Begleitinformationen, den Metadaten, und andererseits mit zahlreichen Anwendungen verknüpft, stellt es weit mehr als eine reine Datenbank dar.

Abbildung 4.1 zeigt die vierteilige Struktur des dendroklimatologischen Netzwerkes. Die Metadaten liefern die Basisinformationen zu den Daten und stehen allen Anwendungen zur Verfügung. Als verbindendes Element dienen die Kodierungsschlüssel (Kap. 2.1.1), über die die Daten in allen Anwendungen eindeutig identifizierbar sind und alle jeweils benötigten Informationen, wie z. B. die Koordinaten, abrufbar sind. Die Metadaten enthalten ebenso Auskünfte über Art und Herkunft wie über topographische und ökologische Eigenschaften der Daten.

Als Dendrodaten sind bislang nur Datensätze zur Jahrringbreite in das Netzwerk integriert. Die Klimaparameter gliedern sich in die Datensätze zur Temperatur (TMP), zum Niederschlag (PRE) sowie verschiedene Luftdruckgradienten zur Nordatlantischen Oszillation (NAO). Eine nähere Beschreibung dieser beiden Blöcke des dendroklimatologischen Netzwerkes erfolgt in den anschließenden Unterkapiteln.

Die in dem vierten Block vereinigten Anwendungen stellen handelsübliche Softwarepakete dar, mit denen die Daten bearbeitet werden. Dazu enthält dieser Block zahlreiche zum Teil mit Makroprogrammen unterstützte Formeldateien, die speziell an die Arbeiten mit den vorliegenden Zeitreihen angepasst sind und den Umgang mit

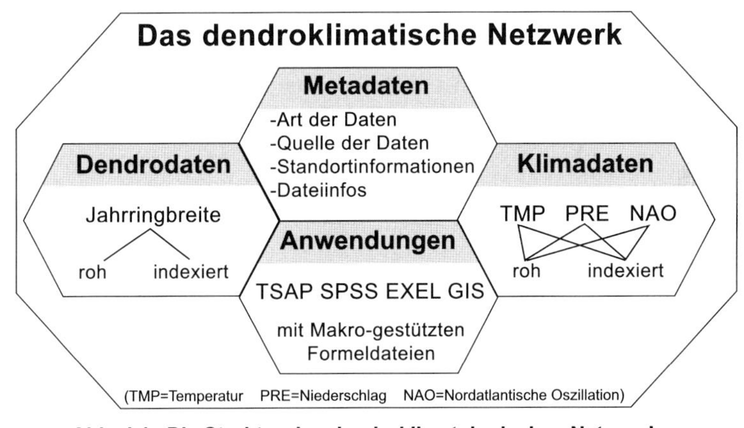

Abb. 4.1 Die Struktur des dendroklimatologischen Netzwerkes

großen Datensätzen erleichtern sollen. Eine Auflistung dieser Formeldateien, deren Beschreibungen und Funktionsweisen sind dem Anhang als Teil IV beigefügt.

Ein voll ausgebautes dendrochronologisches Datenbanksystems auf Basis der objektorientierten Software ORACLE ist durch D. Schmatz an der WSL in Birmensdorf/CH im Aufbau (SCHMATZ et al. 2001 und *http://www.wsl.ch/dendro/dendatabase-en.ehtml*). Alle Bausteine des hier vorliegenden Netzwerkes sollen darin eingebaut werden, wozu die Bausteine und Datensätze entsprechend strukturiert und präpariert wurden. Auch wird die Kompatibilität zur International Tree-Ring Database (GRISSINO-MAYER & FRITTS 1997) gewährleistet sein.

4.2 Dendrochronologische Daten

Die dendrochronologischen Daten stellen den zentralen Bestandteil der vorliegenden Studie dar und bedürfen zunächst einer Vorauswahl nach festen Kriterien (Kap. 4.2.1). Es folgt eine Beschreibung der Heterogenitäten bezüglich der räumlichen Verteilung der Standorte und bezüglich der Verteilung der Arten unter den Standorten (Kap. 4.2.2).

4.2.1 Auswahl der dendrochronologischen Datensätze

In die Datenbank des dendroklimatologischen Netzwerkes können Chronologien aufgenommen werden, sofern sie bestimmte Mindestkriterien erfüllen. Die zu untersuchenden Daten sollten aus Bäumen möglichst naturnaher (vgl. Kap. 3.1) und geschlossener Waldbestände stammen. Weiterhin sollten die Daten nicht aus erkennbar kranken oder bereits abgestorbenen Bäumen entnommen sein. Auch gestörte Standorte sind auszuschließen, wobei Flächen als gestört eingestuft werden, wenn das Wachstum der dort stehenden Bäume direkt durch exogene, nicht klimatische Prozesse beeinträchtigt ist. Dies können, um nur einige Beispiele anzuführen, geomorphologische Prozesse wie Lawinen, Muren, Rutschungen usw., die besonders im Hochgebirge auftreten, oder auch Überflutungsbereiche in Flussnähe, so genannte Auenwälder sein. Gleiches gilt für stark durch menschliches Handeln beeinflusste Bestände wie etwa forstliche Monokulturen und Parkanlagen.

Formale Auswahlkriterien sind geographische Länge und Breite, Höhe NN und Exposition. Zu den Standorten sollten Rohwert-Messungen zur Jahrringbreite der Einzelbäume, wenn möglich auf Basis der Radien, vorliegen. Die Datenreihen müssen das Zeitfenster AD 1901 bis 1971 überspannen, dem gemeinsamen Überlappungsbereich der meisten Zeitreihen. Das mit AD 1971 frühe Ende des Untersuchungszeitraums ergibt sich aus den verstärkt einsetzenden dendroökologischen Untersuchungen in den 1970er Jahren.

Aus den dieser Arbeit zur Verfügung stehenden Datensätzen zur Jahrringbreite (vgl. Tab. 4.1) entsprachen 420 Standorte den beschriebenen Kriterien. Eine anschließende Qualitätsprüfung (vgl. Kap. 2.1.2 und Kap. 6.1) führte zu einem weiteren Ausschluss von Datensätzen, sodass letztendlich 377 Standortchronologien (vgl. Anhang III) in die Analysen einfließen.

4.2.2 Verbreitung der dendrochronologischen Standorte

Die Lage der Standorte in Zentraleuropa (Abb. 4.2 A) zeigt für das Untersuchungsgebiet eine heterogene Verteilung. Regionen ohne Beprobungsflächen wie Rheinland Pfalz oder der südostalpine Raum stehen Regionen mit hohen Konzentrationen wie in den Westalpen, im südlichen Schwarzwald und in der Osthälfte Bayerns gegenüber. Verstärkt wird diese Heterogenität durch die Tatsache, dass bei dem dargestellten Maßstab von annähernd 1:6,5 Mio. nicht alle Standorte sichtbar sind, d. h. die Signatur eines Standortes kann bei räumlich großer Nähe diejenigen anderer Standorte überdecken. Der vergrößerte Ausschnitt im Maßstab von etwa 1:500.000 (Abb. 4.2 B) verdeutlicht exemplarisch eine solche Situation für das östliche Wallis/CH. Im Lötschental, im gezeigten Kartenausschnitt im oberen linken Viertel gelegen, befinden sich insgesamt 12 Standorte. In NE- und SW-Exposition sind zwischen 1450 und 1550 m NN je ein Fichtenstandort, zwischen 1700 und 1750 m NN ein Fichten- und ein Lärchenstandort und zwischen 1950 bis 2000 m NN zwei Fichten- und ein Lärchenstandort gelegen. In den Hochlagen unterscheiden sich die beiden Fichtenstandorte in einen Standort mit trockenen und einen mit feuchten Bedingungen (Neuwirth et al. 2004). In den Tieflagen ist die Standortvielfalt nicht gegeben, hier kommt die Lärche nur noch vereinzelt vor (Ott 1978, Fischer 1980). Die Heterogenitäten aus der räumlichen Verteilung werden noch überlagert durch eine ungleiche Verteilung der Standorte auf die Baumarten und in den Höhenstufen. Über ein Drittel der 377 Standorte sind mit Fichte bewachsen, wohingegen die Laubhölzer zusammen nur gut ein Fünftel der Standorte bestocken (Abb. 4.3). Die Lärche stellt mit nur 5 % Standortanteil die am Geringsten belegte Spezies dar, gefolgt von den drei Kiefernarten Arve, Wald- und Bergkiefer mit 6, 6 und 7 %.

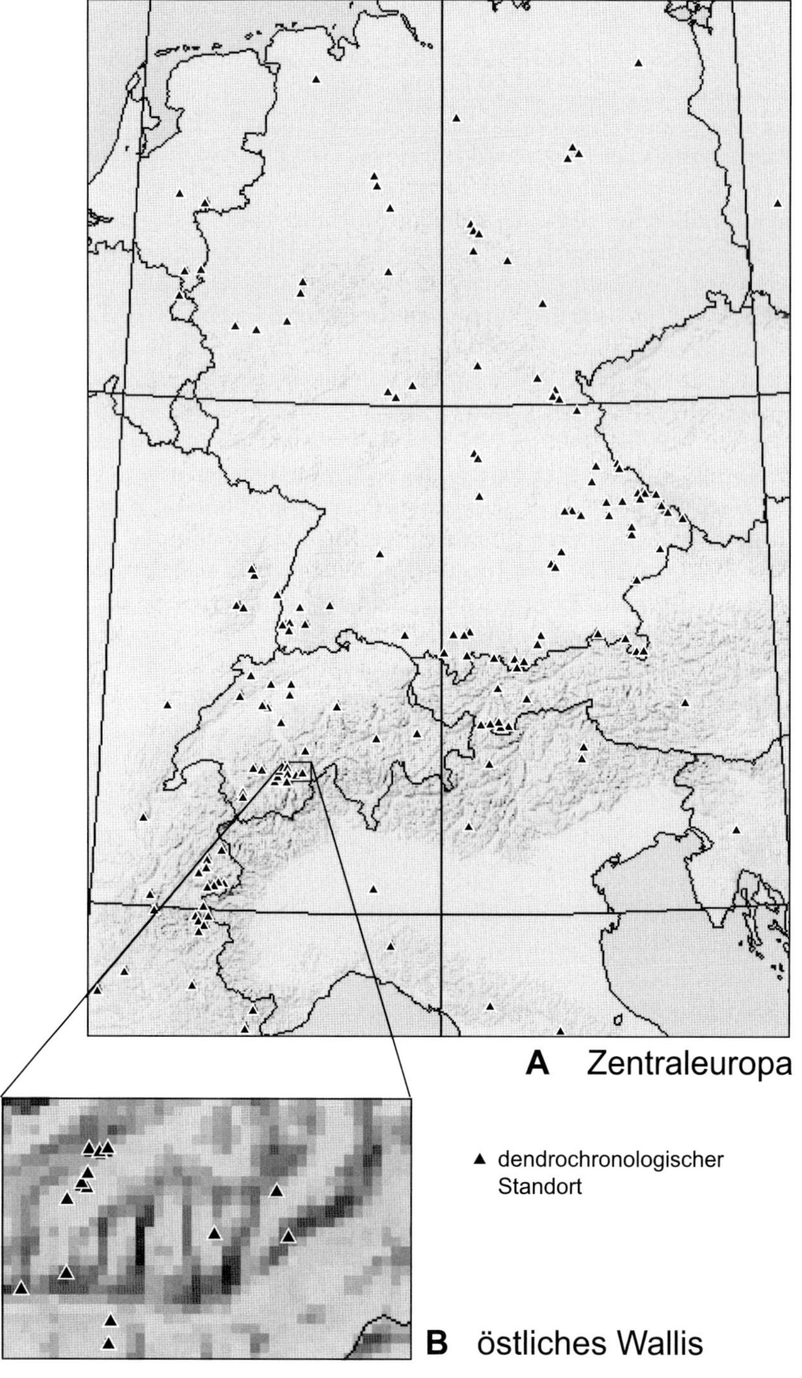

Abb. 4.2 Die dendrochronologischen Standorte in Zentraleuropa und im östlichen Wallis/ Schweiz

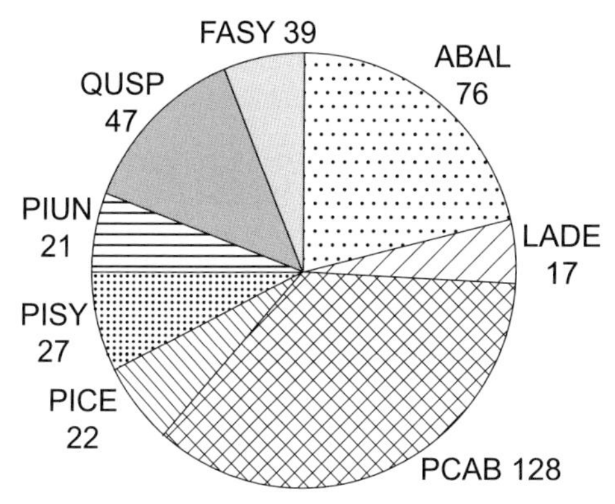

Abb. 4.3 Anteile und Anzahl der 377 selektierten und nach Baumarten gruppierten Standorte des dendrochronologischen Datensatzes

Eine höhendifferenzierte Betrachtung der Baumartanteile (Abb. 4.4) zeigt markante Unterschiede zwischen Laub- und Nadelhölzern. Auf Grund ihrer ökologischen Ansprüche (vgl. Kap. 3.3) dominieren Buchen und besonders Eichen mit zusammen über 90 % der Standorte die Tieflagen (<250 m NN). In der Stufe 250–750 m beträgt ihr Anteil nur noch knapp über 40 %. Fichten und Tannen stellen jeweils größere Anteile. Zwischen 750 und 1750 m NN sind in allen Stufen die meisten Standorte mit Fichten bestanden, gefolgt von Tannen und Kiefern. Oberhalb 1750 m NN sind im Datensatz ausschließlich Nadelhölzer vertreten, wobei Lärchen und Arven ausschließlich in der höchsten Stufe zu finden sind. Die dritte Hochlagenspezies, die Aufrechte Bergkiefer, ist mit 3 Standorten noch in der Stufe 1250–1750 m NN vertreten. Es handelt sich dabei um Standorte aus den südlichen französischen Alpen.

Insgesamt werden die 377 Standorte aus 7.708 Bäumen zusammengesetzt. Daraus errechnet sich eine mittlere Belegungsdichte von etwas mehr als 20 Bäumen je Standort. Da zumeist mehrere Bohrkerne aus einem Baum entnommen wurden, besteht der Datensatz aus 17.000 Einzelserien zur Jahrringbreite. Für das festgelegte Zeitfenster von AD 1901 bis 1971 ergeben sich daraus über 1,2 Millionen Jahrringbreitenwerte, die in das dendrochronologische Netzwerk einfließen.

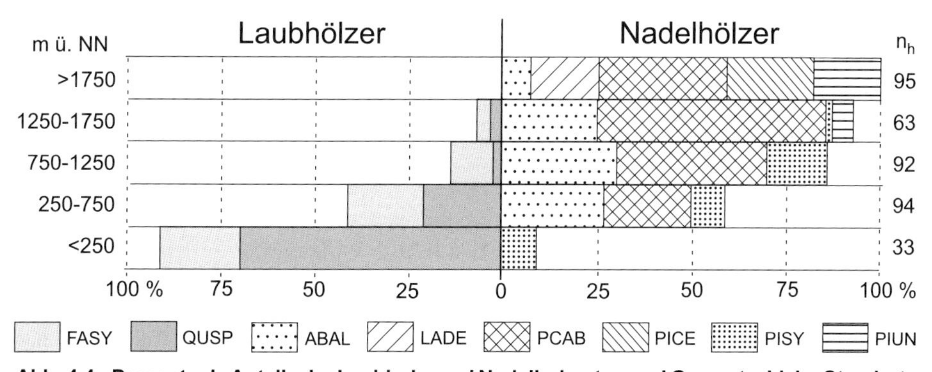

Abb. 4.4 Prozentuale Anteile der Laubholz- und Nadelholzarten und Gesamtzahl der Standorte n_h (Werte ganz rechts) in ausgewählten Höhenstufen

4.3 Klimatologische Daten

Die Klimadaten gliedern sich nach Klimaelement, Typ und Herkunft in zwei Hauptgruppen:

1. die Temperatur- und Niederschlagsdaten im europäischen Gitternetz mit 10-minütiger Auflösung, im Folgenden als **GRID-Daten** bezeichnet;
2. die Luftdruckdaten der Nordatlantischen Oszillation, kurz als **NAO-Daten** benannt.

4.3.1 GRID-Daten

Die dieser Studie zu Grunde liegenden Daten der Klimaelemente Temperatur und Niederschlag entstammen der Datenbank des Tyndall Centre for Climate Change Research der University of East Anglia in Norwich/UK und werden unter dem Namen „CRU TS 2.0" geführt (Mitchell et al. 2003). Die monatlich aufgelösten Datenreihen für den Zeitraum von AD 1901 bis 1971 stellen ein zeitlich erweitertes und räumlich verdichtetes Update auf Basis der Klima-GRID-Daten „CRU CL 1.0" (New et al. 1999), einer globalen Klimatologie, dar. Sie überspannen die Landmassen Europas in einer 10-minütigen räumlichen Auflösung für die Periode AD 1901 bis 2000. Ihre Konstruktion erfolgte in mehreren Schritten.

Auf Basis der berücksichtigten Klimamessstationen, deren Anzahl weltweit zwischen 19.800 für den Niederschlag bis 3.615 für die Windgeschwindigkeit liegt, werden für die Jahre von AD 1901 bis 2000 Abweichungen zum Mittel der Referenzperiode AD 1961 bis 1990 gerechnet, für den Niederschlag in Prozent, für die Temperatur als Residuen in absoluten ° C-Werten. Anschließend werden die Abweichungen der Stationsdaten als eine Funktion von Länge, Breite und Höhe mit dem so genannten Thin-Plate Spline auf die GRID-Punkte des Gitternetzes interpoliert (New et al. 1999). Ein Spline ist eine mathematische Funktion, die stückweise so aus Polynomen zusammengesetzt ist, dass Punkte in einer xy-Ebene in flexibler und geglätteter Form miteinander verbunden werden (Abb. 4.5 A). Der Spline heißt kubisch, wenn die Polynome maximal dritter Ordnung sind. Der Thin-Plate Spline ist die zweidimensionale Analogie des eindimensionalen kubischen Spline, wobei die zweite Dimension als eine Verformung der xy-Ebene in z-Richtung anzusehen ist, wobei z(x,y) die Stärke der Verformung angibt (Abb. 4.5 B). Versteht man unter dieser Verformung eine Koordinatentransformation, so können Thin-Plate Splines wie im vorliegenden Fall als Interpolationsfunktionen genutzt werden (Dierckx 1995). Die resultierenden Serien werden im Folgeschritt so überarbeitet, dass für jeden GRID-Punkt der Mittelwert der Abweichungen gleich Null ist.

Im abschließenden Arbeitsschritt werden die Abweichungen wieder zu absoluten Werten zurückgerechnet. Dazu werden für die Niederschläge wegen der Prozentwerte multiplikative und für die Temperaturen additive Operationen auf Grundlage der Klimatologiedaten für 1961 bis 1990 der Daten von CRU CL 1.0 (New et al 1999) durchgeführt. Abschließend erfolgt eine Prüfung, ob die Werte im Rahmen des physikalisch Möglichen liegen, z. B. keine negativen Niederschläge auftreten. In diesem Fall erfolgt eine erneute Korrektur unter Berücksichtigung eines Mittelwertes Null für die Abweichungen in den Zeitreihen.

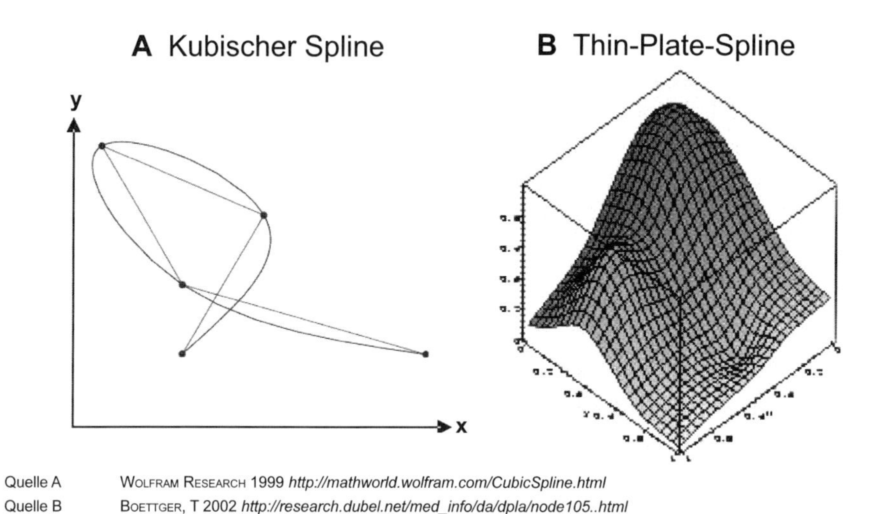

Quelle A WOLFRAM RESEARCH 1999 *http://mathworld.wolfram.com/CubicSpline.html*
Quelle B BOETTGER, T 2002 *http://research.dubel.net/med_info/da/dpla/node105..html*

Abb. 4.5 Geometrische Darstellung von Kubischem Spline und Thin-Plate Spline

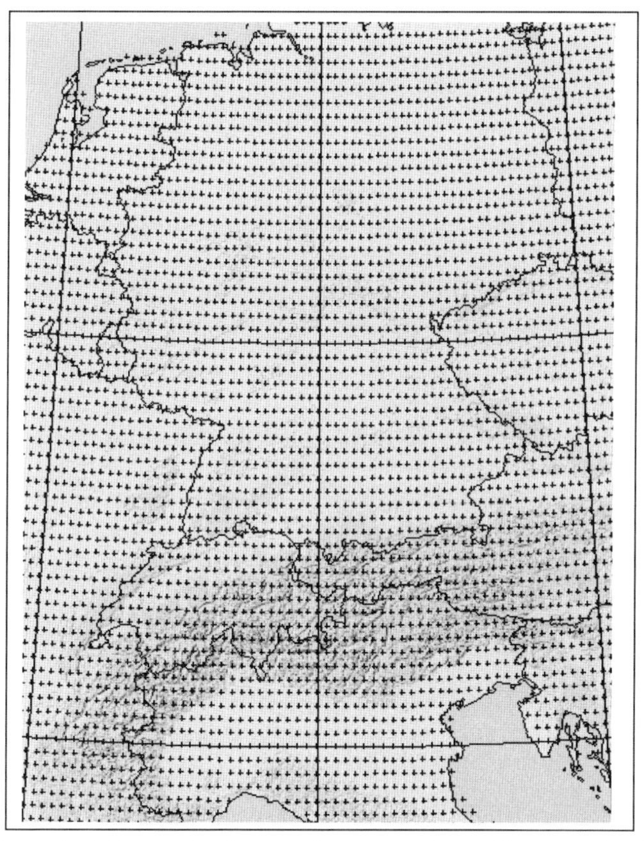

Abb. 4.6 Die Lage der GRID-Punkte (Kreuze) für Temperatur und Niederschlag, übernommen aus der CRU-Klimadatenbank der University of East Anglia in Norwich/UK (MITCHELL et al 2003)

Aus der 10-minütigen räumlichen Auflösung ergeben sich 5.122 GRID-Punkte für Zentraleuropa, die im Durchschnitt zonal etwa 11,5 km und meridional 18,5 km voneinander entfernt liegen und das Untersuchungsgebiet in einem sehr engen Gitternetz überdecken (Abb. 4.6).

4.3.2 NAO-Daten

Verantwortlich für die Witterungs- und Klimabedingungen in Zentraleuropa sind die großräumigen Luftdruck- und damit Zirkulationsverhältnisse im Nordatlantik. Da diese regelmäßigen Schwankungen unterliegen (Hurrell 1995, Hurrell & van Loon 1997, Mahlberg 1997), wird sie als Nordatlantische Oszillation, kurz NAO, bezeichnet. Indikatoren für den Zustand der NAO beziehungsweise für deren Intensität leiten sich aus dem Luftdruckgradienten zwischen dem subtropischen Azorenhoch und dem subpolaren Islandtief ab. Die Gradienten werden üblicherweise als standardisierte Druckdifferenz dargestellt, dem NAOI (Index der Nordatlantischen Oszillation). Für deren Berechnung gibt es zwei grundsätzliche Strategien, die Herleitung der Druckdifferenz zwischen zwei ortsfesten Beobachtungsstationen, dem Euler'schen Ansatz, und, als Langrange'schem Ansatz (Glowienka-Hense 1990), die Berechnung der Differenz aus den Zentren der Luftdruckgebiete unter Berücksichtigung der Verschiebung der Aktionszentren.

Die NAOI-Berechnungen resultieren in den meisten Fällen aus den Beobachtungswerten der Klimastationen von Akureyri (65,7°N/18,1°W) oder Stykkisholmur (65,0°N/22,8°W) auf Island und Ponta Delgada (37,7°N/ 25,7°W) auf den Azoren (van Loon & Rogers 1978, Rogers 1984, 1990). Die Anomalien der Druckgradienten auf Meeresniveau zwischen beiden Stationen zu ihrem langjährigen Mittelwert werden mit der Varianz über die Gesamtreihe normiert, sodass ein einheitsneutraler Indexwert, der im Folgenden als PON bezeichnet wird, resultiert (Abb. 4.7, gestrichelte Linie). Komplette Zeitreihen zum Luftdruck gibt es für beide Stationen seit AD 1865.

Eine weiter zurück reichende Zeitreihe ist die von Jones et al. (1997) genutzte, die die Druckdifferenzen aus einem Komposit der Stationen SW-Islands und Gibraltars (36,1°N/5,1°W) in Südspanien ableiten. Durch Prüfung und Überarbeitung früher instrumenteller Messdaten erstellen sie einen Datensatz, der seit Mitte des Jahres 1823 lückenlos vorliegt. Er wird im Folgenden als GIB bezeichnet (Abb. 4.7, durchgezogene Linie).

Diese Eulersche, d. h. auf bestimmte Beobachtungspunkte fixierte Betrachtungsweise hat den Nachteil, die Verlagerungen der beiden Aktionszentren Islandtief und Azorenhoch nicht zu berücksichtigen.

> *„So schaut dieser NAO-Index möglicherweise an der Dynamik des atmosphärischen Phänomens vorbei, wenn sich die Lokalisierung der Kerndrücke von Island und den Azoren entfernt“* (Paeth 2000:30).

Eine Lagrange'sche Definition des NAOI, die aus dem Bodenluftdruckfeld zwischen 70° und 20°N die zonal gemittelten Druckminima und -maxima und deren Breitenlage ermittelt, berücksichtigt diese vor allem im Bereich des Azorenhoch auf größerem Gebiet stattfindende Massendynamik. Es resultiert eine im Folgenden mit PAE bezeichnete

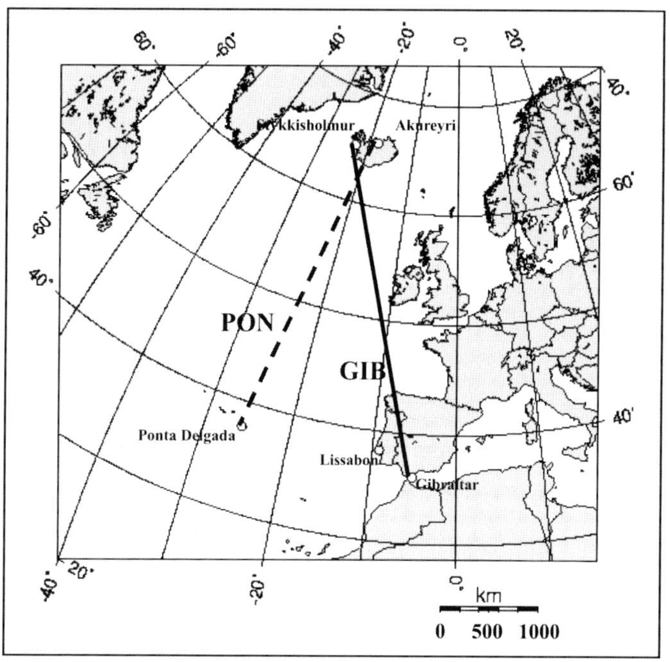

Quelle Eigener Entwurf auf Kartengrundlage GMT (Version 3, Quelle: Wessel & Smith 1995, http://www.aquarius.geomar.de/omc/make_map.html

Abb. 4.7 Die alternativen Luftdruckgradienten für die Euler'schen NAO-Indizes PON und GIB

Zeitreihe (Anhang X), die in monatlicher Auflösung das Zeitfenster AD 1881 bis 1994 überspannt (Glowienka-Hense 1990, Paeth 2000).

Abbildung 4.8 stellt die drei dieser Studie zu Grunde liegenden NAOI-Zeitreihen für die Jahresmittelwerte gegenüber und verdeutlicht die auf den ersten Blick hohe Ähnlichkeit der drei Datensätze. Es sei darauf hingewiesen, dass ein positiver Indexwert in der PAE-Reihe neben der Intensivierung des Druckgradienten auch eine Nordverlagerung der Aktionszentren kennzeichnet (Mächel 1995, Kapala et al. 1998, Paeth 2000).

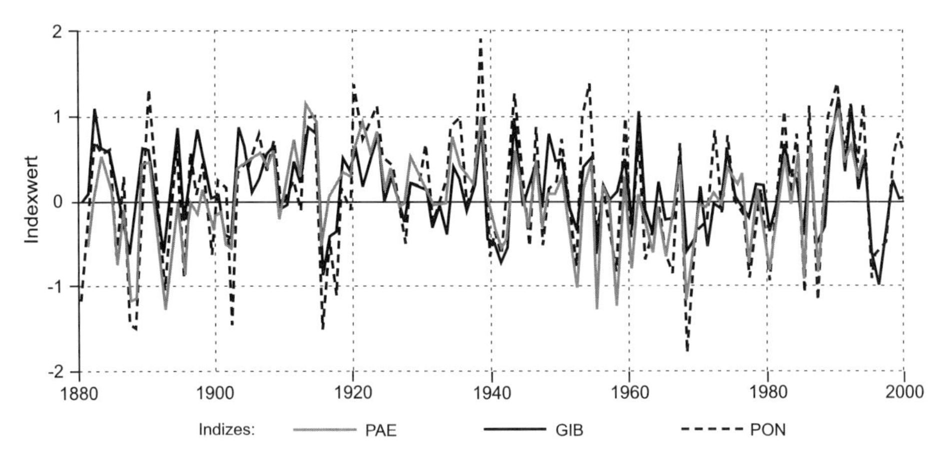

Abb. 4.8 Die Zeitreihen zum NAO-Index im Vergleich: Jahreswerte der Indizes PAE, GIB und PON für das Zeitfenster AD 1880 bis 2000

Mit Hilfe von Korrelationskoeffizienten (F-16, Kap. 2.5) werden die Zusammenhänge zwischen den drei NAO-Indizes für das einheitliche Zeitfenster von AD 1901 bis 1971 überprüft. In Tabelle 4.2 sind die Koeffizienten wiedergegeben, die sich auf der Berechnungsgrundlage der einzelnen Monate sowie der Indizes für das gesamte Jahr (letzte Zeile in Tab. 4.2) ergeben. Abbildung 4.9 zeigt auf analoger Berechnungsgrundlage die Zusammenhänge, die aus den meteorologischen Jahreszeiten resultieren, in Form eines Balkendiagramms.

Tab. 4.2 Korrelationskoeffizienten zwischen den Zeitreihen AD 1901–1971 der NAO-Indizes GIB, PON und PAE auf Monats- und Jahresbasis

	GIB-PAE	PON-PAE	GIB-PON
JAN	**0.7872**	**0.8766**	**0.8715**
FEB	**0.8301**	**0.9279**	**0.9067**
MRZ	**0.7620**	**0.8886**	**0.8857**
APR	**0.6014**	**0.8506**	**0.7810**
MAI	**0.6702**	**0.8866**	**0.7367**
JUN	**0.5660**	**0.8327**	**0.6711**
JUL	**0.5730**	**0.7041**	**0.6666**
AUG	0.3334	**0.7602**	**0.5811**
SEP	**0.5334**	**0.8095**	**0.7244**
OKT	**0.6756**	**0.8460**	**0.8056**
NOV	**0.4846**	**0.8075**	**0.7523**
DEZ	**0.6753**	**0.8630**	**0.8066**
JAHR	**0.7500**	**0.7962**	**0.7726**

Standarddruck: α = 1 % Fettdruck: α = 0,1 %

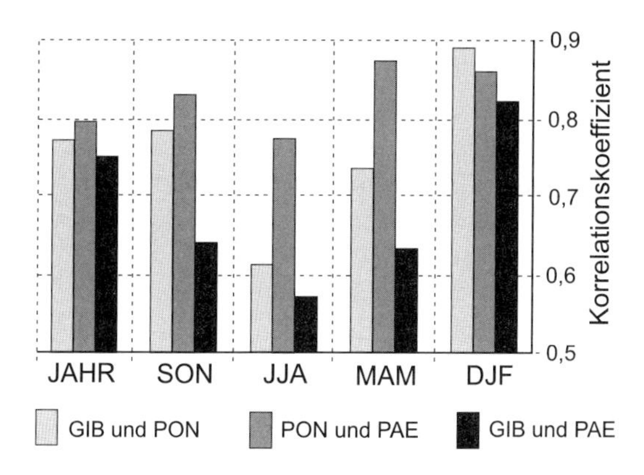

Abb. 4.9 Korrelationen der NOA-Indizes GIB und PON, PON und PAE sowie GIB und PAE für die meteorologischen Jahreszeiten und das Jahr im Zeitfenster AD 1901–1971. (Die Jahreswerte entsprechen denen aus Tabelle 4.2.)

Für die jeweils 71 korrelierten Wertepaare liegt unter Berücksichtigung der Autokorrelationen 1. Ordnung die geringste Zahl an Freiheitsgraden bei 65, woraus sich nach Bahrenberg et al. (1999: 230) für das Signifikanzniveau α = 1 % ein kritischer Wert von 0,3132 und für α = 0,01 ein Wert von 0,4256 ergibt. Somit kann mit Ausnahme des Zusammenhangs für die Augustreihen von GIB und PAE, der nur im 99 %-Niveau liegt und nur ca. 11 % der Varianz der Augustwerte erklärt, ein Zusammenhang zwischen den Reihen im 99,9 %-Niveau manifestiert werden. Die größten Unterschiede ergeben sich zwischen GIB und PAE, die höchsten Ähnlichkeiten zwischen PON und PAE. Die höchsten Zusammenhänge bestehen zwischen den Februarwerten mit dem Maximum zwischen PON und PAE. Hier werden durch die Varianzen der PON-Werte über 86 % der PAE-Varianzen erklärt.

Insgesamt ist ein Gefälle der Zusammenhänge vom Winter über das Frühjahr zum Sommer auszumachen, ehe die Werte zum Herbst hin wieder ansteigen (Abb. 4.9). Da die Luftdruckgradienten und somit die NAO im Winter am Ausgeprägtesten sind (Hurrell 1995, Hurrell et al. 2003), schwächen sich die Zusammenhänge zwischen den verschiedenen NAO-Indizes mit abnehmender NAO-Intensität ebenfalls ab.

5 Zentraleuropäische Cluster

Die Vielzahl der Datenreihen (vgl. Kap. 4) erfordert eine Gruppierung in räumlich zusammenhängende Cluster, wobei die Räume jeweils über die zu Grunde gelegten Merkmale, Wachstums- und Klimaanomalien bei Jahrring- respektive Klimadaten, definiert sind. Die Gruppenbildung für die Jahrringdaten (Kap. 5.1) erfolgt über eine Clusteranalyse. Die Klimadaten werden auf Grund ihrer räumlich geringeren Variabilität in zonal differenzierte Höhenstufen gruppiert (Kap. 5.2). Abschließend werden die dendrochronologischen Cluster den klimatologischen Clustern zugeordnet.

5.1 Dendrochronologische Cluster

Die Clusterung der 377 selektierten dendrochronologischen Standorte erfolgt in drei Schritten, einer Faktorenanalyse über die Jahre, einer Clusteranalyse über die Raumeinheiten und einer Diskriminanzanalyse zur Prüfung der Clusterbildung (Kap. 2.4).

In die Faktorenanalyse, die mit der Hauptkomponentenmethode zur Extraktion der Faktoren (Kap. 2.4.1) durchgeführt wird, fließen als Ausgangsdaten die Cropperwerte (Kap. 2.3) über die 71 Jahre von AD 1901 bis 1971 für die Standorte (vgl. Kap. 2.2.1 und Kap. 5.1) als Variablen ein. Die Zahl der Faktoren wird über das Kaiserkriterium festgelegt, nach dem nur die Faktoren berücksichtigt werden, deren Eigenwerte λ größer als 1 sind. Bei 71 Variablen werden somit nur solche Faktoren extrahiert, die mindestens $1/71 \approx 1{,}4$ % der gesamten Varianz erklären.

Tabelle 5.1, in der auf die Darstellung der Komponenten 23 bis 71 verzichtet wurde, führt zu 20 Komponenten mit $\lambda \geq 1$, die zusammen etwa 73 % der gesamten im Datensatz enthaltenen Varianz erklären.

Häufig werden in Faktorenanalysen zur Festlegung der Faktorenanzahl auch so genannte Screenplots heran gezogen, in denen für jede Komponente bzw. für jeden Faktor der korrespondierende Eigenwert in ein Koordinatensystem abgetragen wird. Größere Sprünge zwischen den diversen Koordinatenpunkten gelten als Ausscheidungskriterium für die Festlegung der Zahl der Faktoren. Abbildung 5.1 gibt den Screenplot für die Cropperwerte der 377 Standorte wider. Die Lösung aus dem Kaiserkriterium, die in

Tab. 5.1 Transponierter Auszug aus der von SPSS ausgegebenen Ergebnistabelle „Erklärte Gesamtvarianzen" der Faktorenanalyse mit Hauptachsenmethode zur Faktorenextraktion über die Cropperwerte C_j von AD 1901 bis 1971 für die 377 ausgewählten dendrochronologischen Standorte

Komponente	1	2	3	4	5	6	7	8	9	10	11
Eigenwert	9,488	5,061	4,793	3,930	3,534	2,872	2,531	2,285	1,989	1,896	1,694
% der Varianz	13,363	7,128	6,751	5,535	4,978	4,045	3,565	3,219	2,802	2,671	2,386
Kumulierte %	13,363	20,491	27,242	32,777	37,755	41,801	45,366	48,585	51,387	54,058	56,444

Komponente	12	13	14	15	16	17	18	19	20	21	22
Eigenwert	1,592	1,555	1,426	1,371	1,278	1,204	1,164	1,100	1,006	0,968	0,955
% der Varianz	2,242	2,190	2,009	1,932	1,799	1,696	1,640	1,550	1,417	1,363	1,345
Kumulierte %	58,686	60,876	62,884	64,816	66,615	68,311	69,951	71,501	72,918	74,281	75,625

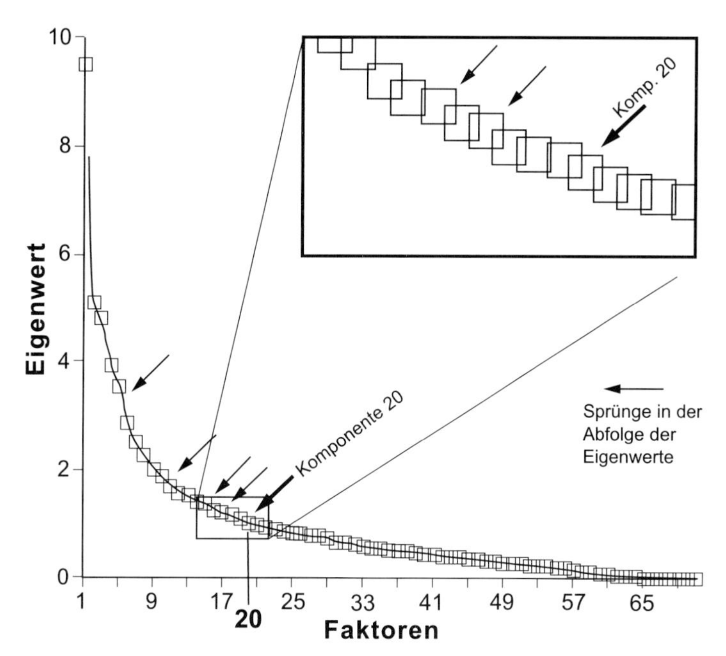

Abb. 5.1 Der zur Faktorenanalyse der Cropperwerte C_j (vgl. Text) von SPSS ausgegebene Screenplot mit vergrößertem Ausschnitt im Bereich der Komponenten 13 bis 24

Abbildung 5.1 durch den dicken Pfeil markiert ist, wird durch den Screenplot als ein mögliches Resultat bestätigt. Die anderen vom Screenplot durch Sprünge in der Verteilung der Eigenwerte angebotenen Lösungen mit 5, 10, 13, 15 oder 17 Faktoren (dünne Pfeile in Abb. 5.1) werden verworfen, da in diesen Fällen der Informationsverlust durch zu umfassende Mittelungen zu groß würde.

Im folgenden Schritt (Vgl. Kap. 2.4.1) werden die Variablen entsprechend ihrer Ladungen den Faktoren zugeordnet. Tabelle 5.2 gibt die Faktorladungen nach Varimax-Rotation wieder, wobei der besseren Übersicht wegen nur diejenigen mit Beträgen größer 0,1 aufgeführt sind. Die gefärbten Felder mit Ladungsbeträgen größer 0,4 verdeutlichen, dass Faktorenanalysen keine eindeutigen Ergebnisse liefern (Bahrenberg et al. 2003: 265). In den Jahren 1910, 1934, 1940, 1948, 1951 und 1955 gibt es jeweils zwei Faktoren, deren Ladungsbeträge oberhalb des gewählten Schwellenwertes 0,4 liegen. Da eine Anhebung des Schwellenwertes dazu führen würde, dass Jahre wie z. B. 1957 keinem Faktor zugeordnet werden könnten, erfolgt für die sechs Jahre eine Zuordnung an Hand der Faktoreigenschaften (Tab. 5.3, letzte Spalte), wie sie aus den Merkmalen der eindeutig zuzuordnenden Jahre resultieren.

Tab. 5.2 Matrix der Faktorladungen a_{fj} nach Varimax-Rotation als Ergebnis der Faktorenanalyse der Cropperwerte C_j

Jahr	F 1	F 2	F 3	F 4	F 5	F 6	F 7	F 8	F 9	F 10	F 11	F 12	F 13	F 14	F 15	F 16	F 17	F 18	F 19	F 20
1901	-0.31		0.28		-0.26								-0.14		-0.11	-0.39		0.25	0.45	
1902	0.58		-0.13		0.19	0.11		-0.15		0.13	-0.25					0.14	0.16		0.12	
1903	0.11						-0.13				0.12								-0.86	
1904	-0.68	0.06	0.14			-0.15	0.17	0.13	0.15	-0.17						0.13	-0.12		0.14	
1905	-0.18			-0.11	0.21					0.66	-0.14	0.17	0.15			0.16	-0.15		0.15	
1906	0.69		-0.15	0.25	-0.14				-0.15			-0.16				-0.13				
1907		-0.16								-0.70		0.20	0.13			0.24	0.16			
1908	-0.72									0.25	0.14	-0.13	-0.19			0.13		-0.23		
1909	0.36			-0.13												-0.68				
1910	0.41			-0.10			0.18										0.12	0.71		
1911	-0.68	0.21		0.22			-0.11	-0.22	0.13	0.12					-0.16		-0.11	-0.14	0.20	0.13
1912		-0.14		-0.15		-0.23		0.18	-0.13			0.11	0.32			0.16		-0.57	-0.19	-0.20
1913	0.53	-0.16			-0.18		0.15				0.11		-0.27		0.15	0.25		0.31	-0.16	
1914	0.12	0.11	-0.25	0.27	0.16	0.60	-0.13	-0.16		-0.13				-0.21	0.18	-0.10	0.20			
1915	-0.47		0.26		0.16	-0.39	-0.13			0.21	-0.14		0.13	0.20				-0.13		
1916	0.53	0.15		-0.13			0.26	0.13	0.11	-0.24	0.14		-0.13	0.13	-0.30		-0.12	0.11	-0.14	0.17
1917	-0.70	-0.21	-0.18	-0.11	-0.21		-0.13		-0.12									0.10	0.10	
1918	0.16	-0.27		0.15	0.20		-0.14	0.27	0.12	0.33		0.16		-0.40		-0.11	-0.26			-0.17
1919	0.42	0.21		-0.29	-0.14	0.12	0.35		0.17	-0.11	0.17	-0.22	0.12	-0.10				-0.25		0.17
1920	0.36		0.16					-0.25	-0.14				-0.29	0.16		0.28	0.48			0.19
1921	-0.47	0.37		0.30		-0.15	-0.25	-0.11	0.11	0.12		0.10		0.18		-0.32	-0.14		-0.12	
1922	-0.15	-0.22	-0.14	-0.23	-0.23	-0.15	-0.16		-0.11			0.12	0.55	-0.12			-0.20	-0.12	0.18	-0.17
1923	0.24		-0.12	0.14	0.28	0.32	0.43				-0.13	-0.12	-0.33			0.23				
1924	-0.26	-0.69	-0.14			-0.10	-0.15		0.11	-0.20		-0.12			0.11		0.16			
1925	-0.23	0.59	0.25		-0.14	-0.23	-0.14				0.20					-0.18	-0.29		-0.18	
1926	0.62				0.25	0.27	0.14	-0.13	-0.26				-0.20	-0.17	-0.12					
1927		-0.17			-0.22					-0.21			0.11				0.72	0.13		
1928	-0.20	0.36				-0.12		-0.10	0.64	0.12			-0.16		0.11	0.16	-0.21			
1929	-0.20	-0.42		-0.16	0.39		-0.12						0.25		-0.13	-0.23	-0.22	-0.24	0.32	
1930	0.15	0.13	0.21			-0.12			-0.73	0.16					0.15	0.11				
1931	-0.35		-0.14		-0.61				0.29		-0.14		0.19	0.14		0.22				
1932	0.19	-0.10	-0.18		0.68	0.33			0.17				-0.13						-0.14	
1933	0.58			0.13		0.11			-0.17	-0.18	0.38		-0.15	-0.20	-0.15	-0.20	0.20			-0.15
1934	-0.27	0.17	0.47	-0.14	-0.25	-0.41					-0.23				-0.14					0.13
1935	-0.36	0.11	0.11		-0.13		-0.42		0.37	0.19	-0.23			0.11		0.30	-0.21		0.11	
1936		-0.11	-0.50		0.17	0.30			-0.36	0.16					0.29			0.11	-0.14	
1937	0.19	0.12					0.79									-0.11		0.13		
1938				0.43			-0.17	0.12	0.35		0.25	0.11		0.25				-0.27		-0.27
1939				-0.19			-0.62	0.27			0.28					-0.18	0.21		-0.11	
1940		-0.23	0.18	-0.19	0.24		0.14		-0.17		-0.44			-0.53			-0.22	0.14		
1941		0.14	-0.01	0.11	0.13		0.17	-0.72	-0.13			-0.18			-0.19	0.19				
1942														0.84						
1943		0.12						0.81								0.10				
1944			-0.18	0.17	-0.13	-0.58	-0.30			-0.23	0.11			-0.31	0.17	-0.24				
1945	0.22	-0.29	0.28	-0.11	-0.34		0.21	-0.46		0.18		0.18	0.13	-0.10			0.16			
1946	0.10	-0.13				0.86														
1947	-0.34	0.51		-0.36		-0.24		0.14	0.16		-0.11	-0.21		0.13	-0.10	-0.17				0.11
1948		-0.18			0.49	-0.20	-0.15	-0.16	-0.45			0.19			0.24	0.20	-0.11			
1949				0.80											-0.10					
1950	0.14	-0.15		-0.24	-0.62				0.28	-0.12		0.19				-0.10	0.18		-0.14	
1951		-0.18	-0.44	-0.22			-0.12	0.16	-0.11		0.16	-0.24		0.41	0.15		-0.19			
1952	-0.42	0.34		0.26	0.14					0.14	-0.26	-0.20		-0.12	-0.33	0.18	-0.11		0.12	
1953			0.31	-0.35		0.25	0.22	-0.15		-0.22	-0.20	0.24		-0.12	0.11	-0.22	0.10	-0.28		
1954					0.14	-0.14	-0.18				0.71	0.25			0.22		-0.12	0.12		
1955			-0.12	0.36	-0.17			0.20		0.49		-0.33			-0.11		0.45	0.22	0.12	0.16
1956		-0.31	0.12	0.12		-0.14			-0.15	-0.11	-0.68				0.10			0.17	0.11	-0.13
1957	0.23		0.19	-0.21		0.11	0.13	-0.40		-0.13			-0.26	-0.22	-0.15	0.14	-0.22	-0.25	-0.25	
1958	-0.16	-0.31	-0.60	-0.13	0.12			0.27			0.17			0.28		-0.12	0.10			
1959		0.73	0.12			-0.17		0.13	0.12		0.22				-0.12				0.19	
1960	-0.22		0.71				-0.14		-0.16			-0.13	0.26							
1961	0.23	-0.17	-0.11	0.44	0.13	0.25	0.23		-0.15				-0.35		0.24		-0.11		-0.17	0.15
1962		-0.18	-0.58	0.14	-0.24	-0.12	-0.22		0.30	-0.13		0.28	0.12			0.13		-0.12		
1963			0.19	-0.60			-0.13			-0.12		-0.15		-0.19	-0.42	-0.10	0.17	0.11	0.16	
1964	-0.43	0.24	0.30	0.13	0.26			0.14				-0.18					-0.14		-0.14	-0.25
1965	0.36		-0.14	0.24			0.21	0.14				0.21	0.17		0.59	0.13		-0.13		
1966															0.10					0.85
1967				0.16				-0.14	0.13			0.35			-0.73					-0.12
1968	0.23			-0.23	-0.18		-0.25	-0.10	-0.23	-0.27			-0.33		0.10	-0.16				-0.49
1969	-0.19				0.24			0.15		0.18	-0.16	-0.72	-0.13		0.14					
1970			0.16		-0.13			-0.25				-0.14	0.73				0.12			0.14
1971			-0.15					0.30			0.18	0.70	-0.25							

Notiert sind nur Ladungen mit $|a_{fj}| > 0,1$ grau: hohe Ladungen mit $|a_{fj}| > 0,4$ schwarz: Ladungen zur Faktorbeschreibung

Zu dieser iterativen Vorgehensweise werden die Merkmale für die Jahre aus GIS-Karten abgeleitet, die die räumlichen Verteilungsmuster der Cropperwerte im Untersuchungsgebiet illustrieren (Anhang XIV, jeweils links oben). Für das Jahr 1955 werden z. B. die Faktoren 10 mit der Ladung $a_{10;1955}$=0,49 und 17 mit $a_{17;1948}$=0,45 angeboten. Faktor 17 konnten eindeutig die Jahre 1920 und 1927 zugeordnet werden. In beiden Jahren liegen fast im gesamten Untersuchungsgebiet positive C_j-Werte und somit überdurchschnittlich hohe Radialzuwächse vor. Die dem Faktor 10 zugeordneten Jahre zeigen ein zum Teil konträres Verteilungsmuster. 1905 ist durch unterdurchschnittliches Radialwachstum im Nordosten Bayerns und in Thüringen gekennzeichnet. Aus der hohen negativen Ladung von 1907 zu Faktor 10 resultiert, dass in den tieferen Lagen Deutschlands keine überdurchschnittlichen Zuwächse zu verzeichnen sind. Die Karte für das Jahr 1955 zeigt für das gesamte Untersuchungsgebiet fast ausnahmslos überdurchschnittliche Zuwächse, sodass 1955 dem Faktor 17 zuzuordnen ist. Analog wird in den anderen fünf Jahren verfahren (Tab. 5.2: weiße Schrift auf schwarzem Grund).

Tab. 5.3 Die Faktoren und deren Kurzbeschreibung durch die Merkmale der den Faktoren zugeordneten Jahre mit positiven und negativen Ladungen, sortiert nach der Ladungsstärke

Faktor	Jahre mit positiven Ladungen	Jahre mit negativen Ladungen	Kurzcharakterisierung
1	**1906**, 1926, 1933, 1902, 1913, 1916, 1919	**1908**, **1917**, 1904, 1911, 1921, 1915, 1952	Alpen, Böhmerwald, Tatra –.; westl. M-Geb n–.; östl. M-Geb n+
2	**1959**, 1925, 1947	**1924**, 1929	Südl. M-Geb. + E-Alpen +; nördl. M-Geb. u. Tiefland +; Alpen n+
3	**1960**, 1934	**1958**, 1962, 1936, 1951	nördl. d. Alpen –; südl. d. Alpen +
4	**1949**, 1961, 1938	**1963**	S-Alpen u. östl. M-Geb. +; D oS
5	**1932**	**1950, 1931**	N-Alpen u. nördl. d. Alpen +; Mittel- und SE-Alpen n+.
6	**1946**, **1914**	1944	Tiefländer ++
7	**1937**,1923	**1939**,1935	Bayern ohne Hochlagen +; M-Geb.-gipfel –; Zentralalpen n+.
8	**1943**	**1941**, 1945, 1957	westl. M-Geb. ++;
9	**1928**	**1930**, 1948	mittl. Alpen u. nördl. 50°N n–
10	1905, 1964	**1907**	Alpen +; NE-D n+; SW-D n–
11	**1954**	**1956**	Alpen u. Osten -; NW-D n–
12	**1971**	**1969**	westl. M-Geb. +; Z-Alpen n+
13	**1970**, 1922		westl. M-Geb. u. E-Alpen +; SE-M-Geb. u. W-Alpen –
14	**1942**	1940, 1918	M-Geb –; Tiefland n–; W-Alpen n+
15	1965	**1967**	Alpen u. südl. M-Geb. –; überall n+
16		1909	Alpen u. NW-D –
17	**1927**, 1955, 1920		fast überall +
18	**1910**	1912	höhere M-Geb-lagen +; W-Alpen n–
19	1901	**1903**	NW-M-Geb –; Alpen u. östl. M-Geb. +
20	**1966**	1968	Alpen n–; sonst indifferent

fett: höchste Ladungen mit $|a_{fj}|$ > 0,6; M-Geb = Mittelgebirge, D = Deutschland; N, E, S, W, NW, SW, SE = Himmelsrichtungen
- bzw. + unter- bzw. überdurchschnittliches Jahrringwachstum, n- resp. n+ kein unter- resp. überdurchschnittliches Jahrringwachstum

Durch die Faktorenanalyse werden die 71 Jahre mit Cropperwerten des Zeitfensters AD 1901 bis 1971 auf 20 Faktoren reduziert. Diese sind orthogonal zueinander und bilden Gruppen von Jahren mit ähnlichen räumlichen Weiserwertmustern. Tabelle 5.3 zeigt die Gruppierung der Jahre in die Faktoren, differenziert nach positiven und negativen Ladungen, in übersichtlicherer Darstellung und liefert für alle Faktoren kurze Beschreibungen, die visuell nach Abschluss des iterativen Zuordnungsprozesses aus den „Weiserwertkarten" (Anhang XIV, links oben) abgeleitet wurden. Es sei angemerkt, dass negative Ladungen eines Jahres nicht zur Umkehrung der Verteilungsmuster führen, sondern dazu, dass die in den Karten dargestellten Muster nicht eintreten dürfen. Aus blau eingefärbten Regionen werden bei negativer Ladung keine rot Gefärbten. Es ist nur der Schluss gültig, dass Blau in dieser Region nicht eintreffen darf, dort somit kein unterdurchschnittlicher Radialzuwachs auftreten darf.

Die Faktorwerte errechnen sich als gewichtete arithmetische Mittel aus den Cropperwerten der Jahre, die ihnen nach Tabelle 5.3 zugeordnet sind. Als Gewichte fungieren die Ladungen der Jahre für den entsprechenden Faktor (Tab. 5.2, schwarze Felder). Die resultierende Tabelle mit den 20 Faktorenwerte für die 377 Standorte dient als Ausgangsmatrix für die Clusteranalyse, zu der die Euklidische Distanz als Ähnlichkeitsmaß und das Average-Linkage-Verfahren als Algorithmus für die iterativen Clusterfusionen gewählt werden (vgl. Kap. 2.4.2). Als Analyseergebnis erstellt das Statistikprogramm SPSS Tabellen, aus denen die Zuordnung der Raumeinheiten (=Standorte) zu den Clustern für verschiedene Clusteranzahlen abzulesen ist. Daraus leitet sich das Dendrogramm (vgl. Anhang VI, rechter Teil) ab, das die Zuordnungen in der Clusteranalyse in graphischer und somit in einer leichter lesbaren Form darstellt. Die Clusteranalyse liefert nach 259 iterativen Fusionsschritten 90 Cluster. Im Dendrogramm, das die Fusionsschritte einer 25-stufigen, nicht linearen Skala zuordnet, entspricht dies den Clustern, die nach Skalenstufe 7 zu finden sind und daher im Folgenden als „C7" bezeichnet werden. Das Dendrogramm weist 49 Cluster aus, in denen mehrere Standorte vereint sind und die durch hellgraue Flächen markiert sind, und 41 Cluster, die aus nur einem einzigen Standort gebildet werden. Wenn auch manche dieser aus einem Standort gebildeten Cluster ökologisch zu erklären sind, z. B. durch eine deutliche Randlage im Untersuchungsgebiet wie im Falle des Tschechischen Fichtenstandortes „tvk01" in Cluster 71, so ist insgesamt die Situation noch unbefriedigend. So ist die Trennung des Clusters 41 von Cluster 40, beides Tannenstandorte im nördlichen Alpenvorland, aus den vorliegenden Metadaten schwer nachvollziehbar. Wählt man die nächste Fusionsebene, die nach 309 Clusterschritten erreicht ist und im Dendrogramm durch die dunkelgrauen Flächen markiert ist, stellt sich die Situation anders dar. C7-Cluster 41 bildet nun zusammen mit C7-Cluster 40 das C8-Cluster 29. Andererseits sind nun andere Fusionen erfolgt, wie etwa die in C8-Cluster 19, die einen Kiefernstandort aus dem Ennstal im Vorarlberg/A mit zwei Eichenstandorten aus dem Siegtal NRW/D vereint (vgl. dazu die im linken Teil des Dendrogramms aufgeführten Standortinformationen und ersten Beschreibungen der gefundenen Cluster).

Aus dem schrittweisen Clusterverfahren können falsche Zuordnungen resultieren. Durch das Hinzukommen neuer Standorte in ein Cluster ändert sich dessen innere Struktur, die über das Ähnlichkeitsmaß definiert ist. Dies kann dazu führen, dass ein zu Beginn des Fusionsprozesses in ein Cluster zugeordneter Standort nun eine größere Distanz zu den anderen Clustermitgliedern aufweist, als zu Standorten eines anderen Clusters. Innerhalb der Clusteranalyse können einmal fusionierte Standorte aber nicht mehr umgruppiert werden. Dies kann nur mit einer nach geschalteten Diskriminanzanalyse erfolgen.

Dazu wird in der Ausgangsmatrix der Clusteranalyse eine Spalte mit den zugeteilten Clusternummern beigefügt, die als Startmatrix der Diskriminanzanalyse fungiert. Diese wird mit einer Linearfunktion der Variablen als Diskriminanzfunktion, dem Trennkriterium Γ und dem Prüfkriterium Λ (vgl. Kap. 2.4.3) durchgeführt. Die diskriminierten Werte, die als Verbesserungsvorschläge zu interpretieren sind, werden in der Fallstatistik (Anhang VII) niedergeschrieben. Demnach wurden 293 der 377 Standorte, das sind ca. 77,7%, bereits in der Clusteranalyse korrekt zugeordnet und entsprechen den Prüfkriterien. Alle Verbesserungsvorschläge, in der Fallstatistik durch einen Doppelstern (**) hinter der neuen Clusternummer gekennzeichnet, werden zusätzlich durch einen Vergleich mit den „Partnern" im Neuen Cluster geprüft. In drei Fällen, in der Fallstatistik durch drei Sterne (***) gekennzeichnet, bestätigt die Vergleichsprüfung den Verbesserungsvorschlag nicht:

(i) bei Fall 8, dem Arvenstandort „ako08" aus dem Kaunertal/A, der bereits mit anderen Arven- und Lärchenstandorten aus den mittleren Zentralalpen das C7-Cluster 6 bildet,

(ii) bei Fall 33, dem Tannenstandort „cbr02" nahe Roggwil im Kanton Bern/CH, der mit weiteren Tannenstandorten aus dem Emmental/CH und dem Schwarzwald, alle unterhalb von 1000 m NN gelegen, das C7-Cluster 39 bildet,

(iii) dem Fall 367, dem Kiefernstandort „itp01" aus der Toskana in 10 m NN; der alleine das C7-Cluster 86 bildet.

Da (i) nach C7-Cluster 4 zu westalpinen Lärchenstandorten, (ii) nach C7-Cluster 23 zu Kiefern und Lärchen aus dem Waldgrenzbereich des Vinschgau in Südtirol/I und (iii) nach C7-Cluster 43 zu südalpinen Tannen oberhalb 1200 m NN umgruppiert werden sollten, wird davon abgesehen. Somit sind 296 Standorte (über 78,5%) bereits in der Clusteranalyse korrekt zugeordnet worden.

Nach der Neugruppierung ergeben sich 59 Cluster, die nun als D7-Cluster bezeichnet werden. Die Reduzierung der Clusteranzahl ergibt sich vornehmlich aus der Zuordnung von aus nur einem Standort gebildeten Clustern in andere Cluster, so auch im oben bereits angesprochenen Fall der Tannenstandorte des nördlichen Alpenvorlandes. Eine reine Verschiebung kompletter C7-Cluster auf freigewordene Nummern kleinerer Ordnung, in der Fallstatistik durch einen Stern (*) gekennzeichnet, erlaubt eine lückenlose Nummerierung der D7-Cluster und führt zu den dendrochronologischen Clustern (Tab. 5.4), kurz Dendrocluster genannt.

Tab. 5.4 Die aus der Diskriminanzanalyse resultierenden dendrochronologischen Cluster mit den sie bildenden Standorten, der Anzahl der fusionierten Standorte und einer kurzen Beschreibung der Cluster

D7-Nr	Standorte (Key-Codes)	Beschreibung	Anzahl
D7-1	fav03, fev01	**Bu, Vogesen, 1050-1100m**	2
D7-2	**dbb28,** dws01, dws08	**Bu, südl. M-Geb, 950-1350m**	3
D7-3	**cba01, fdh09, fpb01, fsm05**	**Fi+Ki, SW-Alpen, 200-2150m**	4
D7-4	fdh10, fdh13, fdh16, **fsm02**	**Lä+Fi, franz. Alpen, 2000-2250m**	4
D7-5	isd03	**Lä, Pragser Dolomiten, 1970**	1
D7-6	ako02, ako04, ako08, cwl16, cwl17, cwl31, cwl32, cwl33	**Lä+Av, Z-Alpen, 1750-2050m**	8
D7-7	cbb03, fpa04, fsm06, fst20	**Lä, W-Alpen, 1900-2300m**	4
D7-8	**iba01, ima01, isg01, ita01**	**Ta+Fi, Apennin, 300-1700m**	4
D7-9	**bga02, blm01, dnw01, drs02, drs03, drs04**	**Ei+Bu, NW-M-Geb, 0-250m**	6
D7-10	**asv01,** cnj02, cww10, **dwa01, dws12,** dws24	**Fi+Ki, Schwarzw.+Jura+ Köln+Steiermark, 750-1550m**	6
D7-11	**itp01**	**Ki, Toskana, 10m**	1
D7-12	dbb13, dbi02, dbm06, dbm10	**Fi, SE-Bayern, 400-500m**	4
D7-13	**csj02, cww02,** dbb12, dbp05, dbp07, **fsh01, isi01**	**Fi, ?Mitteltransekt?, 300-1650m**	7
D7-14	cnj01, dba02, dbt01, dbt03	**Fi, südl. M-Geb, 1000-1500m**	4
D7-15	dbb04, dbf01, dbf03, dbf08, dbf09, dbf10, dbf11, dbf12, dbo03, dnh01, dnh02, drh02, dws16, tzb02	**Fi, M-Geb, 750-1000m**	14
D7-16	dbb03, **dbb11,** dbb15, dbb19, dbb20, dbb22, dbb23, dbb26, dbb27, dbk01	**Fi, Bay-Wald, 850-1350m**	10
D7-17	**cga01, cgg01, cwg02, cwg03,** dbb02, **fsm01, ipb02**	**Fi+Lä, subalpine Hochlagen, 1400-2000m**	7
D7-18	csj01, cwg05, dbz01, dws10, fdh15, jbe01, kvr01, skj01, **spj01**	**Fi+Lä+Av, nördl.+östl. Alpenrandlagen, 950-1800m**	9
D7-19	**pln01, pzs01**	**Ei, W-Polen, 50-100m**	2
D7-20	fio01, **fis01**	**Ei, Ile-de-France/F, 100-150m**	2
D7-21	blm03, **dbg02,** dbp02, dbp04, ddg05, drb01, drb02, dtf04, dtf05, dtj03, dtt02	**Ei+Bu+Fi, nördl. M-Geb, 25-500m**	11
D7-22	tvk01	**Fi, Krkonose/TCH, 1000m**	1
D7-23	isv01, isv02	**Av+Lä, Vinschgau, 2050-2100m**	2
D7-24	**dbb09, dbw01, dmm01, dnl02, dws06, ffb01, fli01, fll01,** flv01, flv02	**Ei, SW-Deutschl. + NE-Frankr., 100-550m**	10
D7-25	**dwk04**	**Ei, Kaiserstuhl, 410m**	1
D7-26	**cjj02, dbm05, dbz05**	**Fi+Ta+Bu, nördl. d. Alpen, 500-1200m**	3
D7-27	**dno01,** dnw03, **drh01,** dtk04, dtk05	**Ei, NE-M-Geb, 30-500m**	5
D7-28	blm02	**Ei, Arnheim, 27**	1
D7-29	ilp01	**Ei, Lombardei, 77m**	1
D7-30	**cbb01, cga02, cwg04, cwr09, fdh31, fsm09, fst04, fst10**	**Fi, W-Alpen, 1500-2050m**	8
D7-31	dbb17	**Bu, Bay-Wald, 1000m**	1

Nach Durchführung der Diskriminanzanalyse werden noch 11 Cluster, weniger als ein Fünftel, durch nur einen Standort gebildet, von denen wiederum 7, die D7-Cluster 5, 11, 22, 28, 29, 55 und 56, wahrscheinlich auf ihre Randlage im Untersuchungsgebiet zurück zu führen sind.

Die verbleibenden 4 D7-Cluster, Nr. 25 (Eichenstandort im Kaiserstuhl), 31 (Buchenstandort im Bayrischen Wald), 36 (Tannenstandort am Tegernsee) und 59 (Kiefernstandort im Siegtal) liegen aus räumlich-geographischer Sicht im Untersuchungsgebiet. Dass sie dennoch eigenständige Cluster bilden, hat Gründe, die nicht aus den zur Beschreibung herangezogenen Merkmalen abzuleiten sind. Standortspezifische Bodeneigenschaften, wie z. B. der Wasserhaltekapazität, oder eine

Fortsetzung Tab. 5.4

D7-Nr	Standorte (Key-Codes)	Beschreibung	Anzahl
D7-32	cwr07, fpv01, fsm10	**Fi**+Ta, **S-Alpen, 1350-1800m**	3
D7-33	akt01, ats02, cbb02, cuv01, cuv02, dba01, dba07, dbk03, dbk04, dbz10, dbz04, dws02, dws09, isd01, isd02	**Fi**+Ei, **M-Alpen, 1300-1900m**	15
D7-34	cwl01, cwl02, cwl05, cwl06, cwr01, cww08, fdh11, fdh17, fdh23, fdh32, fsm11, fsm12, fsm14, fsm21, fst01, **fst11**, fst13, fst19	**Fi**+Ki, **W-Alpen, 1650-2250m**	18
D7-35	dbb06, dbf02, **dbu02**	**Ta, N-Bayern, 450-900m**	3
D7-36	dbt04	**Ta, Tegernsee, 1020m**	1
D7-37	cba02, dba05, dws23	**Ta, SW-M-Geb, 650-900m**	3
D7-38	cjj01, dbb08, dbb14, dbd02, dbf05, dbf06, dbi03, dbm03, dbm04, dbm07, dbm11, dbo01, dbo04, dbo05, dbo06, dbp06, dbp08, dbw03, tzb01	**Ta**+Fi+Ki, **nördl. Alpenvorland, 300-800m**	19
D7-39	cbe02, cbe07, cbr02, **cwr06**, dws03, dws05, dws21, fst15	**Ta**+Fi, **NW-Alpenrand, 400-1450m**	8
D7-40	cbe05, dba03, dba04, dba06, dbb05, dbc03, dbk02, dbm02, dbt02, dbz02, dbz06, dws11, dws14, tzb03	**Ta, nördl. Alpenvorland, 800-1200m**	14
D7-41	**dbi01**, dbp01, dbp03, dnh03, dtf01, dtf02, dtf03, dtk02, dtk03, dtt01	**Bu - Thüringen + Ei - Spessart, 400-550m**	10
D7-42	dda01, dda03, ddg01, ddg02, ddg03, dhb01, dtk01, fav05	**Bu**+Ei, **NE-Deutschland** + Vogesen, **30-450m** + 900m	8
D7-43	**dbb10, dbm08, drk01, dwb01**	**Ei, Köln+Freising+Deggendorf+ Bodensee, 100-500m**	4
D7-44	**cwr05, dbd05,** dbu01	**Fi, südl. Flussniederungen, 450-500m**	3
D7-45	cwr02, cwr04, cwr08, cwr10, fdh19, fdh20, fdh25, fpp02, fsm15, fsm16, fsm17, fsm22, fsm23, fst14, fst16, ipb03, ipb04, ipb05	**Ta, SW-Alpen, 1200-1900m**	18
D7-46	ako01, ako03, ako05, ako06, ako07, ako09, cwg01, dbc01, fdh03, **fdh04,** fsm03, fsm04, fsm07, fsm13, fsm18, fsm19, fst02, fst03, fst18	**Av+Bk**+Bu, **Z-Alpen, 1950-2150**+950m	19
D7-47	ats01, fdh06, fdh08, fdh12, fdh14	**Bk+Av,H-Savoyen+Tirol, 1850-2300m**	5
D7-48	dbb07, dbc02, dbd01, dbf04, dbf07, dbg01, dbg03, dbw02, ddg04, dtj01, dtj02, dws18	**Fi+Bu+Ei, östl. M-Geb, 30-1350m**	12
D7-49	**dbb16,** dbb18, dbb21, dbb24, dbb30	**Ta, Bay-Wald, 850-1150m**	5
D7-50	cbe01, cbe04, cbr01, cwl04, cwr03, cww09, dws13, dws22, fdh05, fpa01, fpa02, fpa03, fpp01, fst06, fst07, fst08, fst09	**Fi**+Ta, **W-Alpen** + Schwarzw. / Emmental, 350-900 + **1200-2050m**	17
D7-51	cwr14, cwr16, cwr18, cww11, fdd01, fdh18, fdh27, fdh28, fdh29, fdh34, fdh35, fdh36, fdh38, fdh39, fdh40, fdh41, fdh42, fpb02	**Bk+Av, W-Alpen, 500-2100m**	18
D7-52	cwr11, cwr12, cwr13, cwr15, cwr17, cwr19, cwr20, cww01, cww04, cww05, cww06, cww07	**Nadelhölzer (Ki+Fi**+Ta), **Wallis, 700-1600m**	12
D7-53	dnl01, **dnw04, dws04**	**Bu**+Ei, **Lüß+Wesergeb. +Schwarzw., 100-550m**	3
D7-54	dbb25, dbd06	**Fi, E-Bayern, 350-450m**	2
D7-55	iea01	**Ei, Apennin, 900m**	1
D7-56	bga01	**Ki, Arnheim, 26**	1
D7-57	aow01, ave01, ave02, fpb03	**Ki, Wien+Ennstal+Provence, 350-750m**	4
D7-58	dbo02, dws15, dws17, dws19	**Bu, süddt. M-Geb, 750-950m**	4
D7-59	**drs01**	**Ki, Siegtal, 280m**	1

starke und nicht bekannte anthropogene Überlagerung der ökologischen Signale in den Radialzuwächsen, etwa durch zeitgleich durchgeführte forstliche Maßnahmen könnten Beispiele für solche Ursachen sein.

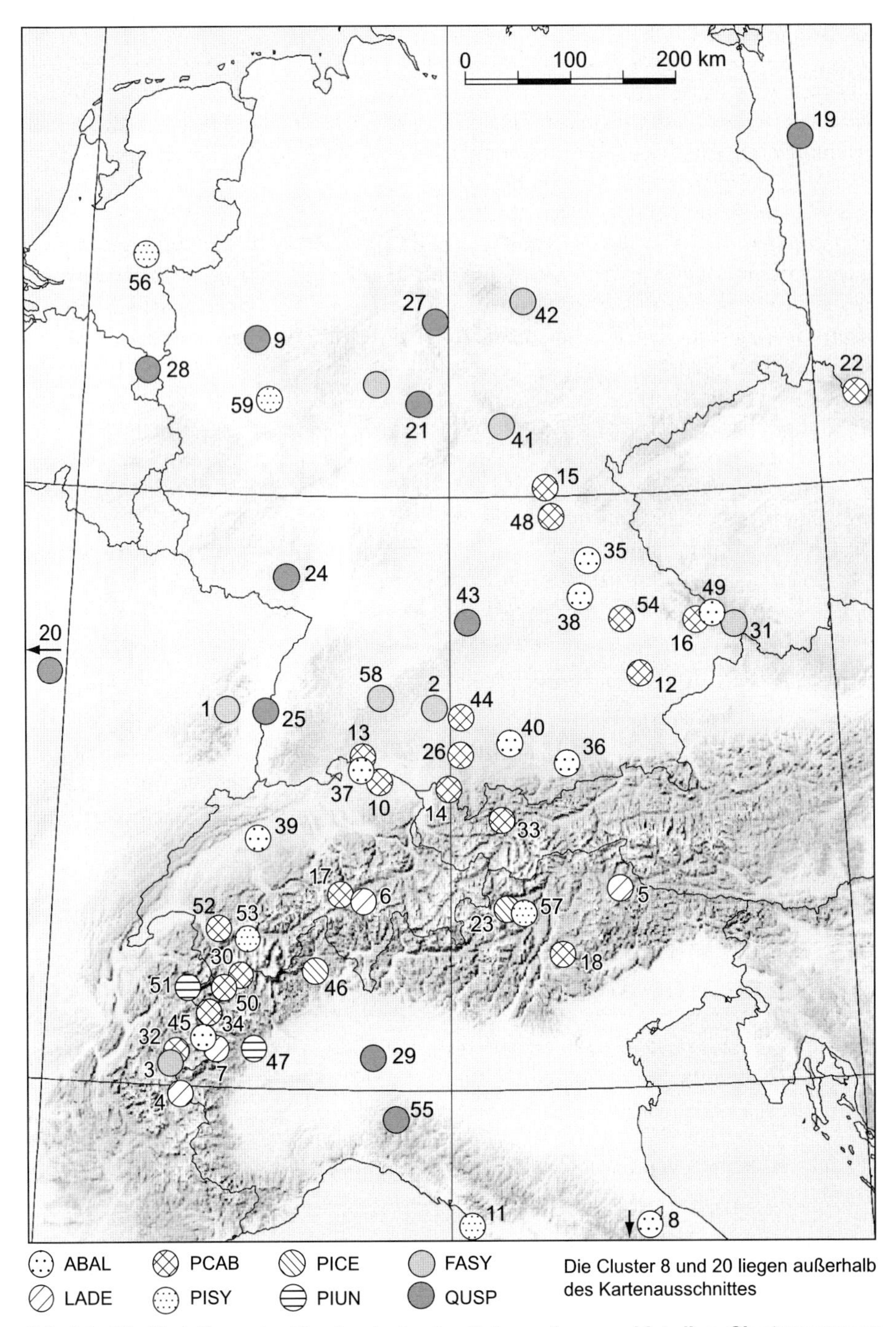

Abb. 5.2 Die Verteilung der Dendrocluster im Untersuchungsgebiet, ihre Clusternummern und die sie beherrschenden Baumarten

Aus der Beschreibung der Dendrocluster ist die dominierende Rolle der Baumart für die Gruppenbildung abzulesen. Obwohl die Baumart nicht als Parameter in die Analysen eingeflossen ist, dominiert in 37 der 48 Cluster, in denen mindestens zwei Standorte vereinigt sind, klar eine Baumart (gekennzeichnet durch den Fettdruck des Artenkürzels in der Spalte „Beschreibung"). In weiteren 9 der 48 Cluster weisen jeweils zwei Arten mit ähnlichen ökologischen Ansprüchen gleiche Aneile auf. Die Cluster 21 und 41 sind jeweils gleich vielen Buchen- und Eichenstandorten zusammengesetzt, die Cluster 6, 46, 47 und 51 jeweils aus zwei der drei nur in den höchsten alpinen Lagen vorkommenden Arten Lärche, Arve und Bergkiefer. Nur die beiden Cluster 26 und 48 werden durch mehr als zwei Arten dominiert. Von einer genetisch begründeten Gruppierung der Wuchsanomalien kann hier nicht ausgegangen werden. Die artspezifischen Dendrocluster können weiter nach Regionen und/oder Höhenlagen differenziert werden. Z. B. gibt es bei den Fichten Cluster in derselben Region, die klar nach der Höhe zu unterscheiden sind (D7-14 und 15), aber auch Cluster in derselben Höhenlage, die nach regionalen Kriterien unterschieden sind (D7-30 und 34). Eine Rangfolge zwischen diesen beiden Parametern ist nicht auszumachen. Expositionsunterschiede spielen in der gewählten Fusionsstufe 7 keine Rolle mehr. Sie müssten allerdings zur Charakterisierung der Gruppenbildung herangezogen werden, wenn mehr Cluster ausgeschieden worden wären, wie etwa auf Fusionsstufe 6 (vgl. Dendrogramm im Anhang VI). Die Kiefernstandorte ave01 und ave02 im Ennstal würden dann zwei eigenständige Cluster bilden, die nur durch die Exposition zu unterscheiden sind, ave01 in SW- und ave02 in N-Exposition.

Von den 48 D7-Clustern, die aus mehreren Standorten gebildet sind, werden 45 durch eine oder zwei Baumarten mit ökologisch ähnlichen Ansprüchen dominiert und können bezüglich der Region und der Höhenlage mehr oder weniger eng eingegrenzt werden. Dies gilt für die verbleibenden drei Cluster 10, 13 und 26 nicht (grau kolorierte Flächen in Tab. 5.4).

Die Cluster 10 und 13 stellen Cluster dar, deren räumliche Zuordnung nicht eindeutig ist. Cluster 26 vereint in einem begrenzten Raum drei Arten, die keine ähnlichen ökologischen Eigenschaften aufweisen (vgl. Kap. 3). Da abgesehen von den drei zuletzt beschriebenen Fällen die in den Clustern fusionierten Standorte geographisch eng beieinander liegen, wird neben der Mittelung der Cropperwerte über die Mittelung der Koordinaten das geographische Zentrum der Cluster berechnet, das eine kartographische Darstellung ermöglicht. Abbildung 5.2 zeigt die Verteilung der Dendrocluster im Untersuchungsgebiet und ordnet ihnen die sie beherrschenden Baumarten zu.

5.2 Klimatologische Cluster und Zuweisung der Dendrocluster

Großräumige Variationen der Klimaelemente lassen sich weitgehend durch drei Faktoren erklären, (i) die aus der Strahlungsbilanz und der daraus resultierenden atmosphärischen Zirkulation abzuleitende zonale Anordnung der Klimate, (ii) der Land-Meer-Verteilung mit ihren spezifischen physikalischen Eigenschaften und (iii) der Höhenlage. Entsprechend zu diesen Faktoren werden die Klimadaten in zonal differenzierte Höhenstufen klassifiziert. Faktor (ii), den aus der Ozeannähe zu erwartenden Modifizierungen der Klimate, findet keine Berücksichtigung. In der später auszuführenden Zuordnung der dendrochronologischen Cluster zu den Klimatologischen wären zu viele Klassen nicht besetzt. Dennoch können die Auswirkungen bezüglich des Kontinentalitätsgrades für das Untersuchungsgebiet nicht ausgeschlossen werden. Sie fließen, wo nötig, in die Diskussionen der gewonnenen Resultate ein.

Ausgangspunkt für die Bildung der Klimacluster sind die monatlichen, jahreszeitlichen und jährlichen Temperatur- und Niederschlagsdaten der 4.707 GRID-Punkte zwischen 3° und 17°E sowie 42° und 55°N aus der Klimadatenbank der Climate Research Unit in Norwich/GB (Mitchell et al. 2003). Bezüglich der geographischen Breite werden die GRID-Punkte in 2,5° umspannende Zonen und bezüglich der Höhe NN in 500 m fassende Stufen gruppiert. Die mit den dendrochronologischen Datensätzen durchgeführte Clusteranalyse (Kap. 5.1 und Anhang VI: Dendrogramm) trennte einerseits unterhalb von 250 m NN liegende Standorte deutlich von darüber liegenden Standorten durch die Zuordnung in andere Cluster ab, fasste andererseits Hochlagenstandorte oberhalb von 1750 m NN mit Ausnahmen bei der Bergkiefer in durch die Baumart differenzierte Cluster zusammen. Aus diesem Grund wird für die klimatologische Gruppierung die unterste Höhengrenze bereits bei 250 m NN angesetzt. Daraus ergibt sich im Gegensatz zur ersten Höhengrenze bei 500 m NN eine bessere Anpassung an die naturräumliche Gliederung Zentraleuropas, werden doch die Tiefländer deutlicher von den Mittelgebirgsregionen getrennt. Es ergibt sich aus der 250-m-Isohypse als unterster Höhengrenze auch eine gleichmäßigere Verteilung der Daten in den Klassen, ein aus statistischer Sicht bedeutsames Argument.

Tab. 5.5 Die Zuordnung der Cluster und Gruppen in die zonalen Höhenstufen

m NN	N – 50°	50° – 47,5°	47,5° – 45°	45° – S
> 1750	*Klimagruppen:* große Zahlen links oben im Fettdruck *Dendrocluster:* kleine Zahlen hinter den Artenkürzeln *Dendrogruppen:* Zahlen im Fettdruck, rechts hinter den Dendroclustern		**9** Lä: 5/6/7 **12** Fi: 34 **13** Av: 23/46 **14** Bk: 47 **15**	**4** Lä: 4 **4**
1250 – 1750			**8** Ta: 45 **9** Fi: 3/17/18/30/32/33/50 **10** Bk: 51 **11**	**3** Ta: 8 **3**
750 – 1250	**15** Fi: 15/22 **29**	**12** Ta: 36/37/40/49 **20** Fi: 10/13/14/16/26 **21** Bu: 1/2/31/58 **22**	**7** Ki: 52 **8**	**2** Ei: 55 **2**
250 – 750	**14** Ki: 59 **26** Bu: 41 **27** Ei: 21/27 **28**	**11** Ta: 35/38 **17** Fi: 12/44/48/54 **18** Ei: 24/25/43 **19**	**6** Ta: 39 **6** Ki: 57 **7**	
< 250	**13** Ki: 56 **23** Bu: 42/53 **24** Ei: 9/19/28 **25**	**10** Ei: 20 **16**	**5** Ei: 29 **5**	**1** Ki: 11 **1**

Für Zentraleuropa ergeben sich demnach 4 Zonen und 5 Höhenstufen. Da nördlich 47,5° N die Höhenlagen oberhalb 1750 m NN und nördlich von 47,5° N die Höhenlagen oberhalb 1250 m NN ebenso wie die Stufe 250 bis 750 m NN südlich von 45° N auf dendrochronologischer Seite nicht vertreten sind, resultieren aus den zonalen Höhenstufen 15 Gruppen für die Klimadaten. Tabelle 5.5 zeigt die Lage dieser 15 Klimagruppen im Zonen/Höhen-Diagramm und deren Benennung durch eine fortlaufende Nummerierung. Den Klimagruppen werden 29 Dendrogruppen zugeordnet, die aus den 59 Dendroclustern nach einer artspezifischen Gruppierung resultieren.

Für jedes Klimacluster werden die GRID-Punkte jahrweise gemittelt, sodass für Temperatur und Niederschlag jeweils 19 Datenreihen (für 12 Monate, 4 Jahreszeiten, 2 Vegetationsperioden und 1 für das Jahr) resultieren. Diese 950 Datenreihen werden nach der in Kapitel 2.3.2 beschrieben Methode indexiert und zusammen mit den jeweils 19 Zeitreihen der NAO-Indizes in der Klima-Wachstums-Analyse den Dendrogruppen gegenüber gestellt.

6 Radialwachstum der Bäume Zentraleuropas

Dieses Kapitel verfolgt zwei Ziele: die Beschreibung wichtiger aus Jahrringen abzulesender Wachstumseigenschaften der zentraleuropäischen Bäume und die Untersuchung der Modifizierungen, die durch die Bildung von dendrochronologischen Clustern verursacht werden.

Zur Beschreibung der Wuchseigenschaften der Bäume Zentraleuropas werden zunächst auf Grundlage der absoluten Jahrringbreitenwerte die mittleren Wüchsigkeiten, hier verstanden als die mittleren jährlichen Radialzuwächse, erörtert (Kap. 6.1). Danach werden mit Varianz, Gleichläufigkeit, Signalstärkeparameter, t-Wert, Güteindex und Autokorrelation 1. Ordnung wichtige statistische Merkmale der Jahrringserien diskutiert (Kap. 6.2). Das Kapitel schließt mit der Beschreibung und Klassifizierung von signifikanten Wuchsanomalien auf der Grundlage zentraleuropäischer Weiserwerte (Kap. 6.3). Für alle drei Bereiche erfolgen nach der Darstellung der für Zentraleuropa allgemein gültigen Situation eine art- und höhenspezifische Differenzierung der Merkmale.

Alle angesprochenen Eigenschaften der Jahrringserien werden in den drei Teilkapiteln zunächst für die 377 selektierten Standorte diskutiert, um auf dieser Basis die aus der Clusterung der Standorte resultierenden Veränderungen aufzuzeigen. Aus diesem Grund sind zahlreiche Abbildungen und Tabellen dieses Kapitels in einen standort- und in einen clusterbezogenen Teil gegliedert.

Eine Trendanalyse der Radialzuwächse kann im Rahmen dieser Studie nicht durchgeführt werden.

6.1 Wüchsigkeit der Bäume Zentraleuropas

Die 7.708 in die Untersuchung einfließenden Bäume Zentraleuropas weisen über die 377 für das Zeitfenster von AD 1901 bis 1971 selektierten Standorte einen mittleren radialen Zuwachs von 1,42 mm/a auf. Für die 71 Jahre errechnet sich daraus ein radialer Gesamtzuwachs von gut 10 cm. Alle berechneten Werte zur Wüchsigkeit und diverser darauf bezogener statistischer Parameter, differenziert nach Baumart und Höhenstufe, sind im Anhang XI in tabellarischer Form niedergeschrieben.

Abbildung 6.1 differenziert die Wuchswerte nach den untersuchten Baumarten (dunkelgraue Säulen). Tannen (ABAL), Fichten (PCAB) und Buchen (FASY) weisen jährliche Zuwachsraten oberhalb des Mittelwertes 1,42 mm/a auf, wobei die Tannen mit 1,82 mm/a Radialzuwachs die schnellwüchsigste Art darstellen.

Lärchen (LADE) und Bergkiefern (PIUN), im vorliegenden Datensatz beides Arten ausschließlich der subalpinen Stufe (vgl. auch Anhang XI.1), weisen mit 0,88 bzw. 0,76 mm/a die geringsten Zuwächse auf, gefolgt von den anderen Vertretern der Gattung *Pinus*, der Waldkiefer (PISY; 0,98 mm/a) und der Arve (PICE; 1,18 mm/a). Die Laubhölzer verzeichnen mit 1,63 mm/a für die Buchen (FASY) und 1,3 mm/a für die Eichen (QUSP) mittlere Zuwachsraten. Unter der Bezeichnung QUSP sind die Eichenarten *Quercus robur* und *Quercus petraea* zusammengefasst. Wegen der Ähnlichkeit beider Spezies (vgl. Kap. 3.3.8 und 3.3.9) sind aus dieser Vereinigung keine

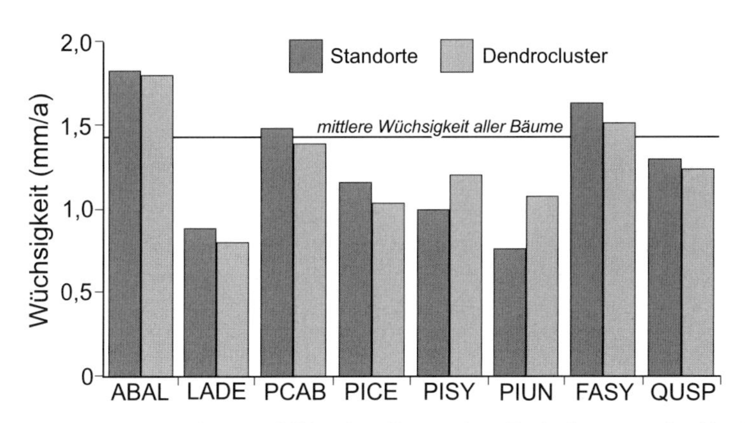

Abb. 6.1 Die Wüchsigkeit der waldbildenden Baumarten Zentraleuropas im Vergleich zu 1,42 mm/a, der mittleren Wüchsigkeit aller Bäume für die Periode AD 1901–1971, jeweils ermittelt auf Grundlage der Standorte und der Dendrocluster

Probleme zu erwarten, zumal die den vorliegenden Datensätzen beigefügten Metadaten (vgl. Anhang III) kaum Differenzierungen zwischen beiden Arten erlauben.

Werden die entsprechenden Wuchswerte auf Grundlage der Dendrocluster ermittelt, so ergeben sich aus dem Vergleich zu den standortbasierten Werten geringfügige Abweichungen. Der Radialzuwachs über alle Bäume reduziert sich um weniger als 5 % auf 1,36 mm/a. Bezogen auf den artspezifischen Vergleich (hellgraue Säulen in Abb. 6.1) ist die Reduktion der Werte auf die Baumarten übertragbar, wobei die Arten der Gattung *Pinus* ein indifferentes Verhalten zeigen. Während die Werte für die Arven nach der Clusterung ebenfalls niedriger sind, erhöhen sich diese bei der Waldkiefer um 0,2 mm/a (~ 20 %) und bei der Aufrechten Bergkiefer gar um 0,3 mm/a (~ 40%). Die hoch erscheinenden Werte relativieren sich jedoch unter Berücksichtigung der insgesamt geringen jährlichen Zuwächse dieser beiden Arten. Die Relationen zwischen den Gattungen bleiben erhalten.

Die Beobachtung, dass mit Lärche, Arve und Bergkiefer vor allem die Arten deutlich unterdurchschnittliche Zuwachsraten aufweisen, die im vorliegenden Datensatz in alpinen Hochlagen lokalisiert sind, könnte auf eine Abhängigkeit der Wüchsigkeit von der Höhenlage hinweisen. Zur Prüfung dieser These sind die mittleren Wuchswerte der 377 Standorte den jeweiligen mittleren Höhenlagen in Form von Streudiagrammen gegenüber gestellt. Obwohl bei der hohen Stichprobenzahl von n = 377 Standorten und der somit hohen Zahl an Freiheitsgraden der ermittelte Korrelationskoeffizient von r_{xy} = 0,2831 mit einer 99,9 %-gen Sicherheitswahrscheinlichkeit auf einen Zusammenhang zwischen Höhenlage und Radialzuwachs schließen lässt, können mit dem korrespondierenden Regressionsmodell nur knapp 10 % (dies entspricht dem Bestimmtheitsmaß $b = r^2$) der Gesamtvarianz der Wuchswerte aus der Varianz der Höhenwerte erklärt werden. In Abbildung 6.2 wird aus diesem Grund auf die Darstellung der Regressionsgeraden und zugehörigen Funktionsgleichungen verzichtet.

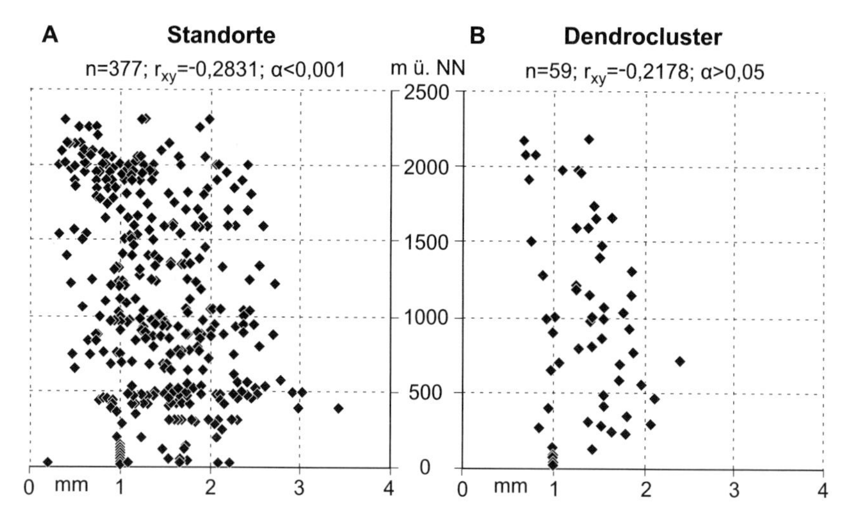

Abb. 6.2 Regressionsdiagramme zur Beziehung zwischen dem mittleren radialen Zuwachs und der Höhenlage NN mit Anzahl n, Korrelationskoeffizient r_{xy} und dem jeweils gültigen Signifikanzniveau α für die Standorte und für die Dendrocluster

Auf Basis der 59 Dendrocluster findet sich selbst für eine auf 95 % gesenkte Sicherheitswahrscheinlichkeit keine Bestätigung des auf Standortbasis gefundenen Zusammenhangs zwischen Zuwachs und Höhenlage (Abb. 6.2 B).

Werden die Höhenlagen in Stufen mit je 250 m Vertikaldistanz klassifiziert (Abb. 6.2), resultieren für die Radialzuwächse nahezu identische Verteilungen (fette Linien mit schwarzen Dreiecken in Abb. 6.2 A bzw. 6.2 B). Diese optische Ähnlichkeit wird

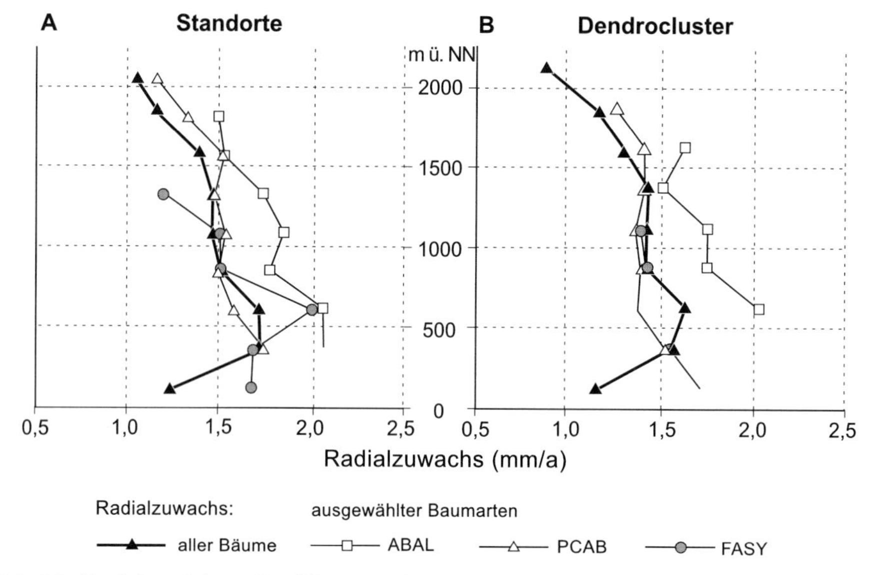

Abb. 6.3 Radialzuwächse aller Bäume und ausgewählter Baumarten, klassiert in 250 m-Höhenstufen für Standorte und Dendrocluster

Tab. 6.1 Statistische Kennwerte und Bewertungen für die Regressionsmodelle zur Höhenabhängigkeit der Radialzuwächse auf der Grundlage von 250 m-Höhenstufen

	A Standorte				B Dendrocluster			
	alle	ABAL	PCAB	FASY	alle	ABAL	PCAB	FASY
r_{xy}	0,62	0,95	0,90	0,69	0,85	0,85	0,70	0,95
b	0,38	0,91	0,81	0,47	0,34	0,73	0,49	0,90
n / FG	9 / 7	7 / 5	8 / 6	6 / 4	9 / 7	5 / 3	7 / 5	4 / 2
$r_{krit, \alpha=5\%}$ *	0,58	0,67	0,62	0,73	0,58	0,81	0,67	0,90
signifikant für $\alpha = 5\%$	nein	ja	ja	nein	nein	ja	ja	ja

r_{xy} = Korrelationskoeffizient n = Zahl der korrelierten Wertepaare $r_{krit, 5\%}$ = kritische Werte von r_{xy} für das Signifikanzniveau α = 0,05
b = Bestimmtheitsmaß FG = Zahl der Freiheitsgrade
*(entnommen aus: BAHRENBERG et. al. 1999:230, Tafel 7)

durch die Korrelationskoeffizienten und Bestimmtheitsmaße für den statistischen Zusammenhang bestätigt (Tab. 6.1). Obwohl 38 % beziehungsweise 34 % der Varianzen der Zuwächse durch die Varianzen der Höhenstufen erklärt werden können, müssen in beiden Fällen die angenommenen Abhängigkeiten negiert werden. Es bestehen keine statistisch gesicherten Zusammenhänge.

Wird zusätzlich zur klassifizierten Höhenstufung nach Arten unterschieden, ergeben sich für Tanne und Fichte auf Standort- und Clusterebene statistisch klar gesicherte Korrelationen (Tab. 6.1), die auf Standortebene sogar die kritischen Werte für α = 1 % übersteigen (nicht dargestellt). Beide Arten besetzen im vorliegenden dendroklimatologischen Netzwerk ein breites Höhenspektrum und sind in allen Höhenstufen mit mindestens fünf Standorten (d. h. im Schnitt mindestens 100 Bäume) vertreten (vgl. Anhang XI.1, Tab. A1), wodurch die Befunde noch an Bedeutung gewinnen. Lärche und Arve zeigen ebenfalls klare Höhenabhängigkeiten (vgl. Anhang XI, Tab. B1 und B2). Da sie aber nur in zwei Höhenstufen vertreten sind, wurde von einer Berechnung und Darstellung abgesehen.

Für Buche (vgl. Abb. 6.2 und Tab. 6.1), Eiche, Wald- und Bergkiefer konnten auch auf Standortebene keine Abhängigkeiten der Radialzuwächse von der Höhenlage nachgewiesen werden. Diese vier Arten weisen in den Höhenprofilen der Zuwächse alle einen nicht annähernd linearen Verlauf auf, wie in Abbildung 6.2 exemplarisch für die Buche zu erkennen ist. Die extremsten Zuwächse sind in den mittleren Höhenstufen anzutreffen. Zumindest bei der Buche ergibt sich nach der Clusterbildung ein annähernd linearer Verlauf des Höhenprofils. Allerdings ist die Profillinie nun nicht mehr geschlossen (Abb. 6.2 B). Auf Clusterebene ist die Buche in der Höhenstufe von 500 bis 750 m nicht vertreten.

6.2 Statistische Merkmale der Jahrringbreitenserien

Im Folgenden werden zusätzlich zur Wüchsigkeit weitere wichtige, die Jahrringbreitenserien charakterisierende statistische Merkmale vorgestellt. Varianzen, Gleichläufigkeiten, Signalstärkeparameter NET und t-Werte sind aus den Rohwertmittelkurven der Bäume für die Jahre von AD 1901 bis 1971 berechnet und für die Standorte gemittelt worden. Güteindizes und Autokorrelationen erster Ordnung sind aus den Standortmittelkurven für das gleiche Zeitfenster abgeleitet worden. Erst anschließend wurden die Standortwerte nach Baumarten, Höhenstufen und/oder Dendroclustern zusammengefasst und in Tabellen dargestellt (Anhang XI).

Da die statistische Sicherheit stark von der Belegungsdichte abhängt, sind diese als Tabellen A1 und A2 von Anhang XI zuerst aufgeführt. Es sei aber darauf hingewiesen, dass z. B. die Belegung 1 für die Arve (PICE) in der Höhenstufe 1750–2000 m NN (Tab. A 2, Anhang XI) lediglich besagt, dass diese Gruppe mit einem Dendrocluster belegt ist. In diesem Beispiel handelt es sich um das Cluster 46, welches wiederum aus 19 Standorten zusammengesetzt ist. Wie aus der Inventarliste zu entnehmen ist, vereinigen diese Standorte über 440 Bäume, sodass die statistische Sicherheit selbst im Falle der Belegung 1 hoch sein kann.

Tabelle 6.2 zeigt die Ausprägungen der gewählten statistischen Parameter für die acht Artengruppen und vergleicht sie mit den aus allen 377 Standorten errechneten Mittelwerten. Alle in der Tabelle aufgeführten Einzelwerte liegen unterhalb beziehungsweise bei Gleichläufigkeit, t-Wert und Güteindex oberhalb der in Tabelle 2.1 festgelegten Schwellenwerte und weisen auf eine Mindesthomogenität innerhalb des Datensatzes hin, die auf eine hohe Signalstärke und somit auf eine überregionale Steuerung des Jahrringwachstums schließen lässt.

Im Artenvergleich schneidet die Bergkiefer am schlechtesten ab. Bei ihr weisen vier der sechs Merkmale den jeweils ungünstigsten Wert auf (schwarz hinterlegte Zellen in Tab. 6.2). Für die verbleibenden zwei Parameter, GI und AK1 belegt die Bergkiefer den jeweils vorletzten Rang. Die Eichen schneiden in dem Vergleich am Besten ab. Sie weisen die geringsten Varianzen, den niedrigsten NET-Wert, die geringste Autokorrelation und den höchsten Güteindexwert auf (hellgrau hinterlegte Flächen in Tab. 6.2). Daraus lässt sich für die Eichen die höchste standortbezogene Signalstärke ableiten. Die Fichten zeigen für alle Kenngrößen durchschnittlich gute Werte. Zusammen mit der guten Lesbarkeit der Jahrringstruktur (vgl. Kap. 3.3.3) bestätigt sich hierin die Beliebtheit dieser Art für dendroökologische Untersuchungen, woraus auch neben der

Tab. 6.2 Statistische Merkmale der Standortmittelkurven differenziert nach Baumarten und gemittelt über alle Bäume

Standortebene	Baumarten								alle
	ABAL	LADE	PCAB	PICE	PISY	PIUN	FASY	QUSP	
Zahl der Standorte	76	17	129	27	22	21	38	47	377
Radialzuwachs	1.82	0.88	1.48	1.16	0.99	0.76	1.63	1.30	1.42
Varianz v	0.38	0.44	0.37	0.44	0.43	**0.45**	0.37	0.35	0.39
Gleichläufigkeit G	0.78	0.79	0.76	0.78	0.76	**0.70**	0.80	0.76	0.77
NET	0.60	0.65	0.61	0.67	0.67	**0.75**	0.57	0.56	0.62
t-Wert	13.0	16.2	12.4	11.9	15.4	**10.1**	13.4	13.9	13.2
Güteindex GI	22.2	25.8	20.7	**17.8**	22.6	18.8	24.9	26.9	22.2
Autokorrelation AK1	**0.68**	0.56	0.65	0.62	0.64	0.65	0.57	0.56	0.63

überduchschnittlich günstiger Wert — ungünstiger Wert — *(Artenkürzel siehe Anhang I)* großen Verbreitung die zahlenmäßige Dominanz der Fichte im vorliegenden Netzwerk abzuleiten ist.

Aus den statistischen Parametern sind insgesamt differenzierende Kriterien zwischen den Baumarten auszumachen. So weisen die Laubhölzer bezüglich aller Merkmale ähnliche Ausprägungen auf wie die Nadelhölzer. Einzig die Autokorrelation erster Ordnung klassiert die Baumarten klar in zwei Gruppen. Lärche, Buche und Eiche weisen Werte zwischen 0,56 und 0,57 auf, während die anderen Arten oberhalb von 0,62 liegen (letzte Zeile in Tab. 6.2). Jedoch zeigen mit AK (1) = 0,68 die Tannen die höchsten Autokorrelationen erster Ordnung und somit die höchsten Wirkungen auf die Bedingungen des Vorjahres.

Abbildung 6.4 illustriert die höhenabhängigen Variationen der statistischen Parameter, nun jeweils über alle Baumarten gemittelt. Klare lineare Höhenabhängigkeiten sind für keine der sechs Kenngrößen festzustellen. Einzig bei den invers zu interpretierenden Varianz und NET, bei denen die Werte umso günstiger sind, je kleiner sie werden, könnte unter Ausschluss der Höhenstufe bis 250 m NN ein annähernd linearer Zusammenhang zur Höhenlage vorliegen (Abb. 6.4 A und C). Dieser besagt, dass mit zunehmender Höhe die Werte schlechter werden. Für die anderen Parameter zeichnet sich ein anderes Bild ab. Ihre Höhenverteilungen weisen alle in den Mittellagen die längsten Balken auf (Abb. 6.4 B und D bis F). Demnach sind die größten Ähnlichkeiten zwischen den Jahrringserien und somit auch die stärksten aus externen Wachstumsfaktoren resultierenden Signale in den Mittellagen zu erwarten.

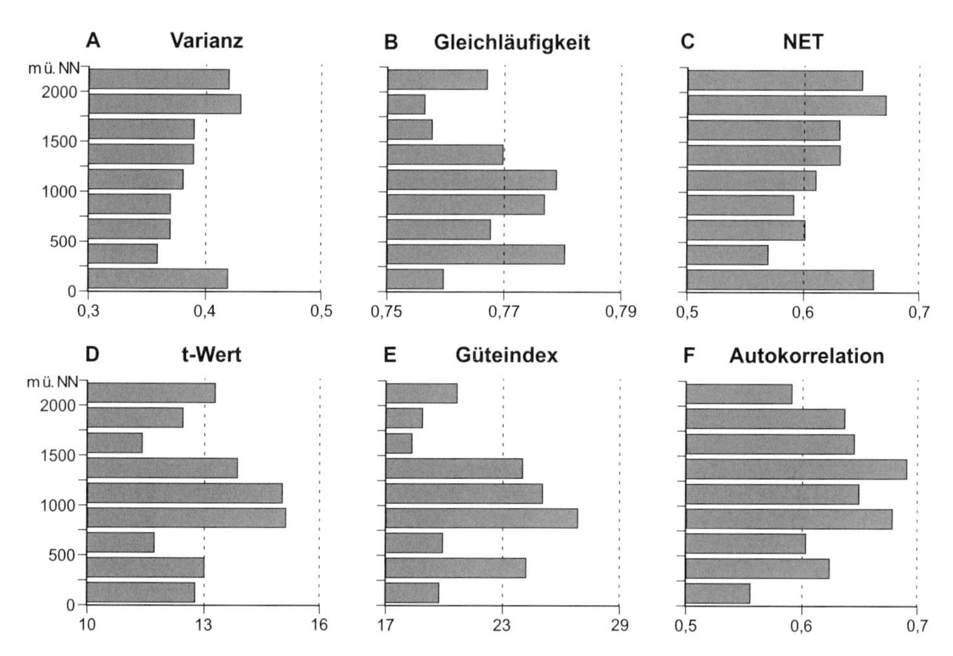

Abb. 6.4 Die Höhenverteilungen der statistischen Parameter Varianz, Gleichläufigkeit, NET, t-Wert, Güteindex und Autokorrelation erste Ordnung für die Standortmittelkurven. Auf den Abszissen sind die für die Parameter üblichen dimensionslosen Skalierungen.

Eine artspezifische Betrachtung dieser Höhenverteilungen (vgl. Werte in tabellarischer Form im Anhang XI, C1 bis H1) zeigt für die Tannen und Fichten, den einzigen Arten, die in mindestens 7 der 9 250-m-Höhenstufen vertreten sind, ein ähnliches Ergebnis. Allerdings weisen Buchen und Bergkiefern und in abgeschwächter Form auch Waldkiefern für die Gleichläufigkeit eine annähernd lineare Abhängigkeit zur Höhenlage auf. Da besonders Buchen und Waldkiefern in Lagen um 1500 m NN ihre obere Verbreitungsgrenze finden, kann dies die unerwartet hohen Werte der statistischen Parameter in den Mittellagen teilweise erklären.

Zur Beschreibung der Modifizierungen der statistischen Parameter, die sich aus der Bildung der Dendrocluster ergeben, sind im Detail alle auf die Dendrocluster bezogenen Werte im Anhang XI.2 beigefügt. Die Tabellen 6.3 und 6.4 fassen diese zusammen, indem sie die prozentualen Abweichungen zwischen standort- und clusterbezogenen Merkmalsausprägungen, jeweils differenziert nach Baumarten und nach Höhenstufen, darstellen. Negative Werte weisen auf Reduzierungen, positive auf Erhöhung des jeweiligen Wertes nach der Clusterbildung hin.

Insgesamt sind die Veränderungen der Merkmalsausprägungen als gering zu bewerten (letzte Spalte von Tab. 6.3). Die größte Veränderung führt bei NET zu einer Reduktion des Wertes um 6,5 %, woraus letztlich eine Verbesserung erfolgt. Nahezu keine Veränderungen sind für die Gleichläufigkeiten zu notieren, liegen sie doch zumeist um oder unter 1 %. Nur bei Lärche (-1,2 %) und Waldkiefer (-1,3 %) verschlechtern sich die Gleichläufigkeiten ein wenig. Als wirkliche Verschlechterungen sind einzig die Schwächungen der t-Werte bei Waldkiefer und Eiche sowie des Güteindex bei Waldkiefer anzusehen. In allen Fällen bleiben die abgeschwächten Werte aber oberhalb der vorgegebenen kritischen Schwellenwerte (Tab. 2.1), sodass keine negativen Folgen aus dieser Veränderung zu erwarten sind.

Bezüglich der Veränderungen der Merkmalsausprägungen in den Höhenstufen ergeben sich ähnliche Befunde. Die markierten Veränderungen (grau eingefärbte Zellen in Tab. 6.4) führen zumeist zu Verbesserungen der Situation, wie aus den negativen Werten für die Varianz, die Autokorrelation und NET abzulesen ist. Einzig die

Tab. 6.3 Artspezifische, prozentuale Abweichungen der statistischen Parameter nach Bildung der Dendrocluster, bezogen auf die Werte für die Standorte

	ABAL	LADE	PCAB	PICE	PISY	PIUN	FASY	QUSP	alle
Anzahl Werte	-88.2	-76.5	-85.3	-92.6	-77.3	-90.5	-81.6	-76.6	**-84.4**
Radialzuwachs	-1.1	-9.6	-6.4	-11.2	20.2	40.8	-7.4	-5.4	**-4.6**
Varianz	0.0	9.1	-2.7	0.0	-9.6	-4.4	-13.5	-14.3	**-5.1**
Gleichläufigkeit	0.1	-1.2	0.4	1.3	-1.3	4.3	1.0	-0.3	**0.4**
NET	0.0	7.7	-3.3	-3.0	-11.9	-6.7	-7.0	-12.5	**-6.5**
t-Wert	9.2	-5.6	0.0	16.8	-26.6	37.6	3.7	-19.4	**-3.0**
Güteindex	10.4	-9.8	4.8	25.3	-13.3	7.4	9.2	-8.6	**4.5**
Autokorrelation 1	4.6	-15.2	-8.0	-1.6	-1.6	9.2	-0.4	-3.0	**-4.7**

moderate Abweichung (5-10 %) — moderate Abweichung (> 10 %)

Die Abweichungen bezüglich der Anzahl der Werte sind nicht markiert, da sie erwünschte Abweichungen darstellen.

Tab. 6.4 Höhenspezifische, prozentuale Abweichungen der statistischen Parameter nach Bildung der Dendrocluster, bezogen auf die Werte für die Standorte

	Zahl	Zuwachs	Varianz	GLK	NET	t-Wert	Güteindex	AK 1
> 2000	-91.67	-15.72	4.76	3.95	-1.54	18.18	21.84	2.50
1750 – 2000	-87.23	-3.31	0.00	0.65	0.00	-0.81	-0.53	-16.37
1500 – 1750	-89.47	-7.11	5.13	-1.29	4.76	4.39	-0.55	1.11
1250 – 1500	-84.00	-0.99	2.56	-1.12	0.00	-4.35	-9.62	5.76
1000 – 1250	-77.14	-1.78	-15.79	1.15	-13.11	0.00	9.62	-12.69
750 – 1000	-84.21	-5.98	-2.70	-0.17	-3.39	-9.88	-7.87	-8.05
500 – 750	-80.00	-4.90	2.70	2.10	-3.33	12.82	17.09	-0.24
250 – 500	-89.06	-9.85	0.00	-1.25	1.75	-2.31	0.00	-5.62
< 250	-72.73	-6.56	-28.57	-1.70	-28.79	-23.62	9.64	5.15
Alle	**-84.35**	**-4.63**	**-5.13**	**0.41**	**-6.45**	**-3.03**	**4.50**	**-4.72**

moderate Abweichung (5-10 %) starke Abweichung (> 10 %)

Die Abweichungen bezüglich der Anzahl der Werte sind nicht markiert, da sie erwünschte Abweichungen darstellen.

knapp 10 %-igen Senkungen des t-Wertes und des Güteindex führen zu moderaten Verschlechterungen, ohne jedoch die vorgegebenen Schwellenwerte (Tab. 2.1) zu unterschreiten. Für die Gleichläufigkeiten ergeben sich kaum Veränderungen, in der Stufe oberhalb 2000 m NN eine knapp 4 %-ige Erhöhung.

6.3 Verteilung der Weiserwerte

Im Folgenden werden diskontinuierliche, aber zeitgleich in Baumkollektiven auftretende Wachstumsereignisse diskutiert, die alle als z-transformierte Werte nach der Croppermethode (Kap. 2.3.1) aus kontinuierlichen Messreihen zur Jahrringbreite ermittelt wurden. Entsprechend der in Tabelle 2.3 beschriebenen Kriterien werden sie aus den Serien ausgelesen und in schwache, starke und extreme Weiserwerte klassiert, wobei sie je nach Bezugseinheit als Standort-, Cluster- oder zentraleuropäische Weiserwerte beziehungsweise als art- oder höhenspezifische Weiserwerte angesprochen werden. Graphisch werden Zeitreihen von Weiserwerten in Histogrammen, so genannten Masterplots, mit der Abszisse als Zeitachse und der Ordinate als Achse der standardisierten Indexwerte, hier die C_{jz}, dargestellt.

6.3.1 Zentraleuropäische Weiserwerte

Abbildung 6.5 zeigt für die Jahre von AD 1901 bis 1971 den Masterplot über die selektierten 377 Baumstandorte. Er zeigt insgesamt 26 Jahre, deren Werte vom Betrag her größer als eins sind und als zentraleuropäische Weiserwerte eingestuft werden. Die 13 negativen zentraleuropäischen Weiserwerte gliedern sich in 7 schwache, 4 starke und 2 extreme Weiserwerte (Tab. 6.5). Damit sind während der sieben Jahrzehnte des vergangenen Jahrhunderts alle zehn Jahre ein schwach und etwa alle 18 Jahre ein stark und etwa alle 35 Jahre ein extrem negativer Weiserwert vorgekommen. Im Jahr 1948, das mit $C_{1948,z}$=-2,56 die stärkste negative Ladung aufweist, haben die Bäume Zentraleuropas im Mittel einen Wachstumseinbruch von über zweieinhalb Standardabweichungen erlitten.

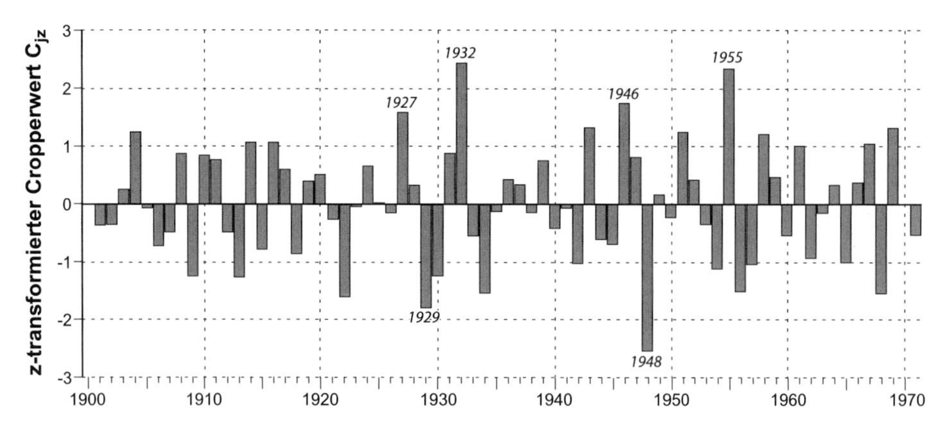

Abb. 6.5 Masterplot über die 377 dendrochronologischen Standorte für das Zeitfenster 1901 bis 1971 und die extremen zentraleuropäischen Weiserwerte

Die positiven Weiserwerte gliedern sich in 7 schwache und je 3 starke und extreme Weiserwerte. Daraus ergibt sich, dass im Schnitt hochgerechnet auf das Jahrhundert 10 schwach und je 4 stark und 4 extrem negative Weiserwerte vorkommen. Die Jahre 1932 und 1955 weichen mit $C_{1932,z}$=2,43 und $C_{1955,z}$=2,33 mit knapp zweieinhalb Standardabweichungen am stärksten vom mittleren Wachstum aller untersuchten Jahrringe ab.

Werden die Ereigniswerte aus den zuvor zu Clustern gruppierten Standorten (Kap. 5.1) extrahiert, so zeigt der resultierende Masterplot (schwarze Säulen in Abb. 6.6) fast eine Kopie des oben vorgestellten Materplots auf Standortebene, der zum Vergleich in Abbildung 6.6 mit grauen Säulen dargestellt ist. Es gibt in keinem Jahr entgegen gesetzte Wuchsreaktionen und selbst die Intensitäten der Ereigniswerte weichen maximal um nur 15 %, wie in den Jahren 1923 und 1944, ab. Beides sind Jahre, die nicht als Weiserwerte klassiert wurden. Bei den negativen zentraleuropäischen Weiserwerten gibt es keine Veränderungen. Alle Jahre werden auch nach der Bildung von Clustern

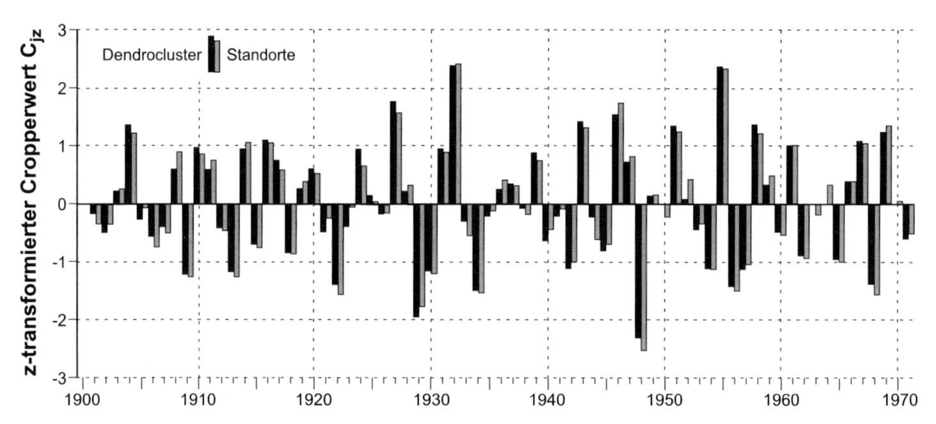

Abb. 6.6 Der Masterplot über die 59 Dendrocluster Zentraleuropas für das Zeitfenster AD 1901 bis 1971 im Vergleich zum Masterplot über die Standorte

Tab. 6.5 Die zentraleuropäischen Weiserwerte mit schwachen, starken und extremen Intensitäten (A) auf Grundlage der 377 Standorte und (B) auf Grundlage der 59 Dendrocluster

		schwach $\lvert C_{jz} \rvert > 1{,}00$	stark $\lvert C_{jz} \rvert > 1{,}28$	extrem $\lvert C_{jz} \rvert > 1{,}645$
A auf Standortebene	positiv	1904, 1914, 1916, 1951, 1958, 1961, 1967	1927, 1943, 1969	1932, 1946, 1955
	negativ	1909, 1913, 1930, 1942, 1954, 1957, 1965	1922, 1934, 1956, 1968	1929, 1948
B auf Cluster-ebene	positiv	1916, 1961, 1967, 1969	1904, 1943, 1946, 1951, 1958	1927, 1932, 1955
	negativ	1909, 1913, 1930, 1942, 1954, 1957, 1965	1922, 1934, 1956, 1968	1929, 1948

Die Intensitätsstufen schwach, stark und extrem entsprechen den Definitionen in Tab. 2.3

in die gleichen Intensitätsstufen gruppiert. Bei den Positiven dagegen werden insgesamt sieben Jahre anders bewertet. Das auf Standortebene als schwach eingestufte Jahr 1914 reduziert sich von 1,05 auf 0,96 geringfügig und kann nicht mehr als Weiserwert klassiert werden. Die Jahre 1904, 1927, 1951 und 1958 erfahren eine Aufwertung ihrer Intensitäten und werden jeweils einen Rang höher eingestuft. Im Gegenzug erfahren die Jahre 1946 und 1969 eine schwächere Intensitätsbewertung und rutschen eine Stufe ab. Insgesamt verbleiben nach der Clusterbildung noch 25 zentraleuropäische Weiserwerte, 12 positive und 13 negative (Tab. 6.5).

Mit den zentraleuropäischen Weiserwerten sind Jahre gefunden, in denen über einen großen Raum und über acht Baumarten mit zum Teil unterschiedlichen ökologischen Ansprüchen die Jahrringe zeitgleiche und gleichsinnige Wachstumsabweichungen zeigen. Weiserwerte sind umso leichter durch nur einen das Wachstum steuernden externen Einflussfaktor zu erklären, je stärker deren Anomalien sind (Schweingruber 1996). Somit ist von den extremen Weiserwerten das größte Erklärungspotential zu erwarten. Allerdings ist in überregional gemittelten Weiserwerten kein Potential in Bezug auf eine Standortdifferenzierung enthalten. Da aber aus der Differenzierung der ökologisch unterschiedlichen Standorte ebenso wie aus den unterschiedlichen Reaktionen verschiedener Arten wichtige Hinweise auf die wachstumssteuernden Faktoren zu erwarten sind, werden im Folgenden die Weiserwerte nach Baumart und Höhenlage differenziert.

6.3.2 Differenzierung der zentraleuropäischen Weiserwerte nach Baumart und Höhenstufe

Die artspezifischen Masterplots, die im Anhang XII beigefügt sind, zeigen die Ausprägungen der zentraleuropäischen Weiserwerte für die untersuchten Baumarten. Tabelle 6.6 fasst die aus diesen 16 Masterplots abgeleiteten positiven und negativen Weiserwerte nach Arten differenziert zusammen und vergleicht sie mit den artübergreifenden Weiserwerten.

Tab. 6.6 Katalog der artspezifischen Weiserwerte Zentraleuropas, ermittelt auf Grundlage der Standorte und der Dendrocluster

Jahr	ABAL	LADE	PCAB	PICE	PISY	PIUN	FASY	QUSP	Summe Wertung Sta/Clu	Alle Arten
1901		○			●●				-4 / -3	
1902		○				⊘			-2 / -1	
1903				○				□□	+1 / *0*	
1904		▨■	▨▨	■▨	□				+7 / +8	□▨
1905					□	□			+4 / 0	
1906			○○	●⊘		●			-7 / -3	
1907	○								-1 / 0	
1908			□	▨□	○	□			+4 / *0*	
1909		●●	○○		●○			⊘	-9 / -5	○○
1910			□▨		▨				+1 / +4	
1911		□□		□	○				+2 / *0*	
1912		■▨							+3 / +2	
1913		⊘⊘	○	●●		●●	○⊘		-10 / -10	○○
1914	▨■					▨▨		□□	+5 / +6	□
1915	○○							⊘○	-3 / -2	
1916	▨▨				□■		■▨		+6 / +7	□□
1917		▨▨		▨■	⊘			▨▨	+6 / +*6*	
1918			○	○					0 / -2	
1919	□								0 / +1	
1920			□	○	▨				+*1* / +1	
1921					●●	□		⊘○	-*4* / -4	
1922	●●	□□	⊘●		○	○	○		*-6 / -5*	⊘⊘
1923		●●							-3 / -3	
1924	○○			□▨				■■	+*3 / +4*	
1925	□	□						⊘⊘	*-1 / -1*	
1926	□	●●		●	■■				*-2 / 0*	
1927			▨■	▨■			□	■■	+8 / +9	▨■
1928										
1929	●●		●●		●			⊘○	-8 / -10	●●
1930			○	○○			●●	⊘⊘	-7 / -6	○○
1931		■■	□□		⊘	○●		■□	*+4 / +2*	
1932	■■		□	■▨	■■	■■	■▨	■■	+19 / +15	■■
1933		●●	○	⊘			□□		*-5 / -2*	
1934	●●			⊘	●	●●	●⊘	●●	-17 / -11	⊘⊘
1935							○		-1 /0	
1936					□	▨▨			+3 / +2	
1937						○			0 / -1	
1938							□		0 / 1	
1939						▨▨	□		+2 / +3	
1940	○	○⊘					⊘⊘		-3 / -5	

Linke Signatur = Standorte rechte Signatur = Dendrocluster

■ extrem positiver Weiserwert (C_{jz} > 1,645)
▨ stark positiver Weiserwert (C_{jz} > 1,280)
□ schwach positiver Weiserwert (C_{jz} > 1,000)
○ schwach negativer Weiserwert (C_{jz} < 1,000)
⊘ stark negativer Weiserwert (C_{jz} < 1,280)
● extrem negativer Weiserwert (C_{jz} < 1,645)

Fortsetzung Tab. 6.6 Katalog der artspezifischen Weiserwerte Zentraleuropas

Jahr	ABAL	LADE	PCAB	PICE	PISY	PIUN	FASY	QUSP	Summe Wertung Sta/Clu	Alle Arten
1941				●					0 / -3	
1942			⊘		○	⊘			0 / -5	○○
1943	□	□		□▨	□■	□	▨■		+6 / +9	▨▨
1944	○⊘	▨			⊘				-1 / -2	
1945				⊘	○	●	⊘		-5 / -3	
1946	■■	⊘	□□	■	□	■■	□	■■	-10 / -13	■▨
1947			▨□	▨□					+4 / +4	
1948	●●	○○	●●	●●			●●	⊘○	-15 / -14	●●
1949					○			⊘	-3 / 0	
1950						⊘●		□	-1 / +3	
1951		■▨		▨	■■	□■	■▨	□▨	+11 / +12	□▨
1952					○				0 / -1	
1953		○					○●		-1 / -4	
1954			●●						-3 / -3	
1955	■■		■■	□■		□▨	■■	■▨	+14 / +16	■■
1956	●●				⊘		○		-5 / -4	⊘⊘
1957				⊘⊘			●⊘		-5 / -4	○○
1958				■■	▨▨	■▨	■■	▨▨	+13 / +12	□▨
1959	□□				□			●	+2 / +1	
1960							●⊘		-3 / -2	
1961	▨▨			○			□	□▨	+4 / +3	□□
1962	○○	□	●●					□	-3 / -3	
1963	○	⊘⊘			□	○			-3 / -2	
1964						■■	○	○⊘	+1 / +1	
1965			●⊘				○		-3 / -3	○○
1966				□					0 / +1	
1967					▨		■■		+3 / +5	□□
1968	⊘○	○	⊘⊘				⊘		-4 / -6	⊘⊘
1969			▨▨	▨		▨			+4 / +4	▨□
1970		▨▨							+2 / +2	
1971			○○						-1 / -1	

Linke Signatur = Standorte rechte Signatur = Dendrocluster

■ extrem positiver Weiserwert (C_{jz} > 1,645)
▨ stark positiver Weiserwert (C_{jz} > 1,280)
□ schwach positiver Weiserwert (C_{jz} > 1,000)
○ schwach negativer Weiserwert (C_{jz} < 1,000)
⊘ stark negativer Weiserwert (C_{jz} < 1,280)
● extrem negativer Weiserwert (C_{jz} < 1,645)

Die Intensitätsstufen der Weiserwerte sind durch Symbole gekennzeichnet, deren Füllung mit zunehmender Intensität zunimmt. Kreise symbolisieren negative, Quadrate positive Wertungen. Die vorletzte Spalte liefert eine Bewertung der Jahre, indem die Einzelwertungen summiert wurden. Diese kumulierte Jahreswertung erlaubt einen Vergleich mit den Weiserwerten über alle Arten. Alle Werte werden nach ihrer Datengrundlage unterschieden. Die linken Symbole in den Zellen repräsentieren die Weiserwerte, wie sie auf Basis der nach Arten gemittelten Standorte resultieren. Die rechten Symbole ergeben sich aus den nach Arten gemittelten Dendroclustern. Auf Grund der Fülle an Befunden muss auf eine detaillierte Diskussion der Einzelfälle zu Gunsten genereller Aussagen verzichtet werden.

Bezüglich der Häufigkeiten der extrahierten Weiserwerte sind keine markanten Unterschiede zwischen den Arten auszumachen. Die Extrema streuen in den 71 Jahren mit 19 Nennungen bei der Bergkiefer und 23 Nennungen bei Fichte, Arve und Eiche nur gering um den Mittelwert von 21,4 Nennungen. Dabei werden im Schnitt 10,6 negative und 11,25 positive Weiserwerte ausgebildet. Im Vergleich zur Gesamtzahl der Nennungen bei der artunabhängigen Betrachtung sind dies fünf Weiserwerte weniger. Diese Reduktion gilt nicht bei der ausschließlichen Betrachtung der extremen Weiserwerte. Jede Art bildet im Schnitt 7,6, davon 3¾ positive und 3¼ negative Weiserwerte aus und damit jeweils über eine Nennung mehr als bei der artübergreifenden Betrachtung. Die Buche weist mit elf extremen, sechs positiven und fünf negativen, Weiserwerten die meisten Nennungen auf, während die Fichte im selben Zeitraum in nur sechs Jahren extreme Wuchsanomalien zeigt, allerdings ebenso wie die Buche fünf Negative. Die artspezifische Betrachtung führt zu einer deutlichen Akzentuierung der Wuchsanomalien.

Aus dendroklimatologischer Sicht sind vor allem die Jahre bedeutsam, die Weiserwerte mit extremen Wertungen (schwarze Symbole in Tab. 6.6) aufweisen. Von AD 1901 bis 1971 gibt es kein Jahr, in dem alle Arten gleichsinnig reagieren. Die häufigsten extremen Nennungen hat das Jahr 1932 produziert, in dem abgesehen von der Lärche und, mit Abstrichen die Fichte, alle Arten stark überdurchschnittliche Zuwächse verzeichnet haben. 1934 stellt als Jahr mit den meisten extrem negativen Nennungen das Pendant dar. Auch die anderen zentraleuropäischen Weiserwertjahre (1927, 1929, 1946, 1948 und 1955) sind durch deutliche Reaktionen in der Mehrzahl der Arten wieder zu finden, wobei 1929 nur bei Tanne und Fichte extreme und bei Eiche starke Wertungen auftreten. Damit reagieren aber die im Datensatz am Häufigsten vertretenen Arten gleichsinnig. Im Gegensatz dazu reagieren die Fichten AD 1934 mit durchschnittlichem Zuwachs, wodurch in der artübergreifenden Bewertung „nur" ein starkes Jahr resultiert.

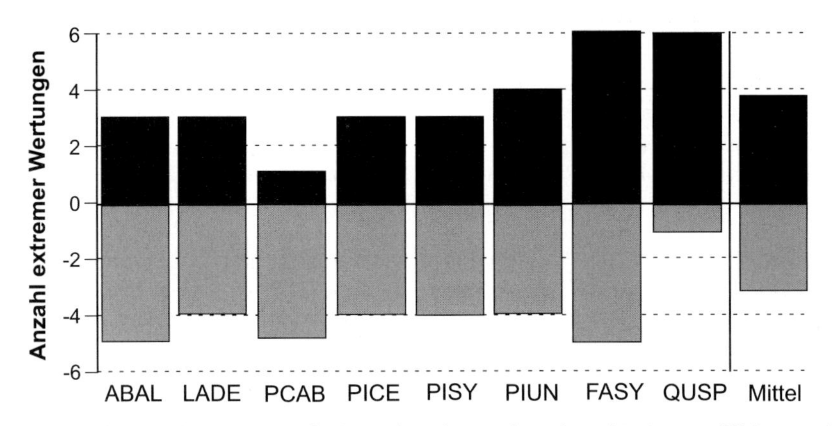

Abb. 6.7 Die Anzahl der positiven (schwarz) und negativen (grau) extremen Weiserwerte in der Periode AD 1901 bis 1971 für die untersuchten Baumarten und deren Mittelwert

Neben diesen bei mehreren Arten starke bis extreme Reaktionen hervorrufenden Jahren sind auch die bei nur einer Art extrem Reagierenden von Interesse. Solche Jahre finden sich fast für jede Art, wie z. B. AD 1956 für die Tanne, AD 1923 für die Lärche, AD 1954 für die Fichte, AD 1901 für die Kiefer, AD 1960 für die Buche und AD 1959 für die Eiche. Für Arve und Bergkiefer finden sich keine rein auf diese Arten bezogenen Jahre. AD 1913 ist ein Jahr, in dem nur die an Hochlagenbedingungen angepassten Kiefernarten extrem negativ reagieren. Da auch die Lärche, die im untersuchten Datensatz nur in Lagen oberhalb 1750 m NN vertreten ist, stark abweichende Zuwachsreduktionen zeigt, müssen in diesem Jahr die Umweltbedingungen in den höchsten Lagen ungünstig gewesen sein. Ähnliches kann für das Jahr 1933 gelten, in dem Lärchen und Arven zumindest stark negativ reagieren, zumal die hauptsächlich unterhalb 1000 m NN vorkommende Buche sogar mit schwach überdurchschnittlichem Wachstum reagiert.

Analog zur Erstellung der artspezifischen Masterplots werden die Standorte nach Höhenstufen mit 250 m Vertikaldistanz gruppiert, aus denen durch Mittelung der z-transformierten Cropperwerte die höhenspezifischen Masterplots resultieren (Anhang XII.2). Wie in den artspezifischen Masterplots sind auch hier die jeweils stärksten positiven und negativen zentraleuropäischen Weiserwerte durch Graufärbungen ihrer Säulen hervorgehoben.

Für die extremen Weiserwerte der Jahre 1932, 1948 und 1955 zeigen sich kaum Veränderungen mit der Höhe. In allen Höhenstufen übersteigen die Wuchsanomalien dieser Jahre den Schwellenwert von z = 1,28 und bilden starke Weiserwerte aus. Für AD 1929 gilt dies nur bedingt, fallen die Werte oberhalb 1500 m unter die Schwelle von z = 1 und sind oberhalb 2000 m gänzlich unauffällig. Dies lässt sich mit den abnehmenden Anteilen von Fichten und vor allem Tannen erklären, in denen das Jahr 1929 als besonders schmaler Jahrring ausgeprägt ist (vgl. Tab. 6.6). Ähnliches zeigt sich auch im Jahr 1922, dass als stark negativer Weiserwert eingestuft ist (vgl. Tab. 6.5). Einzig die Lärchen reagieren in diesem Jahr, entgegen dem Trend der anderen Arten, mit überdurchschnittlich gutem Radialwachstum (vgl. Tab. 6.6). Folgerichtig nähern sich oberhalb 1750 m, dem Verbreitungsbereich der Lärchen, die artübergreifenden Werte der Null. Absolut konträr zeigt sich das Wuchsverhalten 1946, einem Jahr mit extrem positivem Weiserwert, aber mit stark negativen Werten für die Lärchen. Oberhalb 1750 m sinken die 1946er Werte unterhalb z = 1. AD 1927 und 1968 repräsentieren Jahre, die über alle Höhenstufen einen gleichgerichteten Wuchstrend aufweisen, deren extremste Zuwächse jedoch in den mittleren Höhenstufen vorzufinden sind, AD 1927 die geringsten und AD 1968 die größten.

Abbildung 6.8 veranschaulicht die Veränderungen der Wuchsanomalien mit der Höhe, indem die Werte der Tieflagen unterhalb 750 m von denen der Hochlagen oberhalb 1500 m subtrahiert sind. Hoch positive und somit nach oben weisende Säulen resultieren aus positiven Anomalien in den Hochlagen und negativen Anomalien in den Tieflagen, wohingegen sich die negativen Säulen aus negativen Hochlagen- und positiven Tieflagenwerten errechnen. Gleiche Wachstumsanomalien in Hoch- und Tieflagen führen zu Bilanzwerten nahe der Nulllinie. Für die zuvor diskutierten starken und extremen Weiserwerte Zentraleuropas ergeben sich keine nennenswerten Ausschläge in der Differenz der Hoch- und Tieflagen. Einzig für AD 1929 zeigt sich eine Abweichung von mehr als einer Einheit.

Die großen Unterschiede im Höhenprofil zeigen sich in den Jahren AD 1911, 1913, 1921, 1926, 1933 und 1964 (schraffierte Säulen in Abb. 6.8). In diesen Jahren erfolgt zwischen Hoch- und Tieflagen eine Umkehrung des Vorzeichens. AD 1911 und 1964 sind die Unterschiede so groß, dass sowohl in Bereichen der Hoch- wie der Tieflagen der Schwellenwert von $z = 1$ vom Betrag her überschritten wird. AD 1911 erreichen die Werte in allen Höhenstufen oberhalb 1250 m zumindest das Niveau eines schwach positiven Weiserwertes, zwischen 1500 und 2000 m sogar das eines extrem positiven Weiserwertes (vgl. Anhang XII.2). Zwischen 500 und 750 Höhenmetern bilden die Bäume dagegen einen schwach negativen Weiserwert aus.

Die folgende Untersuchung der artspezifischen Veränderungen der Weiserwertintensitäten mit der Höhe NN soll exemplarisch für die Jahre AD 1921, 1922, 1929, 1932, 1933, 1934, 1948 und 1955 durchgeführt werden. Tabelle 6.7 gibt Aufschluss über die wichtigsten aus den bisherigen Analysen abgeleiteten Eigenschaften dieser Jahre. Mit diesen Jahren sind die stärksten negativen und positiven Weiserwerte Zentraleuropas ebenso in der Auswahl vertreten, wie starke negative und positive Abweichungen in Hoch- und Tieflagen, sowie durch artspezifische Reaktionen hervorgerufene bzw. beeinträchtigte Weiserwerte. Die nach Baumarten differenzierten Veränderungen über die Höhenstufen sind für diese Jahre im Anhangs XIII dargestellt.

Die Modifizierungen der Weiserwerte, wie sie aus der Betrachtung der artspezifischen Höhenveränderungen resultieren, soll an dem Jahr 1955 diskutiert werden. Dieses Jahr zeichnet sich über alle Arten, mit Ausnahme der Kiefern, und über alle Höhenstufen, jeweils unabhängig voneinander betrachtet, durch einen äußerst stabilen positiven Weiserwert mit starken bis extremen Wuchsanomalien aus (rechte graue Säulen in Anhang XII, 1. und 2.). Werden die Veränderungen der Weiserwerte mit der Höhe

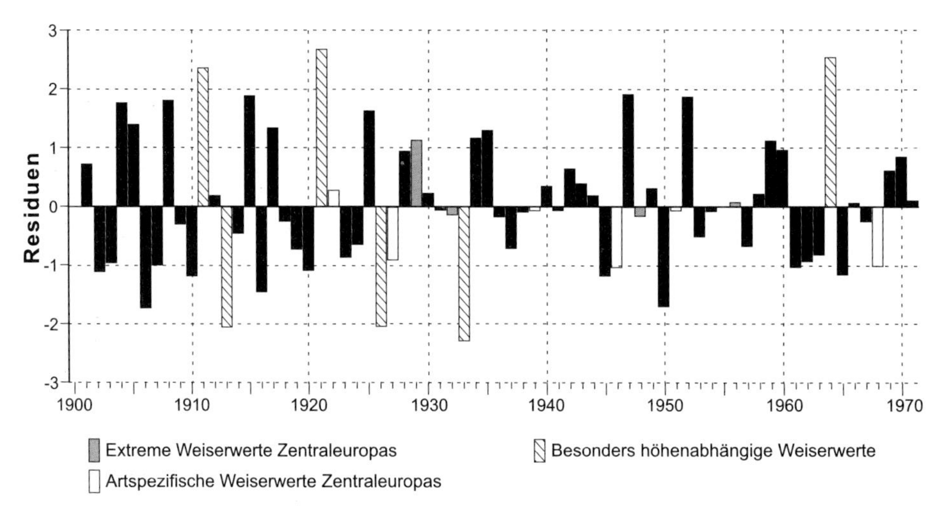

Abb. 6.8 Residuen aus den standardisierten Cropperwerten der Hoch- (oberhalb 1500 m NN) und Tieflagen (unterhalb 750 m NN)

Tab. 6.7 Die selektierten Weiserwerte und markante Charakteristika

Jahr	Charakteristik
1921	Hochlagen mit positiven, Tieflagen mit negativen Weiserwerten
1922	Lärche mit stark positiven Weiserwerten, andere Arten mit negativen Werten
1929	Zweitstärkster negativer zentraleuropäischer Weiserwert
1932	Zweitstärkster positiver zentraleuropäischer Weiserwert
1933	Hochlagen mit negativen, Tieflagen mit positiven Weiserwerten
1934	stark negativer Weiserwert, Fichte jedoch ausgewiesene Reaktion
1948	stärkster negativer zentraleuropäischer Weiserwert
1955	stärkster positiver zentraleuropäischer Weiserwert

separat für jede Art betrachtet (jeweils die rechte Säule in den Histogrammen von Anhang XIII.1), so zeigen sich teilweise erhebliche Abweichungen. Nur für die Tanne und die Laubhölzer (Ausnahme: 500–750 m NN) behalten die 1955er Werte ihr hohes Niveau bei. Bei den Fichten verliert das Jahr mit abnehmender Höhenlage kontinuierlich an Bedeutung, bleibt aber auch in den tiefsten Lagen noch im Bereich positiver Wuchstendenzen. Bei den Lärchen dagegen schlagen diese bereits an der 2000 m Grenze vom stark positiven Weiserwert oberhalb zu einem fast schwach negativen unterhalb um.

Für die anderen Jahre zeigen sich in den Plots des Anhangs XIII.1 ebenfalls Modifizierungen gegenüber der allgemeinen Charakteristik (Tab. 6.7). Die folgende Auflistung fasst die wichtigsten Abweichungen kurz zusammen:

1921 Waldkiefer zeigt zum allgemeinen Trend ein entgegen gesetztes Verhalten, d. h. extrem negative Werte um 1000 m und positive Werte unterhalb 250 m;

1922 Buche zeigt oberhalb 1000 m, wie die Lärche, positive, aber nicht markante Abweichungen;

1929 Waldkiefer unterhalb 500 m und Buche zwischen 1000 und 1250 m weisen positive Abweichungen auf, die bei Buche als stark positiver Weiserwert ausgeprägt sind;

1932 Lärche reagiert unauffällig und die Fichte reagiert in allen Höhenstufen schwächer;

1933 Fichte zeichnet das beschriebene Muster deutlich nach, das in Hochlagen von Lärche und Arve und in Tieflagen von Buche mitgetragen wird – die Reaktionen der anderen Arten sind moderat bis unauffällig, d. h. sie liegen unter dem Schwellenwert;

1934 nur die Waldkiefer unterhalb 250 m zeigt mit einem positiven Weiserwert ein konträres Verhalten;

1948 mit der Höhe verliert 1948 bei Tanne an Bedeutung, bei Waldkiefer zwischen 1500-1750 m und bei Aufrechter Bergkiefer unterhalb 1750 m schlägt die Reaktion in eine schwach positive, bei Waldkiefer <250 m in eine extrem positive um.

Teil 2 von Anhang XIII zeigt die Veränderungen der artspezifischen Wuchsanomalien mit der Höhe für die selektierten Jahre, wenn die Weiserwerte über die Dendrocluster gebildet werden. Die Plots lassen im optischen Vergleich zu Teil 1 von Anhang XIII kaum Unterschiede erkennen, sodass Residuen zwischen den Werten der Jahre beider Plots gerechnet werden (Abb. 6.9).

Grundsätzlich werden die Ähnlichkeiten zwischen Standorten und Dendroclustern als Untersuchungsbasis durch Abbildung 6.9 bestätigt. Dies gilt insbesondere hin zu den unteren und oberen Verbreitungsgrenzen der jeweiligen Art, während in den mittleren Lagen größere Residuen zu verzeichnen sind. Während die Residuen zumeist die Abweichungsmarke vom Betrag 1 nicht erreichen, wird diese 1934 bei Tanne und

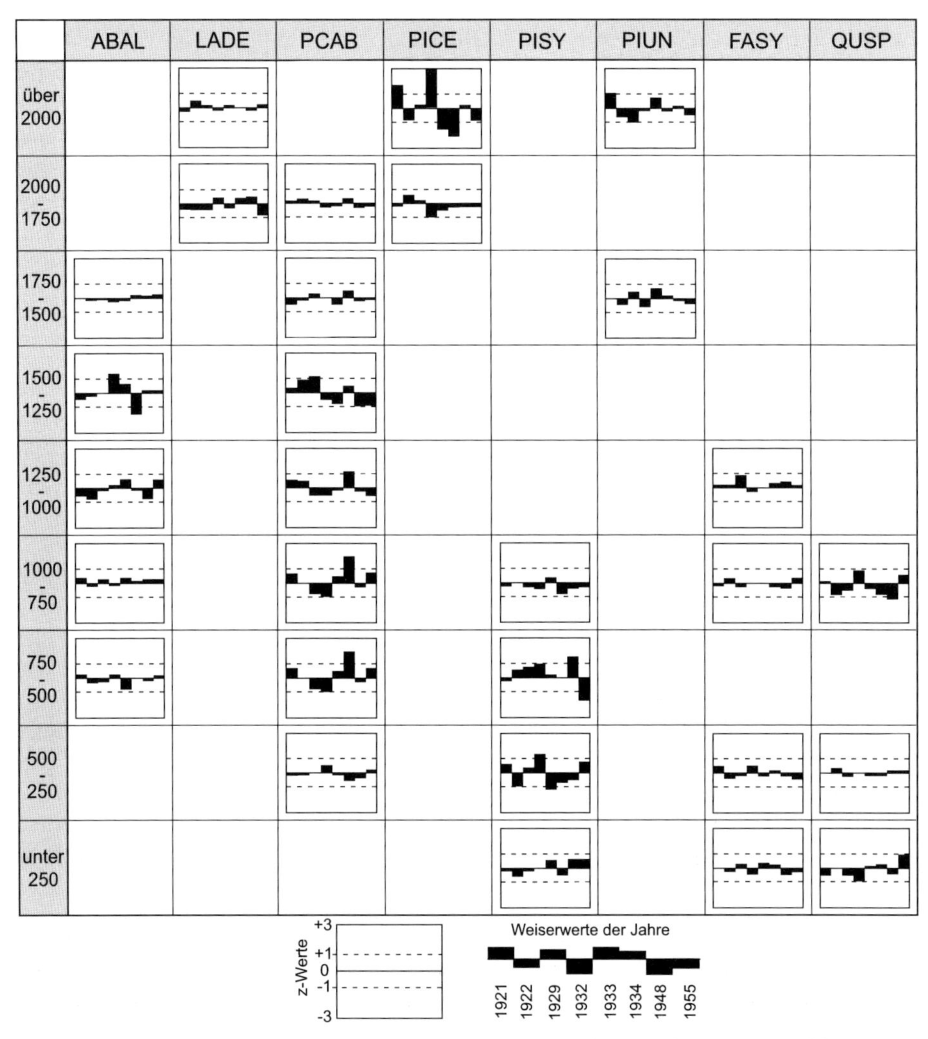

Abb. 6.9 Abweichungen zwischen den art- und höhenspezifischen Masterplots auf Grundlage der Standorte und denen auf Clusterebene für ausgewählte zentraleuropäische Weiserwerte

Fichte zum Teil deutlich überschritten. Für die Buche führt die Clusterbildung zu einer markanten Veränderung in den Jahren 1948 und 1955. Aus der auf Standortebene positiven Anomalie für 1948 resultiert nach der Clusterfusion ein negativer Wert. Für 1955 vollzieht sich durch die Fusion ein genau entgegen gesetzter Wandel.

Die größten Veränderungen in Abbildung 6.9 sind für die Arven oberhalb 2000 m NN festzumachen. Dieser Plot wird aus den Standorten des Dendrocluster D23 gebildet. Aus Tabelle 5.4 und der Inventarliste (Anhang III) ist abzulesen, dass durch die Fusionen bezüglich der Baumart ein Mischcluster aus Südtiroler Arven und Lärchen entstanden ist. Obwohl etwa doppelt so viele Arven wie Lärchen in D23 vereinigt sind, wird das typische Reaktionsmuster der Arven, wie es in Anhang XIII.1 zu finden ist, nicht nachgezeichnet. Da 1932 Lärchen keinen positiven Weiserwert aufweisen (Tab. 6.6), scheinen die wenigen Lärchen dieses Cluster zu dominieren, was bei folgenden Analysen und Interpretationen zu berücksichtigen ist.

6.3.3 Räumliche Verteilung der Weiserwerte

Da Höhen oberhalb von 1250 m NN im Untersuchungsgebiet auf die Alpen beschränkt sind, wurde im Kapitel 6.3.2 mit der Darstellung der Höhenverteilung der Weiserwerte bereits eine grobe räumliche Verteilung vorgestellt. In diesem Kapitel wird auf der Grundlage von Weiserwertkarten die räumliche Verteilung der Weiserwerte im Untersuchungsgebiet näher betrachtet. Für jedes Jahr der Untersuchungsperiode stehen dazu zwei Karten zur Verfügung, die im Folgenden zur Unterscheidung als Weiserwertkarten und als Clusterkarten bezeichnet werden. Die Weiserwertkarten stellen die z-transformierten Cropperwerte der 377 untersuchten Standorte dar, wobei mit dem gewählten Interpolationsalgorithmus (Kap. 2.6) eine Umsetzung der Punktinformationen in eine flächenhafte Darstellung gewährleistet ist. Die Clusterkarten geben durch eine Kreissignatur in den geographischen Zentren der Dendrocluster die Intensitäten der Clusterweiserwerte wider, ohne die Punktinformationen flächenhaft umzusetzen. Alle Karten sind im Anhang XIV in chronologisch aufsteigender Folge beigefügt. Die Weiserwertkarten sind immer oben links, die Clusterkarten immer oben rechts positioniert.

Eine kurze Beschreibung zur Verteilung der Weiserwerte im Untersuchungsgebiet erfolgt für alle Jahre im Anhang jeweils unterhalb der Karten. Zunächst werden in aufzählender Weise die Regionen mit gleichsinnigen Reaktionen benannt. Im Kartenbild zusammenhängende Räume werden in der Auflistung durch das „&"-Zeichen gekennzeichnet, wohin gegen das Komma nicht zusammenhängende Wuchsräume voneinander trennt. Die letzte Zeile der räumlichen Beschreibung listet die jeweils extrem reagierenden Cluster auf, wobei die Ziffern den Clusternummern entsprechen, die in Abbildung 5.2 und Tabelle 5.4 zugeordnet und beschrieben werden.

Auf Grund der in Kapitel 2.6 angesprochenen Problematik bei der Umsetzung von 3-dimensional verteilten Punktinformationen in 2-dimensionale Flächendarstellungen insbesondere bei trotz großer Vertikaldistanz nah beieinander liegender Standorte dürfen die Karten nicht in allen Details als ein Spiegelbild der realen Situation verstanden werden. Die Weiserwertkarten können insbesondere in den Alpen nur eine grobe Vorstellung über die Verteilung der Weiserwerte liefern und werden daher nur qualitativ ausgewertet. Diese Einschränkung soll durch die zusätzliche Betrachtung von so genannten Wachstumsdiagrammen (auf den Seiten im Anhang XIV jeweils unten links) minimiert werden, die die artspezifischen Weiserwerte auf Grundlage der Dendrocluster nach Höhenstufen differenziert aufzeigen.

Die Darstellungen in Anhang XIV zeigen, dass im Untersuchungszeitraum von AD 1901 bis 1971 in allen Jahren Regionen mit auffälligen Anomalien im Radialwachstum zu finden sind. Allerdings können keine zwei Jahre mit identischen räumlichen Verteilungsmustern gefunden werden. Bei gröberer Betrachtungsweise können die Jahre dennoch in vier Gruppen gegliedert werden, Jahre (i) mit überwiegend positiven und (ii) mit überwiegend negativen Wuchswerten, (iii) mit ausgewogenen Anteilen zwischen positiven und negativen Werten sowie (iv) solche Jahre, in denen auffällige Reaktionen nur auf kleine Regionen oder vereinzelte Standorte beschränkt sind. Die Gruppen werden durch prozentuale Anteile der Flächen mit positiven (rote Farbtöne) und negativen (blaue Farbtöne) Weiserwerten getrennt. Übersteigt der Flächenanteil eines Farbtons den Schwellenwert von 40 %, so wird das Jahr den Gruppen (i) resp. (ii) zugewiesen, übersteigen die Flächenanteile beider Farbskalen 25 %, so handelt es sich um ein Jahr der Gruppe (iii). Alle anderen Jahre bilden die Gruppe (iv).

Zur Gruppe (i), den Jahren mit überwiegend positiven Weiserwerten (Tab. 6.8 A), gehören alle in Kapitel 6.3 eruierten positiven zentraleuropäischen Weiserwerte (Tab. 6.5 A) sowie mit AD 1910, 1917, 1924 und 1931 vier nicht als zentraleuropäischer Weiserwert deklarierte Jahre. Ursachen für den dennoch großen Flächenanteil können aus der Betrachtung einzelner Standortgruppen abgelesen werden (z. B. aus den Wachstumsdiagrammen im Anhang XIV). Die Jahre 1910 und 1924 erklären sich aus der starken bis extremen Reaktion bestimmter Baumarten, 1910 die Fichten in Lagen zwischen 250 und 750 m NN und 1924 die Laubhölzer unterhalb 500 m NN. Die anderen Baumarten zeigen keine auffällig abweichenden Reaktionen.

Trotz der großen Flächenanteile der beiden Baumkollektive reichen ihre zahlenmäßigen Anteile an der Gesamtzahl der untersuchten Bäume nicht aus, die jeweiligen Jahre als Weiserwerte klassifizieren zu können. In den Jahren 1917 und 1931 stehen weit verbreiteten Baumkollektiven mit nur schwachen bis starken positiven Weiserwerten (z. B. AD 1917 Fichten der Lagen oberhalb 1250 m NN und Eichen der Lagen zwischen 750 und 1250 m NN) räumlich enger begrenzte Kollektive gegenüber, die extrem negative Weiserwerte (1917 Waldkiefern in Lagen zwischen 250 bis 750 m NN) ausbilden. Die Gruppe (ii) setzt sich aus 13 Jahren (Tab. 6.8 B) zusammen, in denen die negativen Wuchswerte einen mindestens 40 %igen Flächenanteil aufweisen. Diese Jahre spiegeln exakt die in Tabelle 6.5 A ausgewiesenen negativen zentraleuropäischen Weiserwerte wider. Die dritte Gruppe mit weiteren neun Jahren (Tab. 6.8 C) zeichnet sich durch annähernd gleichgroße Flächenanteile mit positiven und negativen Wuchsanomalien aus. Die verbleibenden 41 Jahre gehören der Gruppe (iv) an, deren Verteilungsmuster den Beschreibungen im Anhang XIV zu entnehmen sind. In ihnen überwiegen die Regionen, die bezogen auf die Fläche nur geringe Anteile Weiserwerte zu verzeichnen haben.

Tab. 6.8 Kurzcharakteristik zur räumlichen Verteilung der Weiserwerte in Zentraleuropa, in drei Gruppen nach Flächenanteilen differenziert

	Jahr	Schwerpunkträume der Weiserwerte
A positive Reaktionen (> 40 % der Fläche)	1904 □	Benelux und Alpenbogen
	1910	Mittelgebirge – Fichtenstandorte
	1914 □	mittlere und SE-deutsche Mittelgebirge, südl. der Alpen
	1916 □	südl. und östl. Mittelgebirgslage ohne Rh. Schiefergebirge
	1917	Alpine Hochlagen, Riesengebirge & Bayr. Wald, NW-Deutschland
	1924	Laubholzstandorte und vereinzelte Hochlagenstandorte
	1927 ▨	Benelux, W- und Mitteldeutschland, W-Polen, vereinzelt alpine Hochlagen (Av)
	1931	Rh. Schiefergeb. & N-Deutschland, mittlere und südöstliche Alpen
	1932 ■	U.-gebiet ohne Seealpen, SE-Alpen und Riesengebirge
	1943 ▨	nördliche und südwestliche Mittelgebirge und Westalpen
	1946 ■	U.-gebiet ohne südwestl. Mittelgebirge, östl. Donautal, Seealpen und N-Apennin
	1951 □	südwestliche und nördliche Mittelgebirge, vereinzelte alpine Hochlagen (Lä & Bk)
	1955 ■	U.-gebiet ohne Ober- u. Niederösterreich, Bayr. Wald und Riesengebirge
	1958 □	NE-Deutschl., nördl. u. westl. Mittelgeb., Rhônetal, Kärnten & Südtirol (Av & Bk)
	1961 □	Ardennen, östl. Deutschland, Apennin, alpine Tannenstandorte
	1967 □	N-Deutschland, Österreich außer Kärnten, Dolomiten, Grajische Alpen & Poebene
	1969 ▨	Ardennen, Vogesen & Schwarzwald & dt. Alpenvorland, Alpen, südl. der Alpen
B negative Reaktionen (> 40 % der Fläche)	1909 ○	Alpen, Polen, NE-Deutschland
	1913 ○	Alpenbogen bis Riesengebirge
	1922 ⊘	Westalpen, Slowenien, Apennin, Bayern, Schwarzwald, Taunus und Altmark
	1929 ●	nördl. Alpenvorland, dt. Mittelgebirge, Dinariden, Apennin, Seealpen
	1930 ○	NE-Deutschland, Ardennen, östl. Mittelgebirge, vereinzelte alpine Hochlagen
	1934 ⊘	NE-Deutschland, dt. Mittelgeb., Kärnten & Vinschgau, Grajische Alpen, Slowenien
	1942 ○	Rh. Schiefergebirge & Benelux, Riesengebirge & NE-Bayern, Slowenien, Provence
	1948 ●	U.-gebiet ohne Benelux, Donautal, Provence, N-Apennin
	1954 ○	Mecklenburg, Harz, Riesengebirge, dt. Alpenvorland, Jura, Ostalpen, Slowenien
	1956 ⊘	NW-Deutschland & Benelux, Schwäb. Alb, Allgäu, Riesengeb. & Oberpfälzer Wald
	1957 ○	Mitteldeutschl., Vogesen, Bodensee, mittl. Alpen & Poebene, Seealpen, Dinariden
	1965 ○	Vogesen & Schwarzwald, Riesengeb. & Bayr. Wald, Provence & Poebene, Ostalpen
	1968 ⊘	franz. Alpen & Piemont, Vorderrhein, Allgäu, SE-Alpen, Riesengeb., Eifel-Ardennen
C positive und negative Reaktionen (≥25 % pos. und ≥25 % neg. der Fläche)	1921	*pos.:* Schwarzwald, Graubünden & Ostalpen, Apennin, Slowenien *neg.:* Walliser Alpen, südl. Jura, Frankenland, Rh. Schiefergeb. & Niedersachsen
	1925	*pos.:* Provence, nördl. Alpenvorl. & Schwäb. Alb, Bayr. Wald, Ostalpen & Slowenien *neg.:* NE-Deutschland, Eifel & Niederrhein, Kaiserstuhl, Walliser Alpen
	1933	*pos.:* Mittel- & Norddeutschland *neg.:* Alpenbogen, Dinariden, Bayr. Wald und Riesengebirge
	1945	*pos.:* Rh. Schiefergebirge, Lüneburger Heide, Fränk. Alb bis W-Polen *neg.:* Mittelgebirge im SW, Apennin, Dinariden, Engadin & Kärnten & Vinschgau
	1947	*pos.:* Alpenbogen und nördliches Vorland bis ins Riesengebirge *neg.:* W-Polen, NW-Deutschland ohne Oldenburger Land, Slowenien
	1950	*pos.:* nördlich des 50sten Breitengrades *neg.:* Vogesen, Slowenien, südwestalpine Hochlagen und Apennin
	1959	*pos.:* Eifel-Ardennen, norddeutsches Tiefland & Polen, nördl. Apennin *neg.:* südwestl. & südöstl. Mittelgebirge, Provence, Slowenien
	1962	*pos.:* nördlich des 50sten Breitengrades *neg.:* Westalpen mit Jura & Provence, dt. Alpenvorland, Jul. Alpen, Oberfranken
	1964	*pos.:* Schwäb. Alb bis NE-Deutschland, Donautal b. Deggendorf, N-Apennin *neg.:* SW-Alpen m. Provence, Allgäu & Vorderrhein, Dolomiten & Jul. Alpen

■ extrem positiver Weiserwert ($C_{jz} > 1{,}645$)
▨ stark positiver Weiserwert ($C_{jz} > 1{,}280$)
□ schwach positiver Weiserwert ($C_{jz} > 1{,}000$)

○ schwach negativer Weiserwert ($C_{jz} < 1{,}000$)
⊘ stark negativer Weiserwert ($C_{jz} < 1{,}280$)
● extrem negativer Weiserwert ($C_{jz} < 1{,}645$)

Grundlage sind die Weiserwertkarten und deren Beschreibungen im Anhang XIV

Tabelle 6.8 beschreibt die Verteilungsmuster der Weiserwerte für die Jahre der Gruppen (i) bis (iiii). Trotz der Beschränkung der in Bezug auf Größe und Intensität der Reaktionen bedeutenden Aktionszentren liegt das wesentliche Merkmal der Verteilungen in der Unterschiedlichkeit. Selbst die räumlichen Muster der zentraleuropäischen Weiserwerte 1932 und 1955, in denen nahezu im gesamten Untersuchungsgebiet positive Wuchsanomalien zu erkennen sind, zeigen sich Abweichungen. Während AD 1955 neben den Westalpen und dem Dreiländereck Deutschland – Frankreich – Schweiz am Nordrand der deutschen Mittelgebirge die Standorte und Cluster ebenfalls extrem positive Weiserwerte aufweisen, zeigen die Bäume dieser Region AD 1932 neutrale bis schwach negative Wachstumsanomalien. Das dritte Jahr, das auf Standortebene als extrem positiver zentraleuropäischer Weiserwert klassifiziert werden konnte, zeigt noch deutlichere Unterschiede. AD 1946 sind die Regionen mit den intensivsten positiven Zuwachsanomalien in Nord- und Nordostdeutschland sowie südlich der Alpen zu finden, während im Dreiländereck Deutschland - Frankreich - Schweiz mittlere Zuwächse vorliegen. Für AD 1927, das auf Clusterebene den drittstärksten positiven Weiserwert hat, sind ähnliche Befunde zu finden. Noch markanter sind die Unterschiede bei den extrem negativen zentraleuropäischen Weiserwerten 1929 und 1948. Während AD 1948 die intensivsten Zuwachsreduktionen im Alpenbogen mit deutschem Alpenvorland, dem Riesengebirge und dem Harz liegen, zeigen AD 1929 die Bäume in den Alpen und dem Harz kaum auffällige Wuchsanomalien.

Insgesamt kann festgestellt werden, dass trotz vorhandener Ähnlichkeiten in den Verteilungsmustern der Weiserwertgruppen die geographische Lage, die Höhenlage und die Baumart der Standorte und/oder Dendrocluster alleine nicht zu ihrer Erklärung ausreicht.

7 Klima-Wachstums-Analyse

Die jährliche Folge von günstigen und ungünstigen Wachstumsbedingungen ist im Radialwachstum der Bäume in einer Folge von breiten und schmalen Jahrringen aufgezeichnet (FRITTS 1976). Diese charakteristischen Jahrringsequenzen erlauben Vergleiche zwischen Bäumen und ermöglichen mit der Methode des Crossdating (DOUGLASS 1941) die Bildung langer Chronologien. Die klimatische Beeinflussung des Radialwachstums von Bäumen kann andererseits genutzt werden, aus dem Vergleich der Jahrringbreiten mit meteorologischen Daten Klima-Wachstums-Beziehungen, so genannte Transferfunktionen, abzuleiten, der Grundlage aller dendroklimatologischer Rekonstruktionen.

Zur Erforschung der Klima-Wachstums-Beziehungen haben sich in der Dendroklimatologie zwei grundsätzlich verschiedene Ansätze etabliert. Während in dem als diskontinuierlich bezeichneten Ansatz (SCHWEINGRUBER 1996) visuell oder messtechnisch erfasste Extremwerte mit meteorologischen Extremereignissen verglichen werden und eine klimatologische Interpretation der Wachstumsextrema angestrebt wird, zielt der kontinuierliche Ansatz auf die Erfassung eines einheitlichen klimatologischen Signals in den Werten der Jahrringserien ab. Beiden Ansätzen wird in diesem Kapitel Rechnung getragen. Methodische Grundlagen, Vorgehensweise und gewählte Darstellungsformen werden in Kapitel 2.5 vorgestellt.

Aus der klimatologischen Interpretation extremer zentraleuropäischer Weiserwerte werden die großräumigen Zusammenhänge zwischen Klima-Indizes und Jahrringbreitenanomalien abgeleitet (Kap. 7.1). Auf dieser Grundlage werden die Klima-Wachstums-Beziehungen für die verschiedenen Baumarten Zentraleuropas vorgestellt (Kap. 7.2). Dabei erfolgt jeweils für jede Spezies im Anschluss an die klimatologische Deutung von Weiserwerten eine Analyse der Korrelationen zwischen den Zeitreihen der Temperatur- und Niederschlagsanomalien sowie den NAO-Indizes einerseits und den aus Jahrringbreitenserien abgeleiteten Wuchsanomalien andererseits. Ein besonderer Fokus wird auf die Einflüsse der NAO auf das Wachstum der Jahrringe gelegt (Kap. 7.3), ehe die wichtigsten Einzelbefunde der Klima-Wachstums-Beziehungen in Zentraleuropa zusammen geführt werden (Kap.7.4).

7.1 Klimatische Deutung der extremen Weiserwerte

Die Jahre 1932 und 1955 sind mit z-transformierten Cropperwerten von C_{1932}=2,42 und C_{1955}=2,40 auf Clusterebene die beiden stärksten extrem positiven Weiserwerte Zentraleuropas (Kap. 6.3). In beiden Jahren sind, wie aus den Weiserwertkarten im Anhang XIV abzulesen ist, nahezu im gesamten Untersuchungsgebiet überdurchschnittliche Radialzuwächse festzustellen.

Abbildung 7.1 stellt die Wachstumsdiagramme (unten) der beiden Jahre den Jahresgängen (oben) von Temperatur- (grau) und Niederschlagsanomalien (schwarze), jeweils beginnend im September des Vorjahres, gegenüber.

Die Temperaturverläufe zeigen in beiden Jahren einen im Wesentlichen annähernd ähnlichen Verlauf. Nach überdurchschnittlich warmen Bedingungen im Winter fallen im

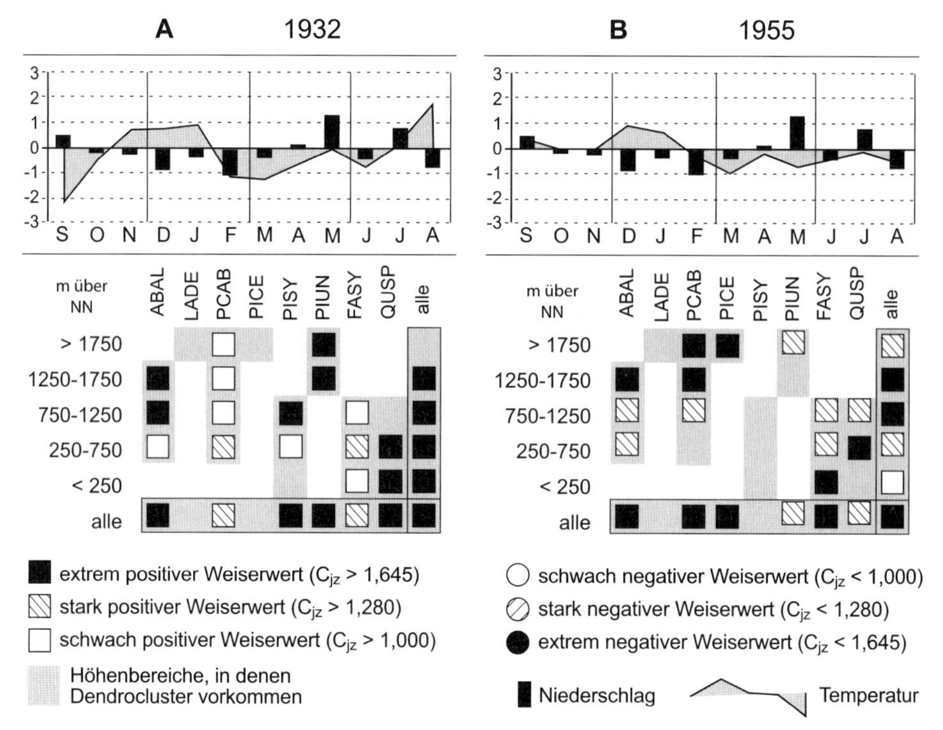

Abb. 7.1 Weiserwert/Klima-Beziehungen in den extrem positiven zentraleuropäischen Weiserwertjahren 1932 und 1955. (Erläuterungen und Legenden sind dem Anhang XIV zu entnehmen.)

Februar die Temperaturen unter das langjährige Monatsmittel ab und verlaufen bis in den Sommer hinein auf diesem niedrigen Niveau. Dabei sinken die Temperaturen nur zum Ende des Winters auf Werte knapp unter -1, pendeln sonst um -0,5 (vgl. Anhang XIV). Die Verläufe der Temperaturanomalien beider Jahre weichen im September des Vorjahres sowie im Hochsommer markant voneinander ab. Im September 1931 herrschten sehr kalte und im August 1932 sehr warme Bedingungen, die jeweils um mehr als 1,5 Standardabweichungen von den langjährigen Monatsmitteln abweichen. Demgegenüber lagen die Temperaturen der entsprechenden Monate für AD 1954 beziehungsweise AD 1955 in etwa im Bereich der langjährigen Mittel.

Die Niederschlagsverteilungen beider Jahre weisen während der Winter- und Frühjahrsmonate einen fast konträren Verlauf auf. Während die Periode von Dezember 1931 bis April 1932 trocken bis sehr trocken (in den Monaten Dezember und Januar fielen etwa 65 % weniger als im langjährigen Monatsmittel) war und im Mai in Zentraleuropa im Durchschnitt mit 115 mm etwa 70 % mehr Niederschläge als normal fielen, folgte dem niederschlagsreichen 1954/55er Winter ein trockenes Frühjahr. Die sommerlichen Niederschläge liegen in beiden Jahren in etwa im Bereich der Mittelwerte.

Die Wachstumsdiagramme für beide Jahre bilden für nahezu alle Bäume in fast allen Höhenstufen überdurchschnittlich breite Jahrringe als Reaktion auf diese

Witterungsverläufe aus. Dabei reagieren in beiden Jahren die Nadelhölzer jeweils in den höheren Lagen ihres Höhenspektrums, die Laubhölzer in die tieferen Lagen stärker. Davon ausgenommen sind die Lärchen, die in beiden Jahren keine auffälligen Abweichungen zeigen. Für Arven und Waldkiefern sind in jeweils einem Jahr keine deutlichen Reaktionen zu verzeichnen, AD 1932 bei den Arven, AD 1955 bei den Kiefern.

Für die insgesamt gleichsinnigen Reaktionen verschiedener Baumarten aus verschiedenen Höhenstufen können nur die in beiden Vergleichsjahren gemeinsamen klimatischen Bedingungen verantwortlich gemacht werden. Für die Temperatur sind das mittlere bis kühle Verhältnisse im Frühling und Frühsommer nach einem überdurchschnittlich warmen Winter. Die unterschiedlichen Niederschlagsverteilungen wirken sich, insgesamt gesehen, nicht wachstumslimitierend aus. Die AD 1955 fehlenden Frühjahrsniederschläge werden durch die winterlichen, zumindest in Gebirgslagen als Schnee gefallenen Niederschläge kompensiert und stehen den Pflanzen so zum Beginn der Vegetationszeit größtenteils zur Verfügung.

Die in beiden Wachstumsdiagrammen erkennbaren Abweichungen in den Wuchsreaktionen, wie z. B. die AD 1932 schwächeren Reaktionen der Fichte oberhalb von 750 m NN, liegen in den Unterschieden der Witterungsverläufe beider Jahre begründet. Ob die AD 1932 geringfügig niedrigeren Temperaturen im März oder die deutlich höheren Temperaturen der Monate August und September (letzterer ist im Anhang XIV im Jahresgang 1933 dokumentiert) bei zeitgleich zu geringen Niederschlägen zu der weniger deutlichen positiven Reaktion führen, kann hier nicht ausgemacht werden. Da die Fichte ein Flachwurzler ist (Kap. 3.3.3) und so im Boden tiefer liegende Wasserspeicher nicht erreichen kann, könnte in dem warm-trockeneren Hochsommer der schwächere Radialzuwachs begründet sein. Erst ein Vergleich mit modifizierten Witterungsverläufen aus anderen Jahren kann diesbezüglich nähere Erkenntnisse liefern (s. unten). Die Bergkiefern hingegen scheinen als Baum der Hochlagen von diesen warmen hochsommerlichen Temperaturen zu profitieren, zumindest zeigen sie AD 1955 die höheren Weiserwerte.

Im Jahr 1927, dem drittstärksten positiven zentraleuropäischen Weiserwert auf Clusterebene, bleiben bei insgesamt feuchten Bedingungen die Temperaturen nach dem warmem Winter im Niveau des Mittelwertes (Anhang XIV). Die positiven Wachstumsreaktionen schwächen sich bei allen Spezies, besonders bei den Tannen, mit zunehmender Höhe ab. Inwieweit die warmen bis sehr warmen Bedingungen im Herbst des Vorjahres sich auf diesen Effekt auswirken, bleibt noch ungeklärt.

Im Untersuchungszeitraum von AD 1901 bis 1971 wurden zwei Jahre mit extrem negativen zentraleuropäischen Weiserwerten gefunden, 1929 mit C_{1929}=-1,81 und 1948 mit C_{1948}=-2,56. AD 1929 weisen die Wachstumsdiagramme der Jahre (Abb. 7.2) eher in den Tieflagen extrem negative Reaktionen, AD 1948 eher in höheren Lagen aus. Zudem werden die Weiserwerte zum Teil von anderen Baumarten gebildet. Während AD 1929 nur Tanne, Waldkiefer und Eiche extrem negative Weiserwerte aufweisen, sind es AD 1948 Tanne, Fichte, Bergkiefer und Buche.

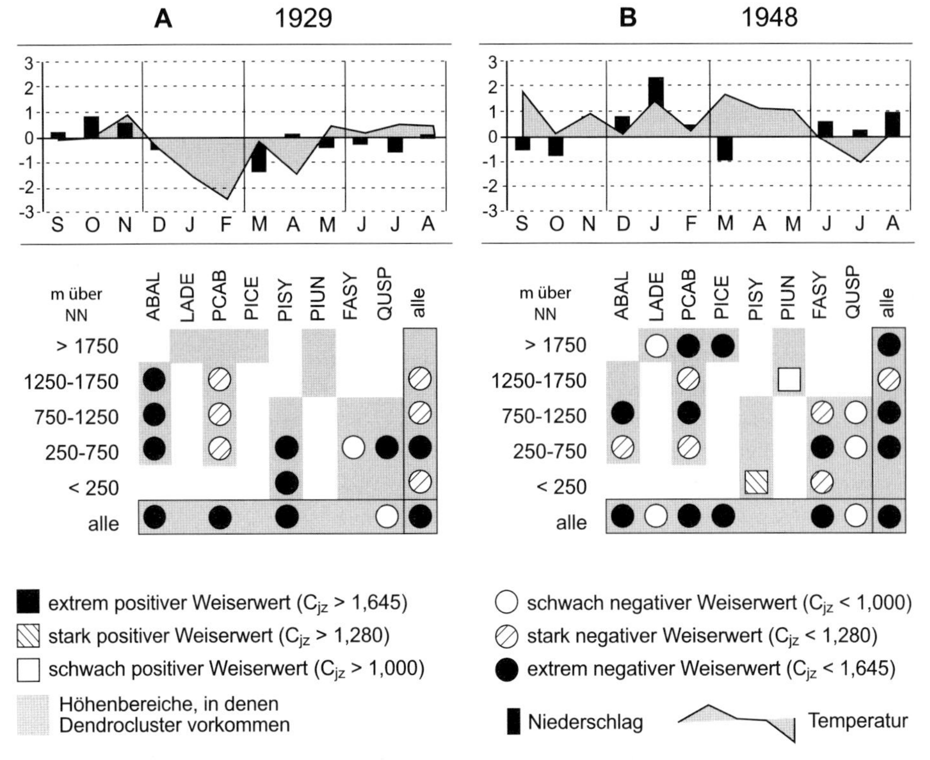

Abb. 7.2 Weiserwert/Klima-Beziehungen in den extrem negativen zentraleuropäischen Weiserwertjahren 1929 und 1948. (Erläuterungen und Legenden zu den Diagrammen sind dem Anhang XIV zu entnehmen.)

Die Temperatur- und Niederschlagsverläufe beider Jahre zeigen kaum Gemeinsamkeiten. Während AD 1929 nach kaltem bis extrem kaltem Winter – im Februar liegen die Temperaturen um 2,5 Standardabweichungen unter dem langjährigen Monatsmittel – einem erneutem Temperatureinbruch im April ab Mai leicht erhöhte Temperaturen vorliegen, sind für AD 1948 vom September des Vorjahres bis in den Mai durchgängig über den Monatsmitteln liegende Temperaturen zu verzeichnen, ehe sie im Sommer unter das mittlere Niveau sinken. Die Niederschlagsverteilungen verlaufen ähnlich konträr. Nach einem mäßig feuchten Herbst 1928 fallen ab Dezember durchgängig geringere, im März sogar deutlich geringere Niederschläge als im langjährigen Mittel. AD 1948 ist dagegen durch einen überdurchschnittlich feuchten Winter mit extrem starken Niederschlägen im Januar (+2,3 Standardabweichungen zum langjährigen Mittel, vgl. Anhang XIV) sowie leicht erhöhten Niederschlägen im Sommer gekennzeichnet. Für die extremen Weiserwerte ergeben sich zusammenfassend folgende Klima-Wachstums-Beziehungen:

- Nach warmem Winter führen mittlere bis leicht unterdurchschnittliche Temperaturen und in der Summe mittlere Niederschläge im Frühling und Frühsommer bei allen Baumarten (mit Ausnahme der Lärche) zu extrem positiven Weiserwerten.

- Extrem negative Weiserwerte resultieren aus stark vom „normalen“ Witterungsverlauf abweichenden Bedingungen. Bei Tannen in allen Höhenlagen sowie Waldkiefern und Eichen unterhalb 750 m NN wirken sich Kälte im Winter und Frühling, bei zu geringen Niederschlägen, bei Fichte, Arve und Buche der mittleren und hohen Lagen wirken sich Hitze und Trockenheit zu Beginn der Vegetationsperiode besonders negativ aus.

Abbildung 7.3 zeigt die funktionalen Zusammenhänge zwischen Klimaindizes und Wuchsanomalien, im rechten Teil für die 12 Monate vom September des Vorjahres bis zum August des Jahres der Jahrringbildung und im linken Teil für verschiedene Zeiteinheiten - vier Jahreszeiten (Herbst und Winter vor sowie Frühling und Sommer während der Jahrringbildung), zwei Vegetationsperioden (V1 vom 1. April bis 30. September; V2 vom 1. Mai bis 31. August) und den Jahreswerten. Die Säulen entsprechen den aus den Korrelationen abgeleiteten Signifikanzniveaus und sind einer Ordinalskala zugeordnet, wobei positive KSL-Werte proportionalen und negative Werte antiproportionalen Zusammenhängen entsprechen. Alle KSL-Werte sind direkt vergleichbar, da die in den Datensätzen enthaltenen Autokorrelationen durch eine Reduktion der Freiheitsgrade (Kap. 2.5.2) ausgeglichen wurden. Zusammenhänge mit einem Sicherheitsbereich von unter 90 %, d. h. $|\alpha| \geq 10$ %, sind nicht dargestellt.

Im Mittel über die Wuchsanomalien aller untersuchten Bäume sind nach Abbildung 7.3 kaum signifikante Korrelationen zu den Klimaindizes zu finden. Nur ein KSL-Wert erreicht das 99 %ige Sicherheitsniveau, die Korrelation zu den Aprilwerten des PON-NAOI. Weitere signifikante positive Zusammenhänge sind zur Temperatur vorhanden, im Februar im 95 %-Niveau und in den Sommermonaten Juli und August im 90 %-Niveau. Zudem sind negative Zusammenhänge im 90 %-Niveau im Oktober des Vorjahres zur PAE-NAO und im März zur Temperatur festzustellen. Daraus kann folgende Beziehung abgeleitet werden: je wärmer der Februar und der Sommer sind und je zonaler die GIB-NAO im April ausgeprägt ist, desto stärkere Radialzuwächse können für die Bäume Zentraleuropas erwartet werden.

Dieser statistisch nur schwach gestützte Befund kann nur teilweise mit denen aus der Einzeljahranalyse in Einklang gebracht werden. Die positive Korrelation zur

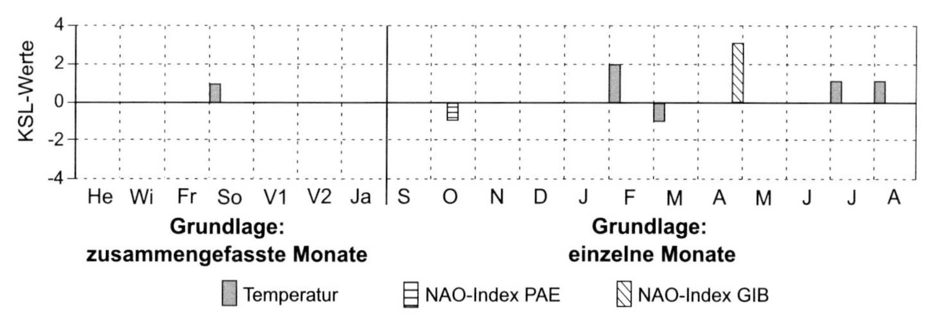

Die KSL-Werte entsprechen folgenden Signifikanzniveaus: 0 = signifikant; 1: $|\alpha|$ = 10 %; 2: $|\alpha|$ = 5 %; 3: $|\alpha|$ = 1 %; 4: $|\alpha|$ = 0,1 %.

Abb. 7.3 Korrelations-Signifikanz-Levels (KSL-Werte) zwischen den zentraleuropäischen Wuchsanomalien und den Anomalien von Temperatur, Niederschlag und den NAO-Indizes PAE, GIB und PON

Februartemperatur deckt sich in etwa mit der Bildung extrem positiver Weiserwerte nach warmen Wintern. Die Sommertemperaturen konnten in der Einzeljahranalyse der extremen Weiserwertjahre nicht als entscheidender Faktor ausgemacht werden. So korrespondieren in den Jahren 1948, 1954 und 1968 zwar kühle Sommer mit Zuwachseinbrüchen, aber AD 1910 und 1929 sind bei unterdurchschnittlichen sommerlichen Temperaturen positive Weiserwerte und AD 1921 und besonders 1955 trotz eines kühlen Sommers positive Weiserwerte ausgebildet, was einem negativen Zusammenhang zwischen Sommertemperatur und Radialwachstum entsprechen würde.

7.2 Artspezifische Klima-Wachstums-Analysen

Bei der Diskussion der extremen zentraleuropäischen Weiserwertjahre war die Betrachtung der artspezifisch unterschiedlichen Reaktionen für deren klimatische Deutung hilfreich. Die entsprechend für die anderen Jahre des Untersuchungszeitraums durchgeführten und im Anhang XIV jeweils am Seitenende beigefügten Beschreibungen dokumentieren, dass eine nach Baumarten getrennte Vorgehensweise bei der Einzeljahranalyse nahezu unumgänglich ist. Da die Fichte im vorliegenden Datensatz die Baumart ist, die das größte Höhenspektrum besetzt, wird sie als erste Spezies untersucht.

7.2.1 Fichten

Die Fichten haben in 18 Jahren der 71jährigen Untersuchungsperiode extreme Weiserwerte ausgebildet, in 10 Jahren (AD 1904, 1908, 1910, 1911, 1926, 1927, 1939, 1947, 1955, 1969) positive und in 8 Jahren (AD 1921, 1922, 1929, 1933, 1948, 1954, 1962, 1968) negative Weiserwerte. Dabei sind die Reaktionen zumeist auf bestimmte Höhenstufen beschränkt, wie die Wachstumsdiagramme im Anhang XIV verdeutlichen. Werden die Höhenstufen „1250-1750" und „>1750" für die Fichten zusammengefasst, was auf Grund der häufig ähnlichen Reaktionen in beiden Lagen gerechtfertigt werden kann, so ergeben sich aus den 20 Jahren mit extremen Reaktionen sechs Gruppen, in denen Fichten ähnliche Wachstumsreaktionen zeigen.

Abbildung 7.4 stellt für ein Jahr aus jeder Gruppe die auf die Fichten reduzierten Wachstumsdiagramme den Jahresgängen der Temperatur- und Niederschlagsanomalien gegenüber.

In Analogie zu den extrem positiven zentraleuropäischen Weiserwertjahren zeichnen sich zumeist auch die Witterungsbedingungen der Jahre mit positiven Fichtenweiserwerten (Ausnahme AD 1947, vgl. Anhang) durch winterlich milde und mäßig feuchte Bedingungen aus. Herrschen im weiteren Verlauf während der Vegetationsperiode kühl bis kalt feuchte Bedingungen vor, so reagieren nur Fichten in Höhenlagen unterhalb von 750 m NN mit extrem positiven Weiserwerten, wie in den Jahren AD 1910 (Abb. 7.4 C) und 1926. 1927 als Jahr mit Temperaturen und Niederschlägen nahe den langjährigen Monatsmitteln und extrem positiven Weiserwerten der Fichten unterhalb 1250 m NN (Anhang XIV) beschreibt den Übergang zur nächsten Gruppe, die durch eine im Mittel wärmere und weiterhin mäßig feuchte Vegetationsperiode charakterisiert ist (1939, Abb. 7.4 B). Sinken jedoch nach feucht warmem Winter die Niederschlagsanomalien während der gesamten Vegetationsperiode unter das langjährige Mittel, wie in den

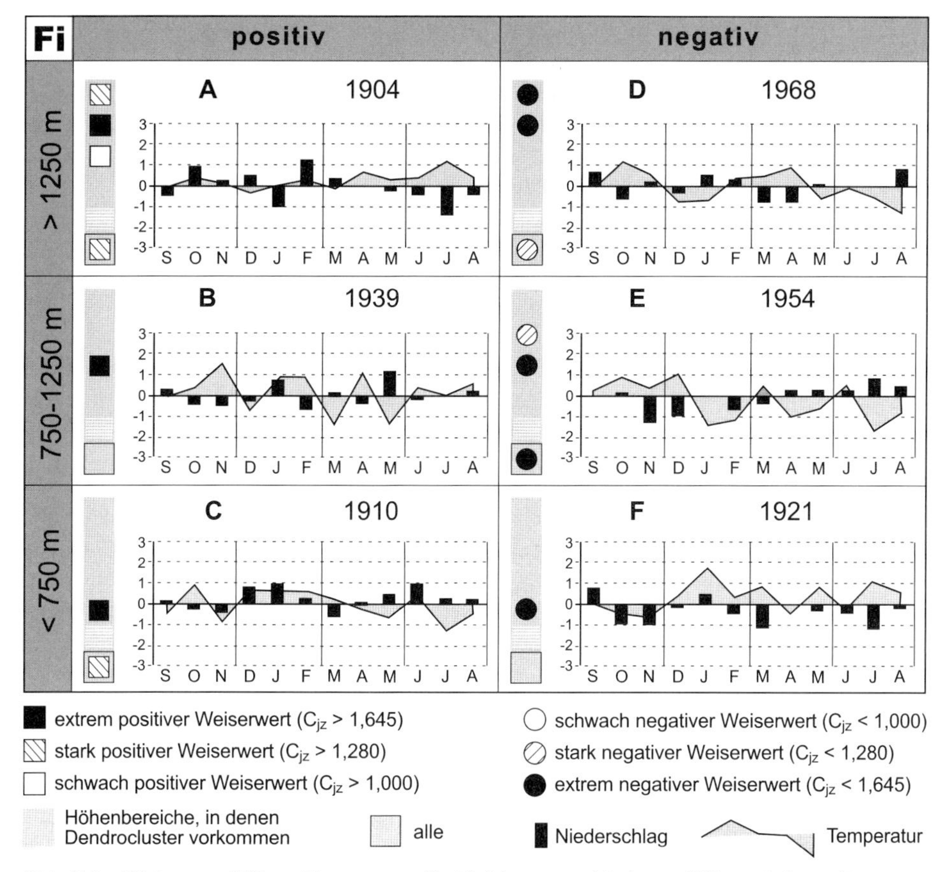

Abb. 7.4 Weiserwert/Klima-Diagramme für Fichten verschiedener Höhenstufen mit extrem positiven sowie extrem negativen Weiserwerten im Vergleich. (Erläuterungen und Legenden sind dem Anhang XIV zu entnehmen.)

Jahren AD 1904 (Abb. 7.4 A), 1908, 1911 und 1969, reagieren nur die Fichten der Lagen oberhalb von 1250 m NN mit extrem positiven Radialzuwächsen. Beschränkt sich die Trockenperiode auf den Beginn der Wachstumszeit, so legen auch die Fichten der mittleren Lagen zwischen 750 und 1250 m im Radialwachstum zu und zeigen stark positive Weiserwerte (AD 1955, Abb. 7.1 B).

Die Jahresgänge der Klimaanomalien für das Jahr 1921 (Abb. 7.4 F), in dem die Fichten in Höhenlagen bis 750 m NN extrem negative Weiserwerte aufweisen, zeigen nahezu gleiche Verläufe wie 1904 (Abb. 7.4 A), d. h. auf einen milden Winter folgt eine warm trockene Vegetationsperiode. Einzig die Niederschläge im Februar und März weichen voneinander ab und liegen AD 1940 über und 1921 unter dem langjährigen Monatsmitteln. Somit müssen nach milden Wintern die Feuchtebedingungen unmittelbar vor und zu Beginn der Vegetationsperiode als verantwortlich für die Ausbildung von positiven und negativen Weiserwerten bei Fichten angesehen werden. Alle anderen Jahre mit bei Fichten extrem negativen Weiserwerten bilden diese in Höhen oberhalb von 750 m NN aus und weisen im Winter im oder unter dem

Durchschnitt liegende Temperaturen auf. Bleiben die Temperaturen auch während der gesamten Vegetationszeit auf diesem Niveau, so äußert sich dies in extrem negativen Weiserwerten in den mittleren Höhenlagen, wie die Jahre AD 1954 (Abb. 7.4 E) und 1962 belegen. AD 1965 (Anhang XIV) kann mit in diese Gruppe aufgenommen werden, auch wenn die Fichten hier mit „nur“ stark negativen Werten reagieren. Folgen dem unterdurchschnittlich kühlen Winter während der Vegetationsperiode Monate mit warm trockenen Bedingungen wie in den Jahren 1922 im Mai, 1933 im März, April und ab Juli sowie 1968 im März und April, so reagieren die Fichten oberhalb von 1250 m NN mit extremen Zuwachsreduktionen (Abb. 7.4 D).

Die aus den Korrelationen zwischen den Klima- und Wuchsanomalien abgeleiteten KSL-Werte lassen für die Fichten starke funktionale Zusammenhänge erkennen, jedoch mit unterschiedlichen Klima-Wachstums-Beziehungen in den einzelnen Höhenstufen. Die 750-m-Höhenlinie stellt dabei für die Zusammenhänge zwischen Witterungsbedingungen und Fichtenwachstum eine markante Grenze dar.

Die Radialzuwächse der Fichten aus den tiefen Mittelgebirgslagen unterhalb von 750 m NN (Abb. 7.5 D) zeigen im Mai und besonders im Juni hoch positive Korrelationen ($\alpha \geq 0{,}1$) zum Niederschlag und hoch negative Korrelationen ($\alpha \geq 0{,}5$) zur Temperatur. Somit bilden die Fichten dieser Tieflagen entweder bei kühlen und feuchten Bedingungen im Frühsommer breite oder bei warmen und trockenen Bedingungen im Frühsommer schmale Jahrringe aus.

Oberhalb von 750 m NN sinken die Korrelationen zu den sommerlichen Niederschlägen unter das 90%-Niveau und verlieren vollends an Bedeutung. Allerdings treten nun signifikante Zusammenhänge zu den winterlichen Niederschlägen auf, in Höhen von 750 bis 1250 m NN mit negativen Korrelationen, darüber mit positiven bis hoch positiven Korrelationen. Besonders in den Hochlagen sind diese hohen Korrelationen durch mächtige Schneedecken zu erklären, die im Winter Schutz gegen Frost bieten und im Frühling und Frühsommer ein ausreichendes Wasserangebot bereitstellen. Auch bei den Zusammenhängen zu den Temperaturen vollzieht sich ein Wandel. Oberhalb von 750 m NN stellen sich positive Korrelationen zu den sommerlichen Temperaturen ein, die sich mit zunehmender Höhe verstärken. Warme Sommer führen in diesen Höhenlagen zu verstärktem Radialwachstum, wohin gegen sich kühle Sommer bei Fichten als wachstumshemmend auswirken.

Zu den NAO-Indizes herrschen in allen Höhenlagen nur vereinzelt signifikante Korrelationen, die nur selten zeitgleich mit denen zur Temperatur oder zum Niederschlag auftreten. In den Lagen oberhalb von 1250 m NN bestehen zum PAE-NAOI des vorjährigen Oktobers negative Korrelationen im 90%-Niveau. Stärkere Zusammenhänge bestehen in der Vegetationsperiode, wobei diese fast nur zum PON-NAOI vorhanden sind. Jeweils zu Beginn und zum Ende der Wachstumsphase fallen sie negativ, sonst positiv aus. Das stärkste NAOI-Signal ist in der Höhenstufe 750–1250 m NN im Februar mit dem KSL-Wert +3 ($\alpha = 1\%$) vorhanden, woraus für diese Lage eine positive Wachstumsreaktion auf zonale Strömungsmuster abzuleiten ist.

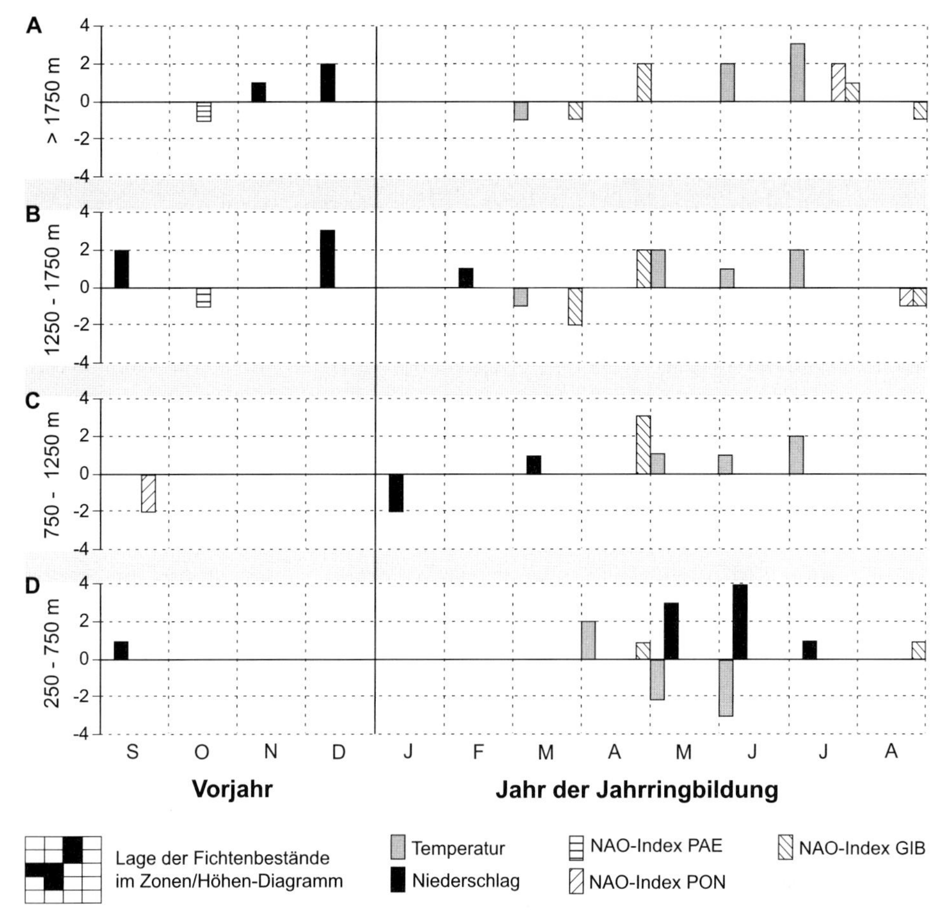

Abb. 7.5 Jahresgänge der KSL-Werte für die Fichtenbestände verschiedener Höhenstufen sowie die Lage der Fichtenbestände im Zonen/Höhen-Diagramm. (Erläuterungen und Legende sind dem Anhang XV zu entnehmen.)

Zusammenfassend kann für die Klima-Wachstums-Beziehungen der Fichten festgehalten werden, dass

- sich in etwa 750 m NN ein Wandel in den Klima-Wachstums-Beziehungen vollzieht, tiefer gelegene Bestände profitieren von kühlen und feuchten Bedingungen im Mai und Juni, höher gelegene Bestände von sommerlicher Wärme;
- oberhalb von 1250 m NN nur nach milden Wintern bei ausreichenden Niederschlägen breite Jahrringe gebildet werden;
- extrem negative Weiserwerte oberhalb von 750 m NN nach kalten Wintern gebildet werden, wobei sich diese bei insgesamt kühl bis kalten Bedingungen in der Vegetationszeit auf die mittleren und bei warm trockenen Bedingungen zu Beginn der Vegetationsperiode auf die hohen Lagen beschränken.

7.2.2 Tannen

Die Tannen haben im Untersuchungszeitraum in 17 Jahren mit extremen Radialzuwächsen auf Umwelteinflüsse reagiert, in 9 Jahren (AD 1914, 1916, 1926, 1932, 1946, 1949, 1955, 1959 und 1961) mit positiven und in 8 Jahren (AD 1905, 1922, 1929, 1934, 1940, 1948, 1956 und 1963) mit negativen Weiserwerten. In nur 5 dieser Jahre, 2 Jahren (AD 1926 und 1955) mit positiven sowie 3 Jahren (AD 1922, 1929 und 1948) mit negativen Reaktionen, stimmen die Wuchsanomalien mit denen der Fichten überein, woraus ein anderes Verhalten der Tannen gegenüber Witterungsschwankungen abzuleiten ist. So erweisen sich die Tannen deutlich unempfindlicher gegenüber Niederschlagsschwankungen, reagieren aber sensibler auf Temperaturanomalien.

Dies wird durch die Witterungsverläufe der Jahre 1946 mit C_{1946}=1,8 und 1929 mit C_{1929}=-2,6, Jahren mit starken bis extremen Weiserwerten in allen von Tannen bestockten Höhenstufen, bestätigt (Abb. 7.4 A bzw. D). AD 1946 ist durch erhöhte Temperaturen ab Februar und 1929 durch einen sehr kalten Winter und einen Temperatursturz im April gekennzeichnet. Die Niederschläge beider Jahre liegen zumeist im Bereich der langjährigen Monatsmittel, wobei im Sommer 1946 mehr Niederschläge als im Sommer 1929 gefallen sind und so zu einem geringen, nicht zu quantifizierenden Anteil zu den positiven Wachstumsreaktionen beigetragen haben können. Dies zeigt sich auch AD 1959 (Abb. 7.6 C) und 1916, wo nach einem etwas trockenerem Sommer nur noch die Bestände unterhalb von 1250 m NN mit starken bis extremen Radialzuwächsen reagieren, die Hochlagen aber eine mittlere Jahrringbreite aufweisen.

In den Lagen oberhalb von 1250 m NN zeigen die Tannen erst extrem positive Werte, wenn nach einem warmen Winterausklang die Temperaturen bis einschließlich April erhöht bleiben (AD 1914, 1926, 1949 und 1963 (Abb. 7.6 B)) und um etwa 1 Standardabweichung über dem Monatsmittel liegen. Dies ermöglicht in den Hochlagen ein frühes Austreiben der Tannen. Die extremen Zuwachseinbrüche sind für einige Jahre sowohl oberhalb von 1250 m NN (AD 1963 Abb. 7.6 E) als auch unterhalb von 1250 m NN (AD 1940 (Abb. 7.6 F) und 1956) auf einen extrem kalten Winter zurückzuführen. Die sommerlichen Temperaturen erst führen zu einer höhenabhängigen Differenzierung. Warme Sommer wirken sich in den Hochlagen, kühle Sommer in den Tieflagen extrem negativ auf das Tannenwachstum aus. Die anderen Jahre, in denen die Tanne mit extrem negativen Weiserwerten reagiert (AD 1905, 1922 und 1934), können nicht mit winterlicher Kälte erklärt werden. In diesen Jahren resultieren die schmalen Jahrringe aus warm trockenen Bedingungen, AD 1905 in Lagen unterhalb 750 m NN auf einen warmen Sommer, AD 1934 in Lagen oberhalb 750 m NN auf warme und zumeist trockene Bedingungen vom Dezember bis in den Juli. Obwohl AD 1922 die Tannen in allen Höhenstufen mit extrem negativen Weiserwerten reagieren, kann eine klimatische Ursache nicht eindeutig ausfindig gemacht werden. Da von Januar bis April überdurchschnittlich viele Niederschläge gefallen sind, dürfte der Mai mit +0,9 Standardabweichungen für die Temperatur und -1,0 für den Niederschlag sich nicht so drastisch auf das Wachstum ausgewirkt haben. Die negativen Weiserwerte könnten auch eine Reaktion auf die warmen und trockenen Bedingungen vom Juli bis Oktober des Vorjahrs (Anhang XIV) sein, die zu einer Einschränkung der Anreicherung von Reservestoffen geführt haben könnten.

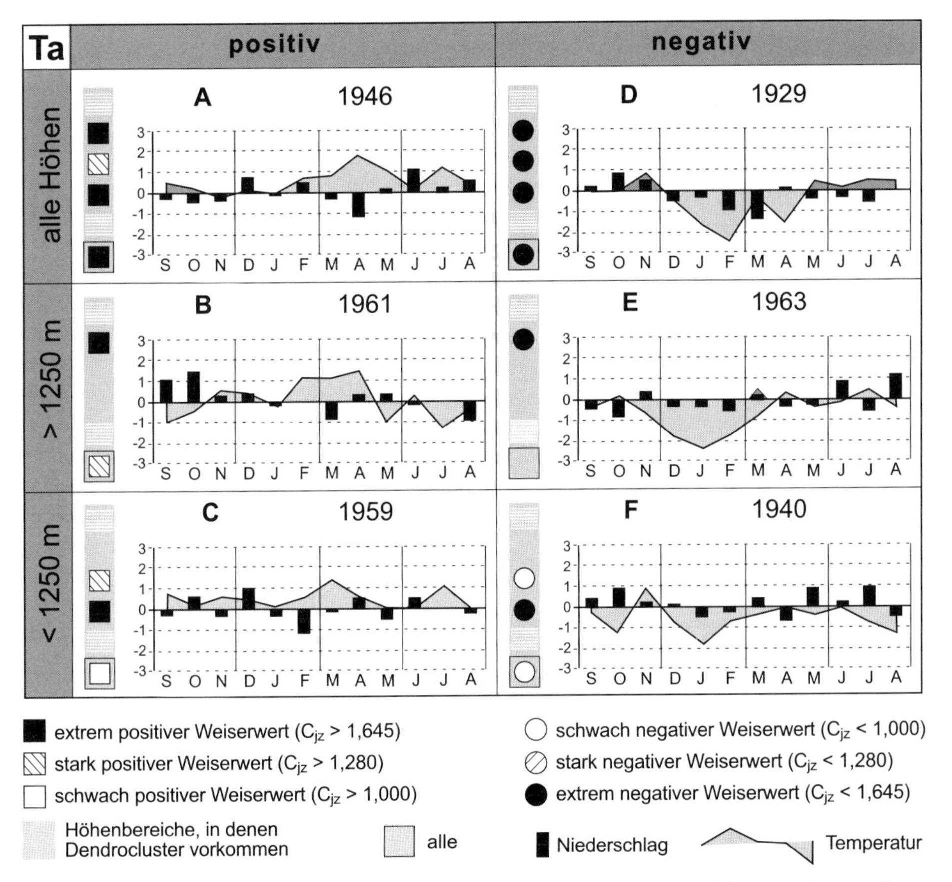

Abb. 7.6 Weiserwert/Klima-Diagramme für Tannen mit extrem positiven und negativen Reaktionen in allen Höhenstufen und mit extrem positiven sowie extrem negativen Weiserwerten ober- und unterhalb von 1250 m NN. (Erläuterungen und Legenden sind dem Anhang XIV zu entnehmen.)

Die Histogramme zu den Korrelationen zwischen Klimaanomalien und Wuchsanomalien zeigen eine deutliche Dominanz der positiven Korrelationen (Abb. 7.7). Zudem bestehen in den Lagen unterhalb von 750 m NN ab dem Januar in jedem Monat signifikante Korrelationen zu klimatischen Indizes, sodass bald jeder Monat sein „eigenes" Signal besitzt. Dennoch können Schwerpunkte aus den Histogrammen abgeleitet werden. Die positiven Korrelationen zur Temperatur beschränken sich in allen Höhenstufen auf die Wintermonate. Die stärksten Zusammenhänge bestehen in allen Höhenlagen im Februar, verlieren aber mit zunehmender Höhe an Bedeutung. In Zusammenhang mit dem Befund der Einzeljahranalyse, dass Tannen mit extrem negativen Weiserwerten auf extrem kalte Winter reagieren, muss dieses Signal indirekt interpretiert werden, d. h. niedrige Wintertemperaturen wirken sich hemmend auf das Radialwachstum der Tannen aus.

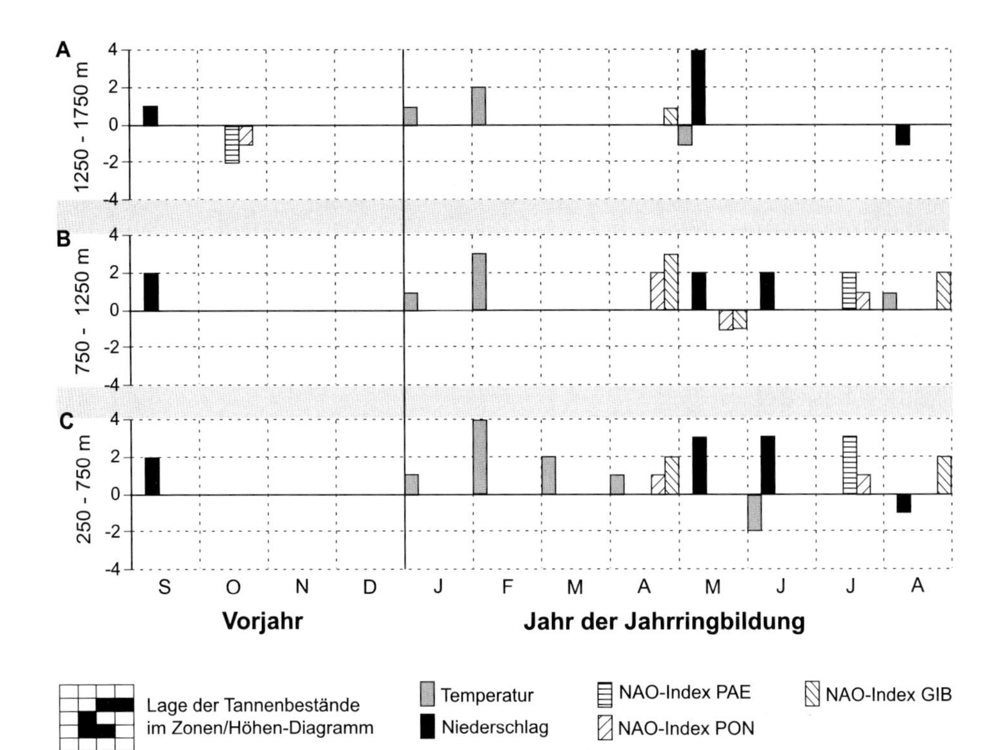

Abb. 7.7 Jahresgänge der KSL-Werte für die Tannenbestände verschiedener Höhenstufen sowie die Lage der Tannenbestände im Zonen-/Höhen-Diagramm. (Erläuterungen und Legende sind dem Anhang XV zu entnehmen.)

Ein zweiter Schwerpunkt liegt in den hoch positiven Korrelationen zu den Niederschlägen. In Lagen oberhalb von 1250 m NN findet sich mit 99,9 %iger statistischer Sicherheit eine Abhängigkeit der Radialzuwächse von den Mainiederschlägen, also zum Beginn der Vegetationsphase. Die Tannen der tieferen Lagen reagieren zusätzlich proportional zum Niederschlagsaufkommen im Juni. In allen Höhenlagen bestehen für die Tannen auch Korrelationen zu den Niederschlägen zum Ende der vorjährigen Vegetationsperiode.

Korrelationen zu den NAO-Indizes treten mit Ausnahme des schwach positiven Aprilsignals in den Hochlagen zum PON-NAOI nur unterhalb von 1250 m NN auf und sind zumeist positiv. Die höchsten Werte sind in Lagen zwischen 750 und 1250 m NN im April zum PON-NAOI und unterhalb von 750 m NN im Juli zum PAE-NAOI vorhanden. Positive Korrelationen zu den NAO-Indizes im April lassen zwei Interpretationen zu: ein verstärkter Radialzuwachs bei positiven NAOI und somit zonalen Grundströmungen über Zentraleuropa oder Zuwachsreduktionen bei negativen NAOI und somit bei verstärkt meridionalen Luftmassenströmungen über Europa. Zonale Anströmrichtungen bringen im April warm-feuchte Luftmassen nach Europa, da sie aus dem im Winter und Frühling wärmeren atlantischen Raum stammen. Meridionale Strömungen hingegen bringen im April zumeist kalte Luftmassen aus nördlicheren Regionen nach Zentraleuropa.

Zusammenfassend kann aus Einzeljahr- und Korrelationsanalyse für die Tannen Zentraleuropas konstatiert werden, dass

- extrem positive Weiserwerte nur milden Wintern folgen und die Dauer der Wärmeperiode als differenzierendes Kriterium für die Ausbildung breiter Jahrringe in verschiedenen Höhenstufen anzusehen ist;
- negative Weiserwerte einerseits auf extrem kalte Winter, andererseits auf warme und trockene Bedingungen in der Vegetationsperiode zurückzuführen sind;
- das in den Jahrringen enthaltene Temperatursignal sich auf den Winter und das Niederschlagssignal sich auf den Frühsommer bezieht.

7.2.3 Waldkiefern

Die Waldkiefern weisen im Untersuchungszeitraum in 21 Jahren extreme Radialzuwächse auf, 8 Jahre (AD 1904, 1916, 1932, 1936, 1943, 1951, 1958 und 1959) mit positiven und 13 Jahre (AD 1901, 1908, 1911, 1914, 1917, 1921, 1925, 1929, 1934, 1936, 1944, 1945 und 1968) mit negativen Weiserwerten. Trotz der hohen Zahl an Jahren mit extremen Reaktionen stimmen diese mit denen der Tannen in nur 5 und mit denen der Fichten in nur 4 Jahren überein.

In allen Jahren, in denen die Waldkiefern einen extrem breiten Jahrring gebildet haben, waren die voraus gegangenen winterlichen Temperatur wärmer als im langjährigen Mittel und können als förderlich für das Radialwachstum dieser Art angesehen werden. Da in 8 Jahren einem mildem Winter extrem negative Weiserwerte folgen können wie z. B. AD 1925 oberhalb von 750 m NN (Anhang XIV) oder AD 1936 in Tieflagen unterhalb 250 m NN (Abb. 7.8 B), kann ein milder Winter zwar als Voraussetzung für die Ausbildung eines breiten Jahrrings heran gezogen werden, ein kalter Winter ist jedoch nicht als Ursache für die Bildung eines schmalen Jahrrings anzusehen.

Für die Bildung breiter Jahrringe benötigen Waldkiefern eine Mindestmenge an Niederschlägen im Frühling. In keinem der Jahre mit extrem positiven Weiserwerten sind zwischen März und Juni die Niederschlagsanomalien um mehr als -0,5 Standardabweichungen unter das jeweilige Monatsmittel gesunken. Ist der Frühling kühl wie AD 1932 (Abb. 7.8 A), 1951 und 1958 reagieren nur Bäume oberhalb von 250 m NN extrem positiv. Liegen die Temperaturen wie in den Jahren 1904 (Abb. 7.8 C), 1916 und1959 oberhalb der Monatsmittel, reagieren die tiefer gelegenen Bestände mit extrem positivem Wachstum. Die negativen Reaktionen der Waldkiefern unterhalb von 250m NN im Jahr 1936 (Abb. 7.8 B) kann nur mit geringen Niederschlägen im August in Zusammenhang gebracht werden. Ob dieses Defizit nach zuvor überdurchschnittlich hohen Niederschlägen jedoch als Ursache für einen extremen Wachstumseinbruch verantwortlich ist, scheint fraglich. Ebenso ungeklärt sind die extrem positiven Reaktionen der Waldkiefern zwischen 250 und 750 m NN im Jahr 1943 (Anhang XIV). Durchgängig warme Bedingungen besonders im Frühling und Hochsommer gehen einher mit unterdurchschnittlichen Niederschlägen, die seit dem November 1942 herrschen. Die Gründe für diese Reaktion scheinen nicht klimatischer Natur zu sein und können hier nicht erkundet werden.

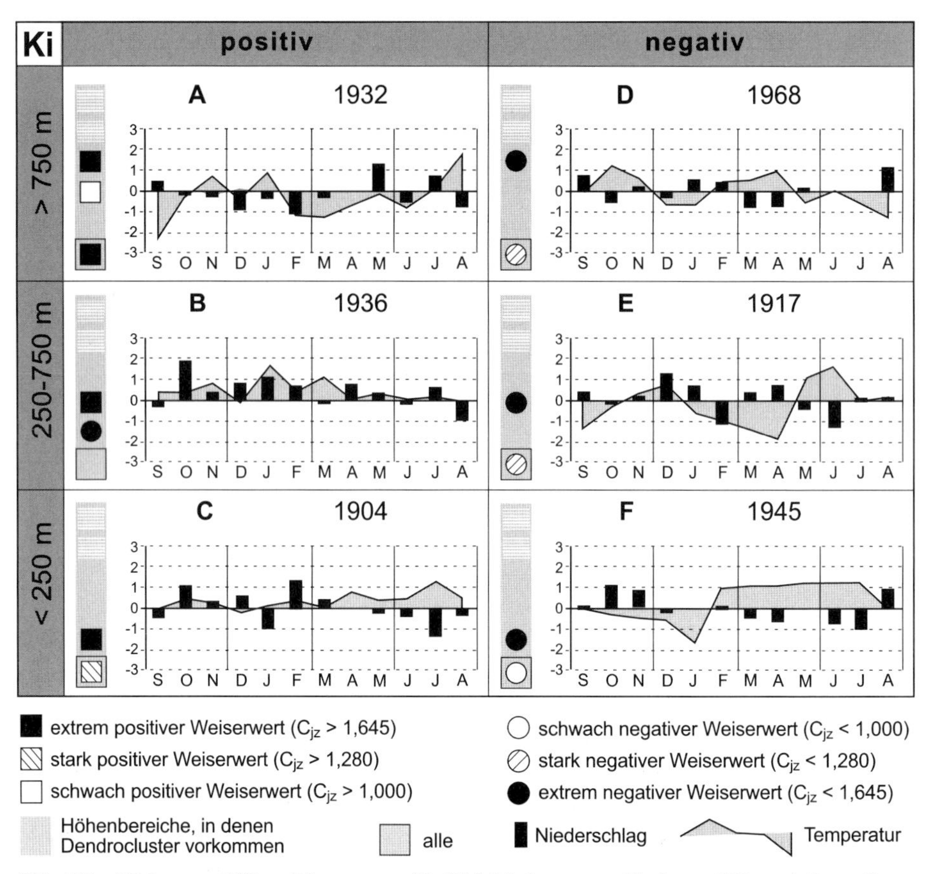

Abb. 7.8 Weiserwert/Klima-Diagramme für Waldkiefern verschiedener Höhenstufen mit extrem positiven sowie extrem negativen Weiserwerten im Vergleich. (Erläuterungen und Legenden sind dem Anhang XIV zu entnehmen.)

In 8 der 13 Jahre mit extrem negativen Weiserwerten bei Waldkiefern können diese auf warme und trockene Bedingungen zurückgeführt werden, wobei sich sommerliche Trockenheit wie in den Jahren AD 1911, 1917 (Abb. 7.8 E), 1929 und 1945 (Abb. 7.8 F) besonders in tieferen Lagen negativ auswirkt. Setzt die Trockenheit wie 1908, 1921 und 1934 bereits im Frühjahr ein oder ist wie AD 1925, 1944 und 1968 (Abb. 7.8 D) auf dieses beschränkt, zeigen sich die starken Zuwachseinbrüche in höher gelegenen Beständen. In Lagen oberhalb von 750 m NN kann der negative Wuchstrend durch kalte (AD 1968) oder sehr warme (AD 1944) Temperaturen im August verstärkt werden. Zudem führt ein kalter April (AD 1908) oder Mai (AD 1914) zu schmalen Jahrringen in Lagen unterhalb von 250 m NN, was auf einen verspäteten Beginn der Vegetationsperiode schließen lässt.

Die Waldkiefern zeigen hoch positive Korrelationen zu den winterlichen Temperaturen, in Höhenlagen bis 250 m NN nur im Januar und in Höhen zwischen 250 und 750 m NN im Januar und besonders im Februar. In den Beständen unterhalb von 250 m NN (Abb. 7.9 C) geht das Temperatursignal im Januar einher mit zeitgleich und gleich-

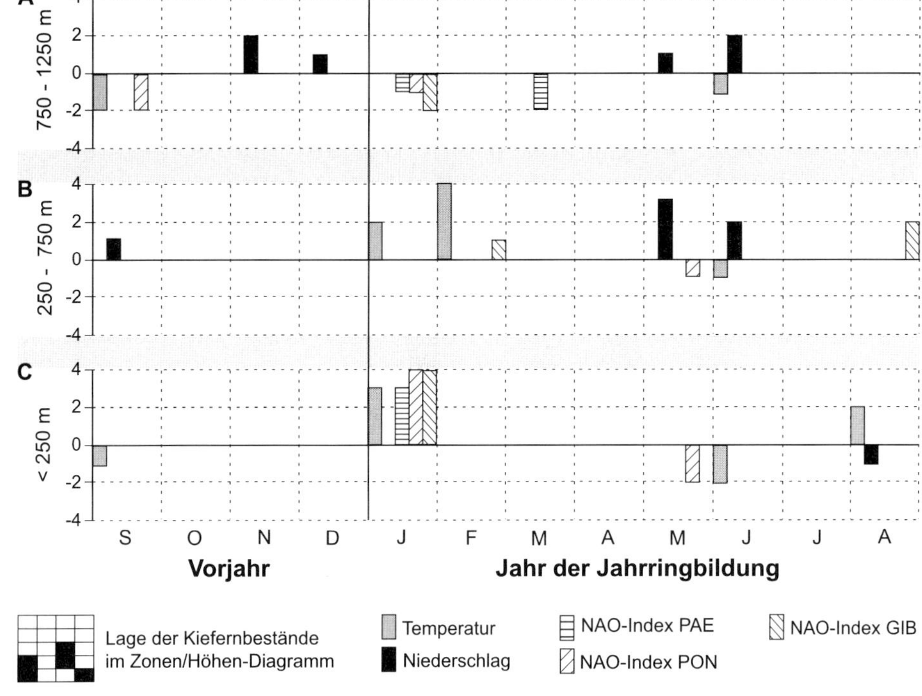

Abb. 7.9 **Jahresgänge der KSL-Werte für die Bestände der Waldkiefern in verschiedenen Höhenstufen sowie die Lage der Kiefernbestände im Zonen/Höhen-Diagramm. (Erläuterung und Legende sind dem Anhang XV zu entnehmen.)**

sinnig gerichteten Korrelationen zu den drei NAO-Indizes, die alle zumindest im 99 %-Niveau liegen. Warme Winter in Verbindung mit zonalen Anströmungsrichtungen sind zumeist in Zentraleuropa auch feuchte Winter, die das Wachstum der Waldkiefern fördern. In den höheren Kiefernbeständen oberhalb von 750 m NN verschwindet das Temperatursignal und die NAO-Signale im Januar kehren sich ins Negative um. Jedoch bleibt ein Zusammenhang zu feuchten winterlichen Bedingungen bestehen, die sich nun in einem direkten, wenn auch nur schwach signifikanten Signal in den Monaten November, Dezember und Februar äußert.

Neben diesem für das Radialwachstum der Waldkiefern förderlichen Einfluss milder und feuchter Winter ist aus den Korrelationsdiagrammen eine Abhängigkeit von den sommerlichen Niederschlägen abzulesen. So existieren für das Radialwachstum der Waldkiefern aus Lagen oberhalb von 250 m NN eindeutige Abhängigkeiten von den Niederschlägen im Mai und Juni. Im Juni bestehen zusätzlich schwach signifikante negative Korrelationen zur Temperatur, die die Empfindlichkeit der Waldkiefern gegenüber frühsommerliche Trockenheit noch betonen. Unterhalb von 250 m NN besteht keine Korrelation zu sommerlichen Niederschlägen, jedoch ein negativer Zusammenhang im 95%-Niveau zu den Junitemperaturen. Somit reagieren in den Tieflagen die Waldkiefern mit Zuwachsreduktionen auf einen zu warmen Juni. Im August hingegen fördern hohe Temperaturen wieder das Radialwachstum in den Tiefländern. Auch die im September des Vorjahres bestehenden Signale, schwach negative Korrelationen zur Temperatur in hohen und tiefen, schwach positive Korrelationen zum Niederschlag in mittleren Lagen zwischen 250 bis 750 m NN, weisen auf eine Empfindlichkeit der Waldkiefern gegenüber Trockenheit hin.

Zusammenfassend kann für das Wachstum der Waldkiefern festgestellt werden, dass

- extrem positive Zuwächse milden Wintern folgen, wenn im Frühsommer ausreichend Niederschläge fallen;
- Frühjahrskälte und sommerliche Trockenheit eher in höheren Lagen und sommerliche Hitze eher in tieferen Lagen zu Zuwachseinbrüchen führen;
- für die negativen Weiserwerte 1936 und die positiven Weiserwerte 1943 keine klaren klimatischen Erklärungen gefunden wurden.

7.2.4 Lärchen, Arven und Bergkiefern

Da die in der vorliegenden Studie untersuchten Lärchen, Arven und Bergkiefern nur in alpinen Hochlagen vorkommen und die Dendrocluster, die von Arven und Bergkiefern dominiert werden, die Mischcluster aus beiden Arten darstellen (vgl. z. B. Tab. 5.4), werden diese drei Arten in vergleichender Darstellung diskutiert.

Die Lärchen bilden in nur 2 Jahren extrem positive (AD 1904 und 1931) und in nur 4 Jahren extrem negative Weiserwerte (AD 1909, 1923, 1926, 1933) aus und stellen somit die Spezies mit den wenigsten extremen Reaktionen auf Clusterebene dar. Arven und Bergkiefern zeigen im gleichen Zeitraum mit je 5 positiven (AD 1917, 1927, 1946, 1955 und 1958 bei Arve sowie AD 1904, 1932, 1936, 1946 und 1964 bei Bergkiefer) und 4 negativen Weiserwerten (AD 1913, 1941, 1945 und 1948 resp. AD 1931, 1934, 1937 und 1950) die Hälfte mehr an extremen Wuchsanomalien. Da alle Bäume dieser drei Spezies in zentralalpinen Hochlagen aufgewachsen sind, erscheint es fast verwunderlich, dass nur in AD 1904 zwischen Lärche und Bergkiefer und AD 1946 zwischen Arve und Bergkiefer gleichsinnige Reaktionen vorzufinden sind. AD 1931 dagegen zeigen Lärchen mit extrem positiven und Bergkiefern mit extrem negativen Weiserwerten konträre Radialzuwächse. In allen anderen Jahren zeigt immer nur eine Art eine extreme Reaktion.

Lärchen, Arven und Bergkiefern bilden im Gegensatz zu den zuvor beschriebenen Arten auch nach einer Kältephase vor der Vegetationsperiode positive Weiserwerte aus (Abb. 7.10, linke Spalte). Alle drei Arten profitieren von warmen Temperaturen während der Wachstumsphase, besonders im Mai. Während die Lärchen im Frühling zumindest Niederschläge im Bereich der langjährigen Monatsmittel benötigen, bilden Arven und Bergkiefern AD 1946 trotz eines trockenen und sehr warmen Frühlings (Abb. 7.10 B) noch extrem positive Weiserwerte. Dauert die Trockenphase wie AD 1945 (vgl. Anhang) bis in den Hochsommer an, so zeigen die Arven extrem negative Reaktionen. Es kann allerdings nicht erklärt werden, warum AD 1945 für die Bergkiefern keine deutlichen Zuwachseinbrüche festzustellen sind, da alle extrem negativen Weiserwerte dieser Art in anderen Jahren durch warme (AD 1931, 1934 (Abb. 7.10 F) und 1937) und warm-trockene Bedingungen (AD 1950) zu erklären sind. Die extrem negativen Weiserwerte der Arven sind außer AD 1945 ebenso wie alle extrem negativen Weiserwerte der Lärchen

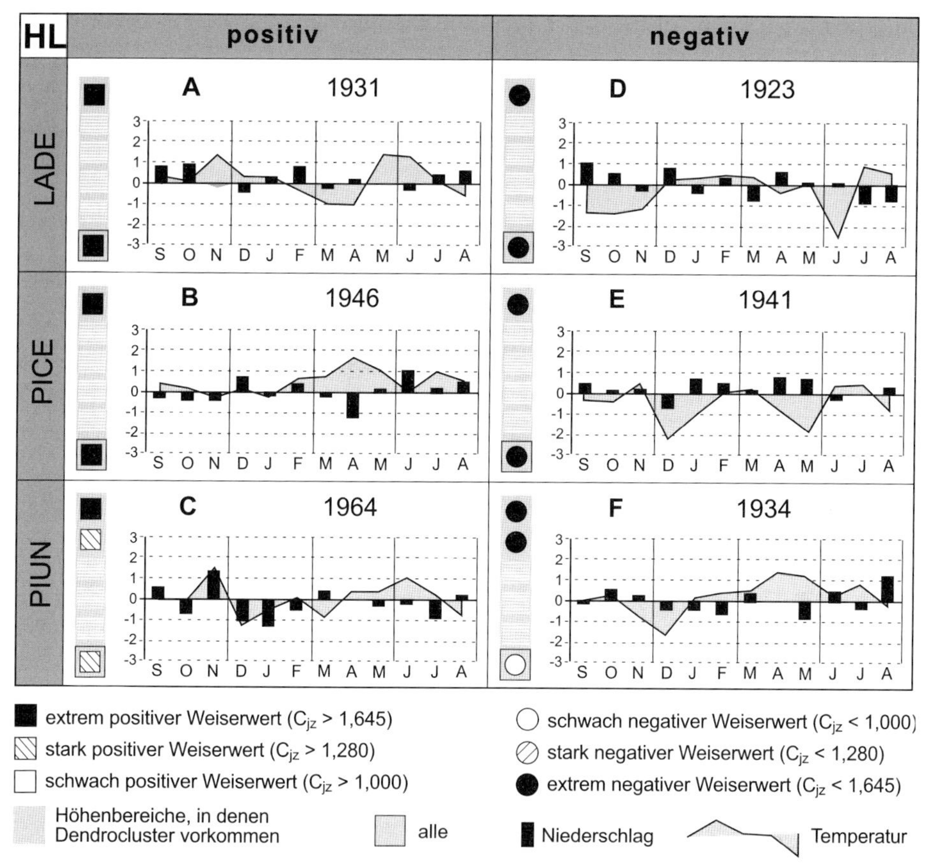

Abb. 7.10 Weiserwert/Klima-Diagramme für Lärchen (LADE), Arven (PICE) und Bergkiefern (PIUN) in Jahren mit extrem positiven sowie extrem negativen Weiserwerten im Vergleich. (Erläuterungen und Legenden sind dem Anhang XIV zu entnehmen.)

auf markante Temperaturstürze von mehr als einer Standardabweichung während der Vegetationsperiode zurückzuführen. Der Zeitpunkt des Kälteeinbruchs erklärt die unterschiedlichen Reaktionen von Lärche und Arve. Lärchen reagieren auf sommerliche Temperatureinstürze mit extrem negativen Weiserwerten (Abb. 7.10 D), während die Arven auch gegen kalte Maitemperaturen empfindlich reagieren. Dieser Befund kann durch die Jahre AD 1913 und 1948 (Anhang XIV) gestützt werden. In beiden Jahre bildet die Arve extrem negative Weiserwerte nach einem kalten Juli. Die Lärchen reagieren in beiden Jahren mit starken negativen Weiserwerten.

Abbildung 7.11 zeigt die Histogramme zu den Korrelationen zwischen Klima- und Wuchsanomalien auf der Grundlage von Dendroclustern, die von Lärchen, Arven und Bergkiefern dominiert werden. Zwischen den Histogrammen B und C, den Arven und den Bergkiefern der Höhenlagen oberhalb von 1750 m NN, können kaum Unterschiede festgestellt werden. Die Wuchsanomalien beider Baumkollektive korrelieren stark negativ mit der Märztemperatur, einhergehend mit stark negativen Korrelationen zu den drei NAO-Indizes. Da die Bäume der alpinen Hochlagen sich im März auf jeden Fall

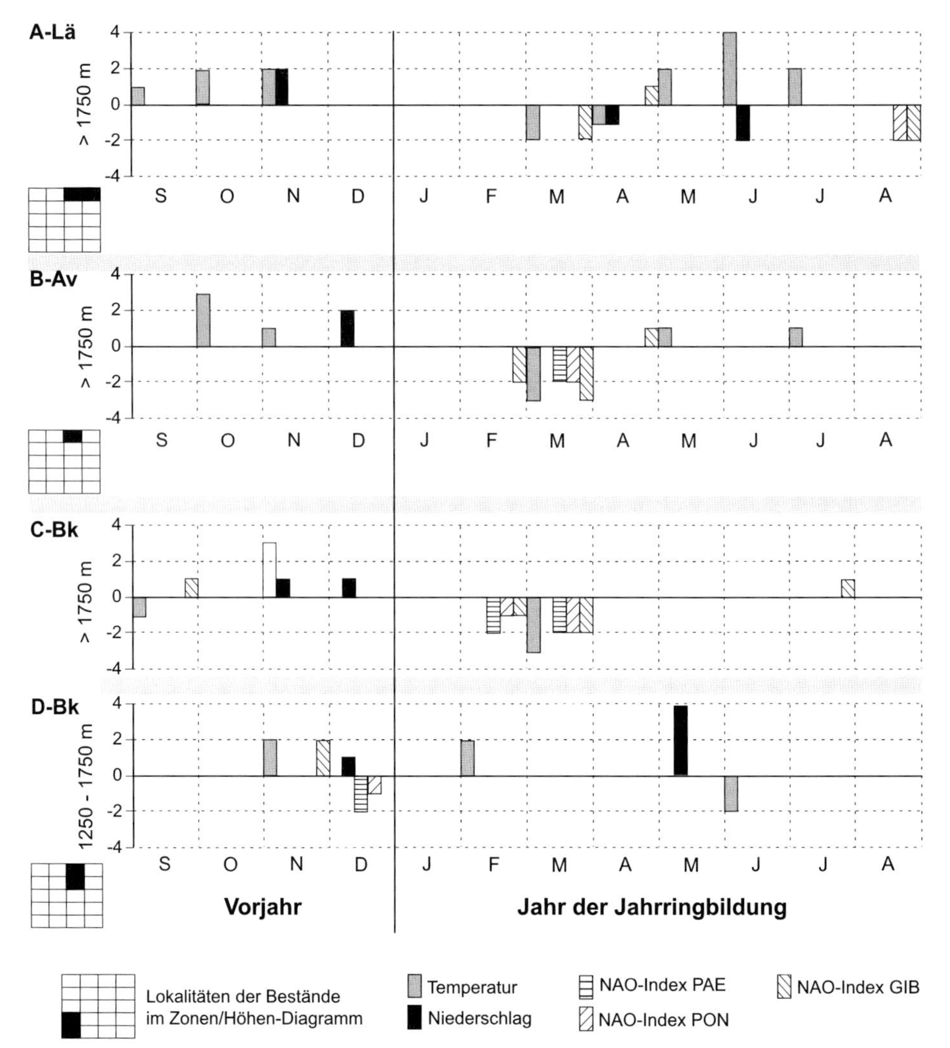

Abb. 7.11 Jahresgänge der KSL-Werte für die von Lärchen (A-Lä), Arven (B-Av) und Bergkiefern (C-Bk u. D-Bk) dominierten Dendrocluster sowie die Lokalitäten der Bestände im Zonen/Höhen-Diagramm. (Erläuterungen und Legenden sind dem Anhang XV zu entnehmen.)

noch in der winterlichen Ruhephase befinden, kann in diesem Signal nur eine indirekte Koppelung zum Wachstum liegen. Ein kalter März sorgt für einen späteren Beginn der Schneeschmelze und sorgt so für ein größeres Wasserangebot in der Vegetationszeit und weiter für ein gutes Wachstum. Für diese Argumentation sprechen auch die positiven Zusammenhänge zu den Niederschlägen der Monate November und Dezember.

Korrelationen zu den sommerlichen Klimabedingungen sind für die beiden Arten in Lagen oberhalb von 1250 m NN nur für die von Arven dominierten Bestände vorhanden, die sich in schwach signifikanten KSL-Werten zu den Temperaturen im Mai und Juli ausdrücken (Abb. 7.11 B). Die hohe Ähnlichkeit der Histogramme B und C begründet sich aus den jeweils fast gleich hohen Anteilen von Arven und Bergkiefern in beiden Gruppen.

Für die unterhalb von 1750 m NN wachsenden Bergkiefern finden sich keine Zusammenhänge zu den Bedingungen im März (Abb. 7.11 D). Allerdings reagieren sie mit höchster statistischer Sicherheit auf die Niederschläge im Mai und mit 95 %-iger Sicherheit negativ auf die Junitemperaturen. Aus Beidem kann eine Empfindlichkeit der tiefer gelegenen Bergkiefern gegenüber einer frühsommerlichen Trockenheit gefolgert werden. Nahezu inverse Abhängigkeitsverhältnisse zeigen die Lärchen gegenüber den Witterungsbedingungen. Sie korrelieren hoch positiv mit den Temperaturen Mai bis Juli und weisen mit einem Korrelationskoeffizienten von über $r = 0{,}51$ im gesamten Netzwerk die höchsten Zusammenhänge zur Temperatur auf. Neben den Sommertemperaturen wirken sich auch die Temperaturen vom Herbst des Vorjahrs positiv auf das Lärchenwachstum aus. Ein warmer Spätsommer und Herbst im Vorjahr ermöglichen die Anreicherung von Reservestoffen, die die Nadel werfenden Lärchen im folgenden Frühjahr benötigen.

Zusammenfassend kann für die Nadelholzarten der zentralalpinen Hochlagen konstatiert werden, dass

- sie unempfindlich gegen extreme winterliche Kälte sind und auf warme Bedingungen in der Vegetationsperiode mit positiven Weiserwerten reagieren;
- extrem starke Zuwachseinbrüche bei Bergkiefern auf sommerliche Trockenheit, bei Lärche und Arve auf Kälteeinbrüche in der Vegetationsphase zurückzuführen sind;
- die Lärchen ein starkes Sommertemperatursignal zeigen, durch Niederschlagsdefizite hingegen nicht negativ beeinflusst werden;
- für die geringen Übereinstimmungen zwischen den drei Arten nicht in allen Jahren klimatische Ursachen gefunden werden können, z. B. AD 1963 bei den Lärchen.

7.2.5 Buchen und Eichen

Die zentraleuropäischen Buchen haben im Untersuchungszeitraum in je 6 Jahren extrem positive (AD 1916, 1946, 1951, 1955, 1958 und 1967) und extrem negative Weiserwerte (AD 1913, 1925, 1934, 1948, 1953 und 1968) gebildet, die Eichen in 9 Jahren (AD 1917, 1924, 1927, 1931, 1932, 1940, 1944, 1946 und 1955) extrem positive und in 7 Jahren (AD 1913, 1929, 1930, 1931, 1934, 1950 und 1959) extrem negative Weiserwerte. Nur in den Jahren 1934, 1946 und 1955 bilden beide Arten gleichsinnige extreme Weiserwerte aus.

Betrachtet man allerdings in den Jahren, in denen eine der beiden Spezies einen extremen Weiserwert aufweist, auch die als schwach und stark klassierten Werte der jeweils anderen Art (Abb. 7.12), so zeigt sich zwischen Buchen und Eichen eine höhere Ähnlichkeit, als sie zwischen Nadelholzarten zu erkennen war. Wie Abbildung 7.12 zeigt, gibt es nur vier Jahre (AD 1917, 1950, 1967 und 1968), in denen nur eine von beiden Arten Weiserwerte gebildet hat, und zwei weitere Jahre (AD 1916 und 1940), in denen die Laubholzarten zueinander konträre Weiserwerte zeigen. Aus Abbildung 7.12 ist allerdings eine über die Zeit ungleiche Verteilung der extrem positiven

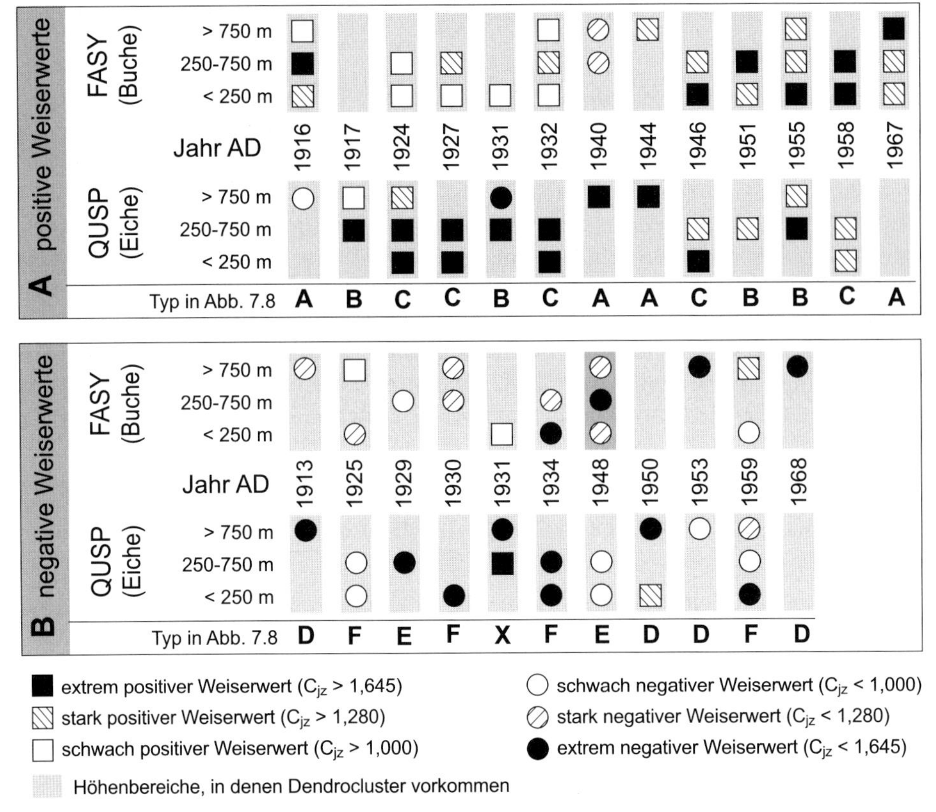

Abb. 7.12 Gegenüberstellung der Jahre mit extrem positiven und extrem negativen Weiserwerten bei Buche und Eiche im Untersuchungszeitraum AD 1901–1971 und deren Zuordnung zu den in Abbildung 7.13 dargestellten Typen der Weiserwert/ Klima-Diagramme. (Erläuterungen und Definitionen der Symbole sind Anhang XIV zu entnehmen.)

Weiserwerte abzulesen. Bei den Eichen konzentrieren sie sich auf die erste Hälfte des 20. Jahrhunderts, während bei den Buchen 5 der 6 Jahre nach AD 1945 zu finden sind und zuvor nur AD 1916 ein extrem breiter Jahrring gebildet wurde. In der Verteilung der negativen Weiserwerte ist eine solche Veränderung nicht nachgezeichnet.

Auf Grund der zahlreichen gleichsinnigen Reaktionen von Buchen und Eichen wird die klimatische Deutung der extremen Weiserwerte zunächst für beide Arten gemeinsam durchgeführt, ehe für unterschiedliche Zuwachsreaktionen verantwortliche Witterungsverläufe diskutiert werden. An Hand der in Abbildung 7.12 dargestellten Wuchsreaktionen werden die Jahre mit extremen Zuwachsanomalien nach Höhenstufen gegliedert. Aus den Witterungsverläufen der Jahre 1924 und 1955 (Anhang XIV), in denen die Laubholzarten in fast allen Höhenlagen positive Weiserwerte aufweisen, erweisen sich Temperaturen, die in der Vegetationsperiode nicht stärker als eine Standardabweichung von den langjährigen Monatsmitteln abweichen, bei ausreichenden Niederschlägen als fördernd für das Wachstum. Im Mittel der Monate Mai bis August dürfen die Niederschläge nicht weiter als 0,5 Standardabweichungen unter das langjährige Mittel sinken – für die über das Untersuchungsgebiet gemittelten Klimadaten entspricht dies einer Niederschlagssumme von 300 mm (vgl. Anhang XIV). Die Niederschlagsdefizite im März und April wirken sich bei den Buchen nicht negativ aus.

Bei den unterhalb von 750 m NN wachsenden Eichen führt die Frühjahrstrockenheit zu geringeren Radialzuwächsen, wenn das Niederschlagsdefizit nicht in den Folgemonaten ausgeglichen wird wie im Juni 1946 (Abb. 7.13 C). Der Temperatursturz im August um über 1,5° C gegenüber dem langjährigen Mittel, der bei Buche und Eiche zur Ausbildung schwächerer Weiserwerte als in tieferen Lagen führt, deutet auf eine Kälteempfindlichkeit in Lagen oberhalb von 750 m NN hin. Dieser Befund wird erhärtet durch die starke positive Temperaturanomalie im August 1944 (Abb. 7.13 B). Hier führt ein Anstieg der Augusttemperatur um etwa 2° C gegenüber dem langjährigen Mittel zu starkem beziehungsweise extremem Radialzuwachs bei Buchen respektive Eichen oberhalb von 750 m NN.

Extrem negative Weiserwerte stellen bei Laubhölzern zumeist Reaktionen auf zu warme und/ oder zu trockene Bedingungen in der Vegetationsperiode wie in den Jahren AD

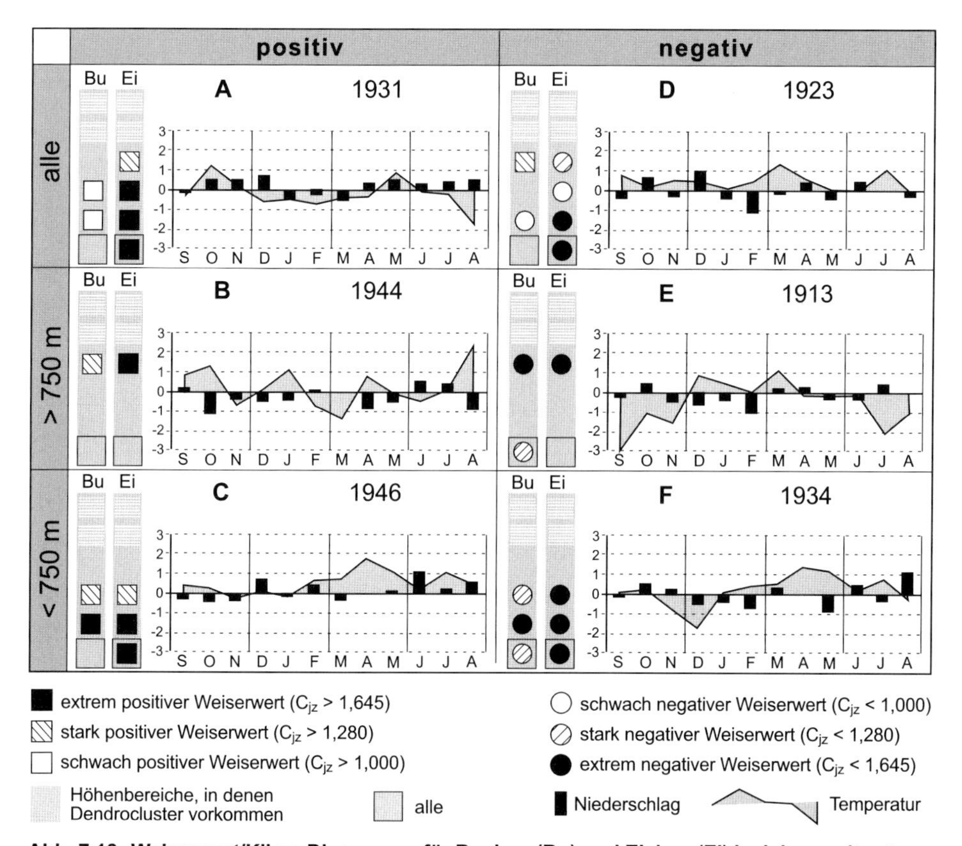

Abb. 7.13 Weiserwert/Klima-Diagramme für Buchen (Bu) und Eichen (Ei) in Jahren mit extrem positiven sowie extrem negativen Weiserwerten im Vergleich. (Erläuterungen und Legenden sind dem Anhang XIV zu entnehmen.)

1925, 1929, 1930, 1931, 1934 (Abb. 7.13 F), 1950, 1953 und 1959 (Abb. 7.13 D) dar, können aber wie AD 1913 (Abb. 7.13 E), 1948 und 1968 auch Ausdruck sommerlicher Kälteeinbrüche sein. Letztere limitieren das Radialwachstum verstärkt in höheren Lagen, während die Lagen unterhalb 750 m NN besonders empfindlich auf Trockenheit reagieren.

Der Vergleich zwischen beiden Arten zeigt, dass die Eichen insgesamt auf Niederschlagsdefizite bei gleichzeitig überdurchschnittlich warmen Verhältnissen empfindlicher reagieren als Buchen. AD 1959 (Abb. 7.13 D) herrschten nach geringen Niederschlägen im Januar und besonders im Februar in der ganzen Vegetationsperiode erhöhte Temperaturen, besonders im Frühjahr und im Juli. Die Eichen bildeten darauf in allen Höhenlagen auffällig schmale Jahrringe aus, während für die Buchen in Lagen oberhalb von 750 m NN ein starker Zuwachsgewinn zu registrieren ist. Auch AD 1925, 1934 (Abb. 7.13 F) und 1950 weisen die Eichen deutlichere Zuwachseinbrüche in Folge der Trockenheit auf. AD 1953 und 1968 (Anhang XIV) hingegen zeigen Buchen negativere Weiserwerte als Eichen. In diesen Jahren bleibt die Trockenphase auf das Frühjahr beschränkt. Des Weiteren zeigen Buchen nach einem kühlen Sommer wie 1948 und 1968 (Anhang XIV) deutlich stärkere Zuwachsreduktionen als Eichen.

Betrachtet man die funktionalen Zusammenhänge zwischen den Witterungsanomalien und den Wuchsanomalien der Buchen, so werden die unterschiedlichen Bedürfnisse der Buchen in verschiedenen Höhenlagen noch deutlicher (Abb. 7.14).

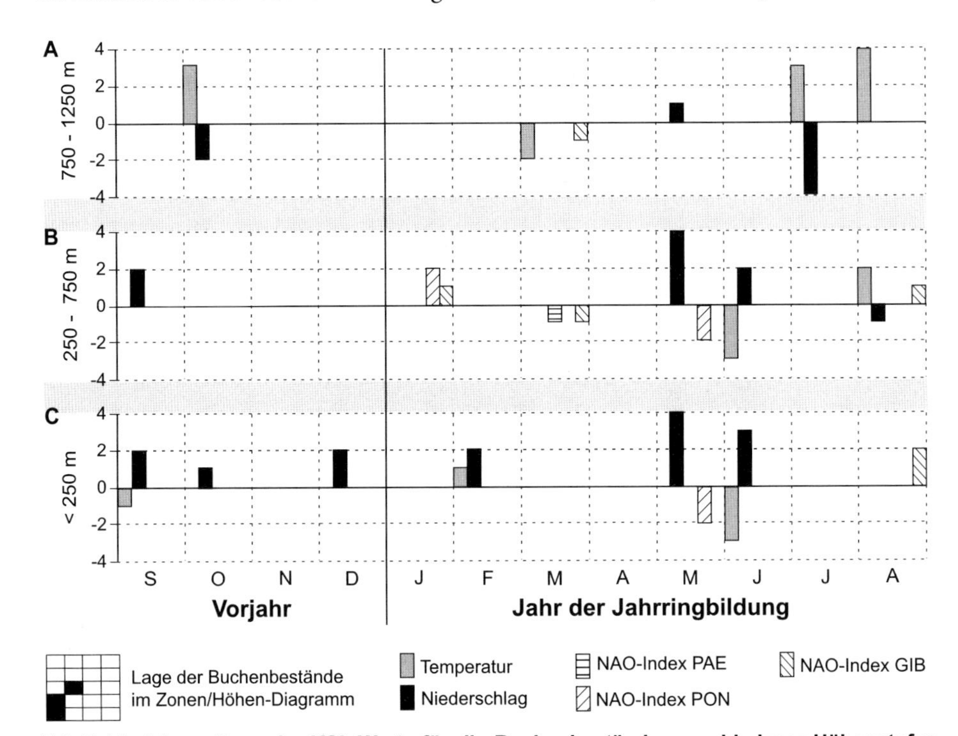

Abb. 7.14 Jahresgänge der KSL-Werte für die Buchenbestände verschiedener Höhenstufen sowie die Lage der Buchenbestände im Zonen/Höhen-Diagramm. (Erläuterung und Legende sind dem Anhang XV zu entnehmen.)

In den Vorjahrsmonaten September und Dezember sowie im Februar bestehen in den Beständen der Tiefländer unterhalb von 250 m NN zum Niederschlag positive Korrelationen im 95 %-Niveau (Abb. 7.14 C). In den Sommermonaten Mai und Juni steigen die Zusammenhänge über das 99 %-Niveau an. In den mittleren Lagen zwischen 250 und 750 m NN liegen zwar nur noch in den Monaten September, Mai und Juni signifikante Korrelationen zum Niederschlag vor (Abb. 7.14 B), behalten in diesen Monaten aber vergleichbar hohe Korrelationskoeffizienten. Somit ist für alle Buchenbestände unterhalb von 750 m NN eine starke Abhängigkeit von den Niederschlägen im Mai und Juni und – mit geringerer Intensität – zu den Niederschlägen zum Ende des Vorjahrs festzustellen. Dieser Befund deckt sich nicht mit der Einzeljahranalyse des Jahres 1946, wo trotz eines warmen und trockenen Frühlings unterhalb von 250 m NN extrem positive Weiserwerte gebildet wurden.

Einhergehend zu den hoch positiven Korrelationen gegenüber frühsommerlichen Niederschlägen bestehen im Mai negative KSL-Werte zum GIB-NAOI und im Juni stark negative KSL-Werte zur Temperatur. Die antiproportionale Beziehung zur Temperatur kann als eine Resistenz gegenüber sommerlicher Kälte interpretiert werden. In mittleren Lagen zwischen 250 und 750 m NN weisen die Buchen auch positive Korrelationen zur Augusttemperatur auf. Oberhalb von 750 m NN verstärkt sich diese Beziehung. Es treten höchste positive Korrelationen zur Juni- und Augusttemperatur auf. Trotz der

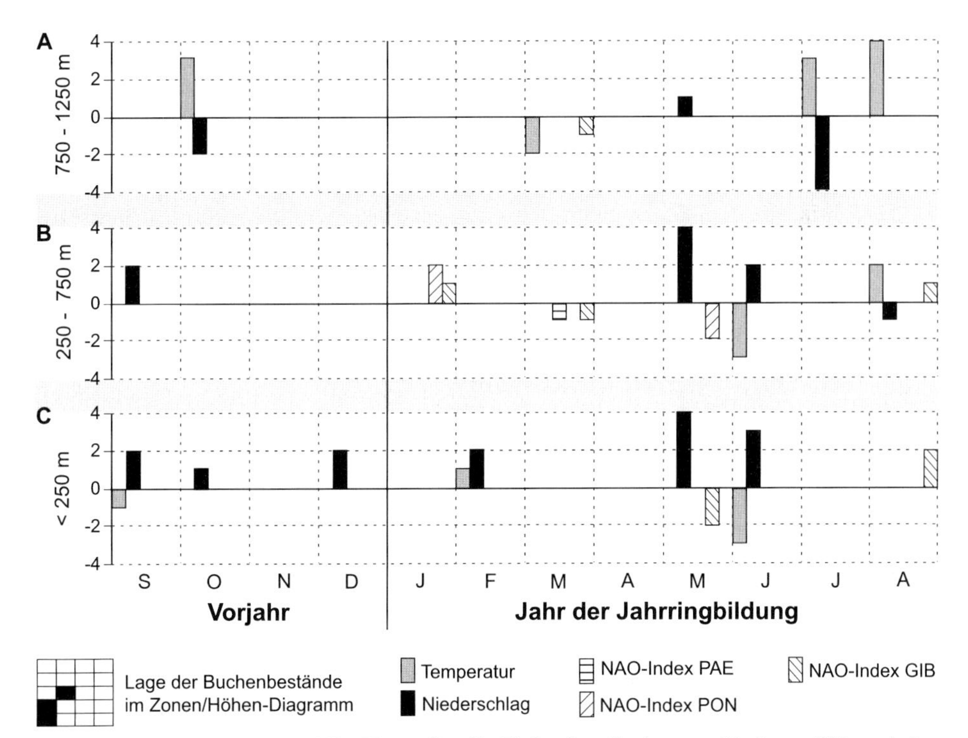

Abb. 7.15 Jahresgänge der KSL-Werte für die Eichenbestände verschiedener Höhenstufen sowie die Lage der Eichenbestände im Zonen/Höhen-Diagramm. (Erläuterung und Legende sind dem Anhang XV zu entnehmen.)

extrem negativen Korrelation zum Juniniederschlag sind die Sommertemperaturen als der dominierende Wachstumsfaktor anzusehen. Da im Juli bei weit über dem langjährigen Monatsmittel liegenden Temperaturen Niederschläge, die im Sommer immer eine abkühlende Wirkung mit sich bringen, nahezu ausgeschlossen werden können, ist das Niederschlagssignal eher als ein Resonanzeffekt anzusehen, der aus der negativen Korrelation zwischen Temperaturen und Niederschlägen resultiert.

Für die Eichen bestehen in den Lagen unterhalb von 750 m NN im Wesentlichen ähnliche Klima-Wachstums-Beziehungen wie bei den Buchen. Die Abbildungen 7.15 B und C zeigen für die Eichen ebenfalls eine hohe Abhängigkeit von den frühsommerlichen Niederschlägen.

In den Tiefländern profitieren die Eichen zwar etwas stärker von einem milden Februar und einem trockenen August als die Buchen. Der wesentliche Unterschied zwischen beiden untersuchten Laubholzarten besteht aber in den verschiedenen Ansprüchen in den höheren Lagen. Oberhalb von 250 m NN zeigen sich in der Vegetationsperiode nur positive Korrelationen zum Niederschlag (Abb. 7.15 B und C). Zur Temperatur bestehen keinerlei signifikante Zusammenhänge. Die hohen Ansprüche an ausreichende Niederschläge bleiben bei Eichen auch in Lagen bis 1250 m NN erhalten, während die Buchen mit zunehmender Höhe einen größeren Wärmebedarf beanspruchen.

Zusammenfassend kann für die Laubhölzer festgehalten werden, dass

- bei Buchen in Höhenlagen bis zu 750 m NN feuchte und mäßig warme Bedingungen im Mai und Juni das Wachstum fördern, darüber aber sommerliche Wärme zum dominanten Wachstumsfaktor wird;
- Eichen in alle Höhenlagen mittlere bis hohe Niederschläge im Frühsommer benötigen;
- 1946 entgegen dem allgemeinen Befund in Tieflagen bei Buchen und Eichen positive Weiserwerte nach einem warmen und trockenen Frühjahr gebildet wurden;
- Buchen oberhalb von 750 m NN aus höheren Sommertemperaturen gegenüber Eichen einen Konkurrenzvorteil ziehen können.

7.3 NAO und Jahrringwachstum

Die Beziehungen zwischen den verschiedenen NAO-Indizes und den Wuchsanomalien der zentraleuropäischen Bäume wurden zwar bereits in die artspezifische Klima-Wachstums-Analyse (Kap. 7.2) einbezogen. Auf Grund der Bedeutung der NAO für das zentraleuropäische Witterungsgeschehen und dem in jüngster Zeit verstärkten Interesse innerhalb der Paläoklimatologie, welches sich unter anderem in der Vielzahl der NAO-Rekonstruktionen ausdrückt (vgl. Kap. 1.1), sollen im Folgenden einige Aspekte dieses Bereiches der Klima-Wachstums-Beziehungen diskutiert werden.

Obwohl in der durchgeführten Einzeljahranalyse für keines der ausgewiesenen zentraleuropäischen Weiserwertjahre (Tab. 6.5) NAO-Indizes als bedeutsamer Wachstumsfaktor herangezogen wurde, sind doch zumindest schwache Zusammenhänge zwischen der NAO und dem Jahrringwachstum zu finden, wenn die Weiserwertdiagramme (Anhang XIV) speziell unter dem Aspekt des NAO-Einflusses hin untersucht werden.

Tab. 7.1 Die NAO-Anomalien in den positiven und negativen zentraleuropäischen Weiserwertjahren zwischen AD 1901 und 1971

	Jahr/Typ		NAO-Anomalien
A positive Weiserwerte	1904	▧	He (-); APR +
	1916	□	He -; JAN&FEB+; MRZ -; JUN -; **JUL+**
	1927	■	OKT- -; NOV bis APR(+); MAI-
	1932	■	SEP-; OKT(-); NOV&JAN+; FEB- -; MAI bis JUN(-); **AUG+**
	1943	▧	SEP(+); NOV(-); FEB+; APR+ **MAI&JUN GIB+**; AUG PAE- -
	1946	▧	SEP+; OKT bis DEZ -; APR+; MAI -; **So+**
	1951	▧	SEP+; OKT(+); DEZ(-); MRZ bis JUN-; **AUG(+)**
	1955	■	SEP bis DEZ+; JAN bis MRZ-; APR bis JUL ; **AUG(+)**
	1958	▧	SEP -; OKT+; NOV(-); JAN bis MRZ bes. PAE-; **APR(+)**; SO -
	1961	□	OKT -; NOV bis MRZ(+); **JUL&AUG+**
	1967	□	SEP&OKT -; FEB(+); MRZ+; **JUN+; JUL(+)**
	1969	□	SEP bis MRZ -; APR(+); **JUL GIB++**
B negative Weiserwerte	1909	○	Wi(+); MRZ-; MAI -; JUL&AUG+
	1913	○	SEP -; OKT bis JUN(+) mit **MRZ&APR+;** JUL(-); AUG PAE+
	1922	⊘	DEZ&**FEB+; MAI GIB+**; SO+
	1929	●	OKT&NOV(+); JAN -; APR - -; **MAI+**
	1930	○	SEP bis JAN+; APR GIB -; **MAI&JUN+**
	1934	⊘	SEP(-); NOV&DEZ GIB -; **JAN bis MRZ+**; APR -; JUN -; AUG+
	1942	○	SEP&OKT(-); FEB -; MRZ(-); JUN(-)
	1948	●	SEP+; NOV PAE - -; DEZ -; **MRZ+; APR(+)**; ab MAI(-)
	1954	○	He +; **APR PAE+**; MAI -; JUL(+)
	1956	⊘	SEP+; OKT bis FEB -; APR -; **MAI++**; AUG -
	1957	○	OKT bis JAN+; MRZ(-); **APR** ; JUN&JUL -
	1965	○	OKT(+); DEZ ; FEB- -; **APR+**; JUN(+); JUL(-); AUG(+)
	1968	○	He(+); DEZ(-); FEB -; **MRZ(+)**; APR&MAI -; JUL&AUG -

Die Symbole der Weiserwerte sind in Tab. 2.3 definiert. Anomaliebeschreibung im Anhang XIV. **Fettdruck:** Gemeinsamkeiten in den Gruppen.

In Tabelle 7.1 sind die Auffälligkeiten der NAO-Indizes in den zentraleuropäischen Weiserwertjahren, sortiert nach positiven und negativen Zuwachsanomalien, gegenübergestellt. Auf den ersten Blick fällt es schwer, Gemeinsamkeiten innerhalb der beiden Gruppen zu finden. Es gibt kein Kriterium, das in allen Weiserwertjahren einer Gruppe zeitgleich auftritt und so für die Ausbildung eines markanten Wuchswertes herangezogen werden könnte. In zehn der zwölf positiven Weiserwertjahre herrschen in den Sommermonaten jedoch positive NAO-Indizes (in Tab. 7.1 durch Fettdruck markiert). Bei einer positiven NAO sind die nordatlantischen Druckgebilde deutlich ausgeprägt und bedingen zonale Strömungskomponenten. Diese zonalen und vom Atlantik kommenden Luftmassen bringen im Sommer Niederschläge und kühlere Temperaturen nach Zentraleuropa, Bedingungen, die für das Jahrringwachstum als förderlich einzustufen sind (vgl. Kap. 7.1). Allerdings folgen diesen sommerlichen NAO-Bedingungen nicht immer positive Weiserwerte. In den Jahren 1909 und 1922 haben die Bäume trotz positiver NAO-Indizes in den Sommermonaten negative Weiserwerte ausgebildet. Jedoch liegen in diesen beiden Jahren die NAO-Werte im Herbst des Vorjahres unter denen der langjährigen Monatsmittel. Solche herbstlichen negativen NAO-Bedingungen könnten ein zweites Wachstum förderndes Kriterium darstellen. Es ist in 9 der 12 positiven Weiserwertjahre vorzufinden. Allerdings fällt hier die klimatische Deutung schwer, da eine negative NAO mit einer Südverlagerung der nordatlantischen

Druckgebilde einhergeht. Nördlich der Alpen resultieren im Herbst verstärkt meridionale Strömungskomponenten mit eher kühlen bis kalten und trockenen, wohingegen sich bei diesen nordatlantischen Druckkonstellationen südlich der Alpen zonale und somit warme und feuchte Witterungsbedingungen einstellen. AD 1969 und mit Abstrichen AD 1904 zeigen sich in der Weiserwertkarte (Anhang XIV jeweils oben rechts) entsprechende räumliche Nord-Süd-Gliederungen der Wuchsanomalien. Auf die anderen Jahre mit negativen herbstlichen NAO-Indizes fällt eine analoge Ableitung der Verbreitung der Wuchsanomalien schwer.

In den 9 der 13 Jahre mit negativen zentraleuropäischen Weiserwerten sind ebenfalls positive NAO-Indizes in der Vegetationsperiode vorhanden (Fettdruck in Tab. 7.1 B), jedoch zumeist zu einem früheren Zeitpunkt. So liegt der Schwerpunkt der positiven NAO bei den negativen Weiserwertjahren im Frühjahr, zumeist gefolgt von ausgeglichenen bis negativen NAO-Indizes in den Sommermonaten. Zonale Strömungen im Frühjahr sind in Zentraleuropa für sehr wechselhafte, umgangssprachlich als „Aprilwetter" bezeichnete kühl- bis kalt-feuchte Witterungsbedingungen verantwortlich, die sich limitierend auf das Radialwachstum auswirken. Für die Ausbildung breiter Jahrringe beanspruchen die Bäume eher warm-feuchte Bedingungen im Frühling.

Resümierend kann für die NAO/Jahrring-Beziehungen festgehalten werden, dass sich aus der Einzeljahranalyse keine klaren und schon gar keine monokausalen Zusammenhänge ableiten lassen. Es können bestenfalls Tendenzen aufgezeigt werden, die für eine Vielzahl der Beziehungen zutreffen. So korrespondieren positive NAO-Indizes in den Sommermonaten und negative NAO-Indizes im Herbst des Vorjahres mit positiven Weiserwerten, während negative Weiserwerte häufig nach positiven NAO-Indizes zu Beginn oder unmittelbar vor Beginn der Wachstumsphase folgen. Jedoch können jeweils Jahre gefunden werden, in denen entgegen gesetzte Zusammenhänge herrschen.

Abbildung 7.16 vergleicht die Häufigkeiten der signifikanten Korrelationen zwischen den fünf in der Untersuchung eingesetzten Klimaindizes mit den Wuchsanomalien und bestätigt den bei der Korrelationsanalyse gewonnenen Eindruck, dass die NAO-Indizes zumindest zahlenmäßig eine geringe Bedeutung für die Diskussion der interannuellen Jahrringvariationen spielen. Nur 43 % aller auf Monatsbasis bestehenden Korrelationen sind den drei NAO-Indizes zuzuordnen, wohingegen die verbleibenden knapp 60 % auf die Einflüsse der beiden Klimaelemente Temperatur und Niederschlag zurückzuführen sind. Unter den NAO-Indizes weisen die Eulerschen NAO-Indizes in mehr Monaten signifikante Korrelationen auf als der Lagrange'sche PAE-Index, dessen Zusammenhänge zum Radialwachstum in nur 23 von 348 möglichen Fällen das unterste Signifikanzniveau überschreiten.

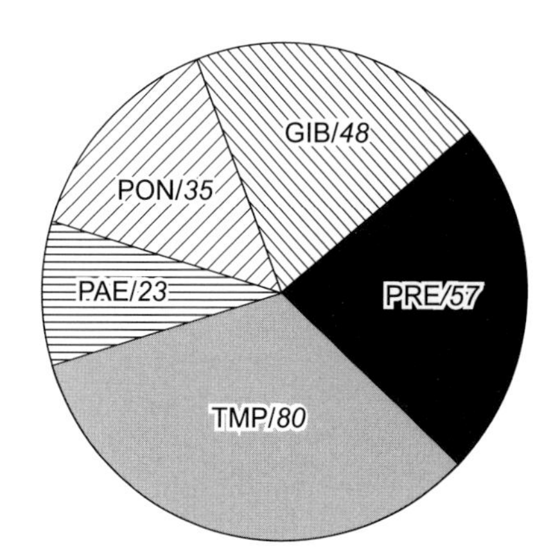

Abb. 7.16 Absolute und relative Häufigkeiten der signifikanten Korrelationen (|α| ≤ 0,1) zwischen Klimaindizes und Wuchsanomalien

Abbildung 7.17 ordnet die Häufigkeiten der Abbildung 7.16 auf die Monate des Jahresganges vom vorjährigen September bis zum August im Jahr der Jahrringbildung zu und differenziert sie nach positiven und negativen Korrelationen. Für die NAO-Indizes fallen Schwerpunkte im Frühjahr mit negativen Zusammenhängen im März sowie positiven Zusammenhängen im April und im Sommer mit positiven Korrelationen auf. Das Frühjahrssignal wird im März von den Indizes PAE und GIB, im April von PON und vor allem von GIB getragen, ein Hinweis auf die unterschiedlichen Einflüsse der drei NAO-Indizes. Dieser wird besonders im Herbst des Vorjahres deutlich, wo im September nur PON, im Oktober hingegen PAE häufige negative Korrelationen aufweisen, während die jeweils anderen beiden NAO-Indizes keine oder gar wenige entgegen gesetzte Korrelationen hervorrufen. Zu den Klimaelementen ist kein gemeinsames Reaktionsmuster zu erkennen. Mal sind für alle fünf Indizes gleichläufige Zusammenhänge mit ähnlichen Häufigkeiten wie im Juni vorhanden, mal gegenläufige zwischen Klimaelementen und NAO-Indizes wie im Mai. Im April dominieren die NAO-Indizes die Beziehungen zu den Radialzuwächsen; alleine in 10 der 29 Dendrogruppen ruft der GIB-Index positive Korrelationen hervor. Aus der Unterschiedlichkeit der Häufigkeitsmuster im Laufe des Jahresganges kann gefolgert

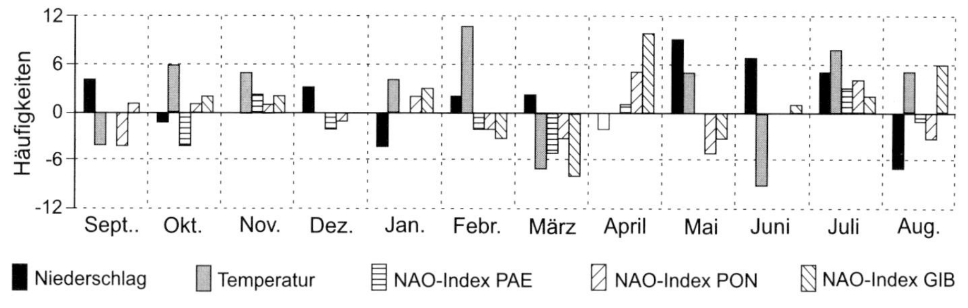

Datengrundlage sind die 29 artspezifischen Gruppen der zonalen Höhenstufen

Abb. 7.17 Häufigkeiten der positiven und negativen Korrelationen mit |α| ≤ 1 zwischen Klimaindizes und Wuchsanomalien für die Monate September (Vorjahr) bis August

werden, dass Klimaelemente und NAO-Indizes sich ergänzende Einflüsse auf das Wachstum der Bäume ausüben.

Aus dieser Erkenntnis leitet sich die Frage ab, wo die NAO-Einflüsse ihre stärkste Wirkung entfalten. Zunächst wird diese Frage in Hinsicht auf die Raumkomponenten Geographische Breite und Höhe NN untersucht. Abbildung 7.18 zeigt für die drei NAO-Indizes PAE (oben), PON (mitte) und GIB (unten) die Häufigkeiten der Korrelationen zu den Wuchsanomalien, auf der linken Seite für die vier Zonen im Untersuchungsgebiet (A bis C) und auf der rechten Seite für die fünf Höhenstufen (D bis F). Die Säulen und Balken sind normiert auf die Gesamtzahl der jeder Zone beziehungsweise Stufe zugeordneten Dendrogruppen. Die Anzahl der Gruppen ist für die Zonen oberhalb der Säulen und für die Stufen rechts neben den Balken angegeben und entspricht jeweils den 100%. Die Säulen und Balken geben nur Auskunft darüber, zu wie vielen Dendrogruppen in der entsprechenden Zone respektive Höhenstufe positive und negative signifikante Zusammenhänge bestehen. Sie sollten somit nur zu internen Vergleichen in und zwischen den Zonen oder Höhenstufen genutzt werden.

Die horizontale Betrachtung zeigt für alle Indizes in allen Zonen signifikante Zusammenhänge, jedoch mit unterschiedlichen Verteilungen. Während der PAE-Index nördlich von 50° N kaum und südlich von 47,5° N zu über der Hälfte der Dendrogruppen signifikant negative Einflüsse ausübt, bestehen bei PON und GIB in allen Zonen zu der Mehrzahl der Dendrogruppen signifikante Korrelationen. Die häufigsten Zusammenhänge sind bei PON südlich von 45° N zu verzeichnen. Bei GIB bestehen in allen Zonen zu über 80 % der Dendrogruppen in etwa gleich hohe Anteile, südlich von 47,5° N auch mit annähernd gleichen Anteilen an positiven und negativen Beziehungen. In den beiden nördlichen Zonen überwiegen dagegen die positiven Beziehungen. Für PON zeigt sich eine deutlich abweichende Verteilung zwischen positiven und negativen Korrelationen, die sich in einem klaren Trend zu positiven Beziehungen mit abnehmender geographischer Breite äußert.

Bezüglich der Höhenverteilung zeigt sich für den PAE-Index mit zunehmender Höhe ein klarer Trend von positiven zu negativen Korrelationen. Dieser Trend ist bei den Euler'schen Indizes deutlich schwächer ausgeprägt. Bei PON nehmen die Häufigkeiten positiver Korrelationen bis in die Stufe 750 bis 1250 m NN von 30 % auf über 60 % zu, ehe die negativen Anteile ansteigen und oberhalb von 1750 m NN zu 80 % der Dendrogruppen auftreten. Bei GIB ähnelt die Form der Höhenpyramide einer Eieruhr, d. h. in der mittleren Höhenstufe sind insgesamt die wenigsten Korrelation vorhanden. Sowohl zu den Tieflagen als auch zu Hochlagen hin steigen positive und negative Anteile deutlich an. In den Tieflagen korrelieren sie negativ zu 50 % und positiv zu 90 % der Dendrogruppen. In den Hochlagen oberhalb von 1750 m NN weist der GIB-Datensatz zu allen Dendrogruppen positive und negative Korrelationen auf. Diese beziehen sich jeweils auf verschiedene Monate, negativ im März und positiv im April, wie aus den nicht dargestellten Korrelationsmatrizen zu entnehmen ist (vgl. auch Abb. 7.17).

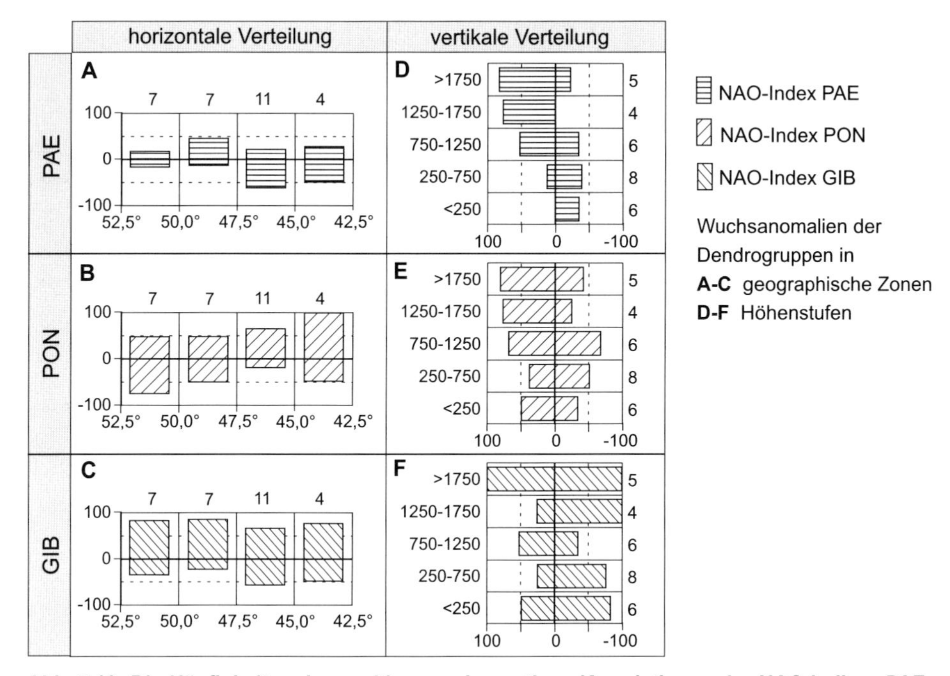

Abb. 7.18 Die Häufigkeiten der positiven und negativen Korrelationen der NAO-Indizes PAE, PON und GIB zu den Wuchsanomalien der Dendrogruppen in geographischen Zonen und Höhenstufen

Dass die NAO-Indizes jeweils in verschiedenen Zonen und Höhenstufen die meisten Korrelationen und somit die häufigsten Einflüsse auf das Wachstum der Bäume ausüben, legt den Schluss nahe, dass von den Auswirkungen der NAO-Anomalien jeweils andere Baumarten betroffen sein können. Abbildung 7.19 kann dies teilweise belegen. Zwar treten oft alle drei Indizes zeitgleich und gleichsinnig auf, wie etwa im Februar und März bei den Bergkiefern oder im Februar bei den Eichen. Mit Ausnahmen bei Tanne im März und Lärche im August erfolgen die gleichzeitigen Korrelationen aller Indizes jeweils zu nur einer artspezifischen Gruppe. Ist das Wachstum mehrerer Gruppen beeinflusst, so wirkt zumeist nur einer der NAO-Indizes. So bestehen z. B. für die Lärchen im März negative Korrelationen zu GIB oder für die Buchen im Mai negative Korrelationen zu PON. Insgesamt setzen sich die negativen Zusammenhänge im März und die positiven Zusammenhänge im April als die häufigsten NAO-Einflüsse auf das Radialwachstum durch. Während letztere zwischen den Nadelhölzern Tanne, Lärche, Fichte und Arve und hauptsächlich dem GIB-Index bestehen, sind die negativen Märzkorrelationen außer bei Tannen bei allen anderen Arten mehr oder weniger stark ausgeprägt vorhanden. Zu den NAO-Bedingungen der Vorjahresmonate bestehen nur vereinzelte Korrelationen. Einzig für 2 Tannen- und 2 Fichtengruppen bestehen im Oktober negative Korrelationen zum PAE-Index.

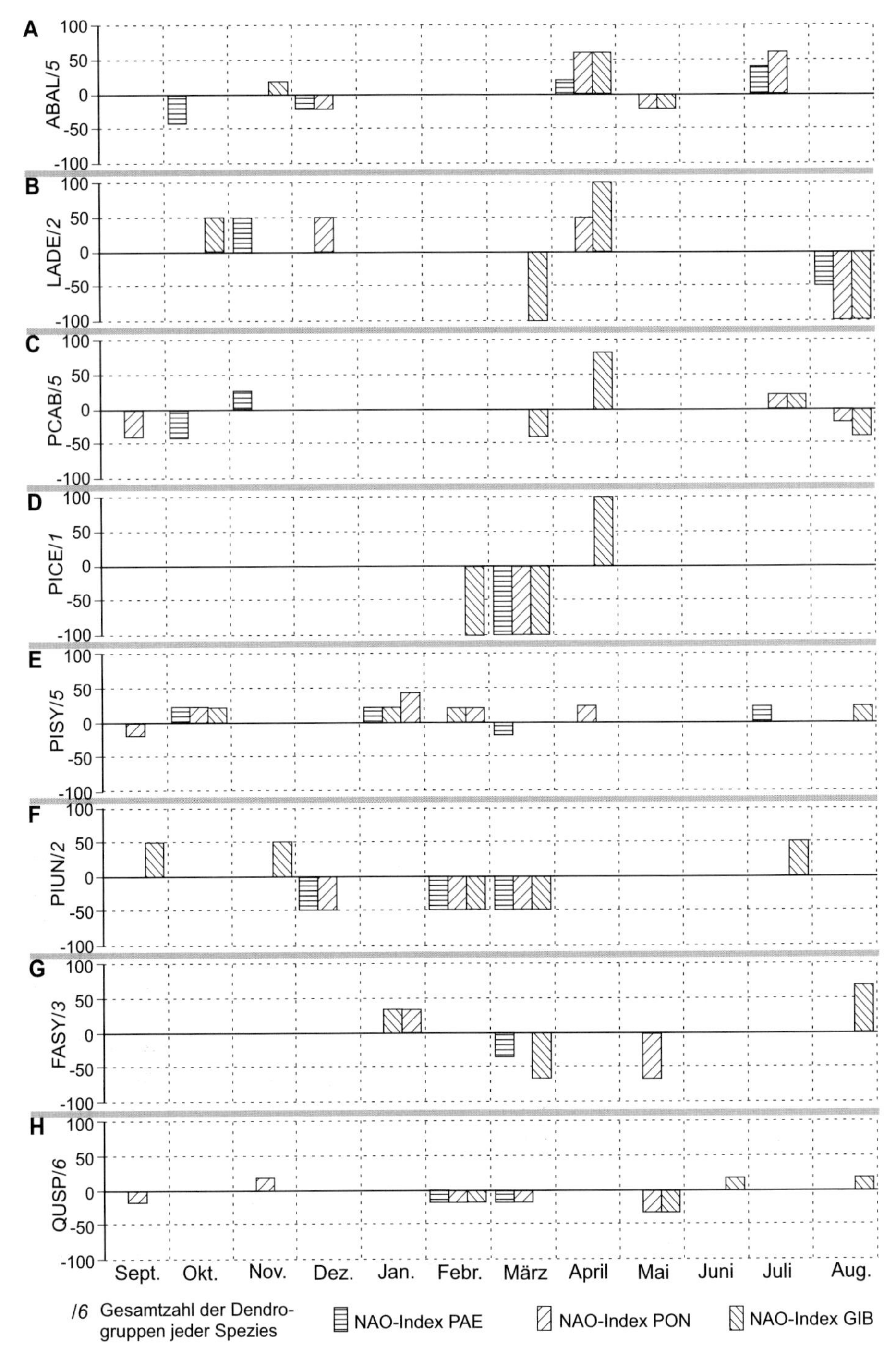

Abb. 7.19 Jahresgänge der relativen Häufigkeiten signifikanter Korrelationen (|α| ≤ 1) zwischen NAO-Indizes PAE, PON und GIB sowie den Wuchsanomalien in den nach Baumarten (A bis H) zusammengefassten Dendrogruppen

Für die NAO/Jahrring-Beziehungen kann zusammenfassend festgehalten werden, dass

- sie einen deutlich geringeren Einfluss als die Klimaelemente Temperatur und Niederschlag auf das Radialwachstum der Bäume ausüben;
- sie in der Einzeljahranalyse kaum einen Beitrag zur Deutung der Weiserwerte liefern;
- für GIB eher die positiven, für PON in den südlichen Zonen die positiven und in den nördlichen Zonen die negativen Korrelationen dominieren, für PAE ein deutlicher Trend von positiven zu negativen Korrelationen mit zunehmender Höhenlage besteht;
- von den NAO-Indizes im März ein negativer Einfluss auf das Wachstum aller Arten (Ausnahme Tanne) und im April ein positiver Einfluss auf das Wachstum der Nadelbäume Zentraleuropas ausgeübt wird.

7.4 Klima-Wachstums-Beziehungen in Zentraleuropa

Abbildung 7.20 fasst die wichtigsten aus Einzeljahr- und Zeitreihenanalyse gewonnenen Befunde für die interannuellen Klima-Wachstums-Beziehungen in Zentraleuropa in einem nach Baumarten differenzierten Höhendiagramm zusammen. Das Diagramm beschreibt die für positive und negative Zuwachsreaktionen verantwortlichen Witterungsanomalien.

Für alle untersuchten Baumarten bestehen in fast allen Höhenstufen signifikante Zusammenhänge zur Temperatur und zum Niederschlag. Nur das Wachstum der Laubhölzer zwischen 750 und 1250 m NN, der Bergkiefern oberhalb von 1750 m NN und der Waldkiefern unterhalb von 250 m NN wird durch nur ein Klimaelement maßgeblich beeinflusst, bei Buchen, Wald- und Bergkiefern durch die Temperatur, bei den Eichen durch den Niederschlag. Somit kann die Temperatur auch in den Tieflagen, der Niederschlag auch in höchsten Lagen zu dem bestimmenden Wachstumsfaktor werden. Bei der artspezifischen Einzelbetrachtung ergeben sich folgende wichtige Zusammenhänge zwischen Klima- und Wachstumsanomalien:

Die **Tannen** (*Abies alba*) erweisen sich als extrem sensibel gegenüber winterlichen Temperaturbedingungen. Sie reagieren in allen Höhen mit starken Zuwachseinbrüchen auf extrem kalte Winter, profitieren entsprechend von milden Wintern. Mit abnehmender Höhe wirken sich warme Sommer negativer und feuchte Sommer positiver auf das Radialwachstum aus, woraus in den Tieflagen eine zunehmende Empfindlichkeit gegenüber Trockenstress abzuleiten ist.

Bei den **Lärchen** (*Larix decidua*), die nur in den alpinen Hochlagen vertreten sind, zeigt sich das stärkste Sommertemperatursignal. Sie bilden in warmen Sommern breite und in kühlen Sommern schmale Jahrringe aus, leiden zudem bei fehlenden sommerlichen Niederschlägen. Zudem profitieren sie von warmen Bedingungen im Herbst des Vorjahres.

Die **Fichten** (*Picea abies*) benötigen in allen Höhenstufen ausreichende Niederschläge. Liegen diese in der Vegetationsperiode unter den langjährigen Mittelwerten, reagieren sie mit geringeren Zuwächsen. In Lagen oberhalb 1250 m NN, das sind im

Höhe in m ü. NN	Zuwachs	ABAL	LADE	PCAB	PICE	PISY	PIUN	FASY	QUSP
	positiv		So ☀ +	So ☀ + Wi 💧 (+)	He_V - Veg (+)		Fr ☀ +		
	negativ		So 💧 -	Wi ☀ -	So 💧 - Fr NAO -		Fr ☀ - - So ☀ +		
1750	positiv	Wi ☀ (+) Mai 💧 +		So ☀ (+) Wi 💧 +			Veg ☀ (+)		
	negativ	Wi ☀ - So ☀ (-)		Wi ☀ -			Mai 💧 -		
1250	positiv	Wi ☀ + So ☀ (-)		So ☀ (+)		Aug ☀ +		So ☀ +	So 💧 +
	negativ	Wi ☀ - - So ☀ (+)		Veg 💧 -		Fr ☀ - So 💧 -		So ☀ -	So 💧 -
750	positiv	Wi ☀ + So 💧 +		So ☀ (-) Veg 💧 +		Wi ☀ +		Mai 💧 +	Mai 💧 +
	negativ	Wi ☀ - - So ☀ +		Veg ☀ + Veg 💧 -		Veg 💧 - Fr ☀ -		He_V ☀ - So ☀ -	He_V ☀ +
250	positiv					Wi ☀ +		Jahr 💧 +	Fr 💧 + So ☀ (-)
	negativ					So ☀ +		Veg 💧 -	Veg 💧 + Veg 💧 -

He_V= Herbst des Vorjahres
Veg = Vegetationsperiode

Wi = Winter (DJF)
Fr = Frühjahr (MAM)
So = Sommer (JJA)

☀ = Temperatur
💧 = Niederschlag

\+ - = positive bzw. negative Abweichung
(+) (-) = schwach
\+ - = stark
\- - = extrem

Abb. 7.20 Die für positive und negative Zuwachsreaktionen der untersuchten Baumarten in den von ihnen bestockten Höhenstufen verantwortlichen Witterungsbedingungen als Abweichungen von den Mittelwerten der Periode AD 1901 bis 1971

Untersuchungsgebiet zumeist alpine Standorte, können fehlende Niederschläge in der Wachstumszeit durch Schmelzwässer winterlicher Schneedecken kompensiert werden. Dadurch übersteigen bei den Fichten dieser Bestände die Abhängigkeiten zu den winterlichen Niederschlagssummen die zu denen in der Vegetationsperiode. Sind die Feuchtigkeitsverhältnisse ausreichend, erweist sich die Fichte mit zunehmender Höhe als eine Wärme liebende Art und bildet oberhalb 1750 m NN umso breitere Jahrringe, je höher die Sommertemperaturen sind. In Tieflagen hingegen besteht ein negativer Zusammenhang zur Temperatur.

Die **Arven** (*Pinus cembra*) zeigen ähnliche Wuchsreaktionen auf Klimavariationen wie die Lärchen, leiden aber im Gegensatz zu den Lärchen unter zu warmen Bedingungen zum Ende der vorjährigen Vegetationsperiode.

Die **Waldkiefern** (*Pinus sylvestris*) weichen am stärksten von den Klima-Wachstum-Beziehungen der anderen Arten ab. Sie zeigen in Lagen unterhalb von 250 m NN starke, allerdings negativ korrelierte sommerliche Temperatursignale. In höheren Lagen bestehen positive Zusammenhänge zwischen schmalen Jahrringbreiten und unterdurchschnittlichen Niederschlägen. Beide Zusammenhänge weisen auf eine starke Empfindlichkeit der Waldkiefern gegenüber Niederschlagsdefiziten hin. In Lagen unterhalb von 750 m NN profitieren sie überdies von milden Wintern, ein weiterer Hinweis auf die Niederschlagsabhängigkeit, da in den Tieflagen Zentraleuropas milde Winter zumeist aus westlichen Anströmrichtungen resultieren und mit feuchten Bedingungen verbunden sind. Für die Waldkiefern konnten in den Wintermonaten teilweise signifikant positive Korrelationen zur NAO gefunden werden (vgl. Abb. 7.19 E). In Lagen oberhalb von 750 m NN profitieren die Waldkiefern von einem warmen August. Darin könnte ein Hinweis auf eine lange Vegetationsperiode liegen, die sich in breiten Jahrringen auswirkt.

Die **Bergkiefern** (*Pinus uncinata*) zeigen insgesamt die schwächsten Zusammenhänge zu den Klimabedingungen und im Untersuchungszeitraum die wenigsten Weiserwerte. Diese zumeist negativen Zuwachsreaktionen können in Lagen oberhalb 1750 m NN entweder auf Kälteeinbrüche im Frühling oder auf sommerlichen Hitzestress zurückgeführt werden. In den Beständen unterhalb von 1750 m NN resultieren Zuwachseinbrüche fast immer aus Niederschlagsdefiziten zum Beginn der Vegetationsperiode.

Die **Buchen** (*Fagus sylvatica*) profitieren in Lagen oberhalb von 750 m NN von warmen Sommern, in Lagen unterhalb von 250 m NN hingegen von insgesamt feuchten Bedingungen während der Wachstumsphase. In den dazwischen liegenden Beständen vermischen sich beide Signale.

Die **Eichen** (*Quercus petraea* und *Quercus robur*) reagieren in Tieflagen ähnlich wie die Buchen auf Klimaveränderungen, zeigen aber in den höheren Lagen eine zunehmende Abhängigkeit von den Niederschlagsverhältnissen. Ein überdurchschnittliches Radialwachstum korreliert mit hohen sommerlichen Niederschlagssummen, Zuwachseinbrüche lassen sich zumeist auf trockene Sommer zurückführen.

Die NAO spielt bei der klimatologischen Interpretation der interannuellen Jahrringbreitenvariationen eine nur untergeordnete Rolle. Zumeist gehen ihre Anomalien einher mit den Anomalien von Temperatur und Niederschlag, bilden aber im Vergleich zu den Klimaelementen nur schwächere Korrelationen zu den Wuchsanomalien. Nur selten wie z. B. bei der Arve und Bergkiefer zum Ende des Winters erreichen sie ähnlich hohe oder höhere Korrelationskoeffizienten (vgl. Anhang XV, zweite Zeile).

Betrachtet man die Häufigkeiten der signifikanten Korrelationen der verschiedenen Klimaindizes zu den Wuchsanomalien in den einzelnen Monaten vom September des Vorjahres bis zum August des Jahres der Jahrringbildung, so resultieren deutliche Unterschiede zwischen den klimatischen Einflüssen (Abbildung 7.21).

Von den Niederschlägen (Abb. 7.21 B) geht ein klares Signal aus. Der Niederschlag ist zu Beginn der Vegetationszeit positiv mit dem Radialwachstum korreliert und schlägt bis zum Hochsommer hin in ein klares negativ korreliertes Signal um. Der fließende Übergang von den positiven Signalen im Mai zu den negativen Signalen im August erklärt sich aus dem mit zunehmender Höhenlage später einsetzenden Beginn der Wachstumsphase. Die Niederschlagsbedingungen bis zum April können zwar vereinzelt Einfluss auf das Wachstum nehmen, treten aber insgesamt gegenüber den Niederschlägen ab Mai deutlich in den Hintergrund.

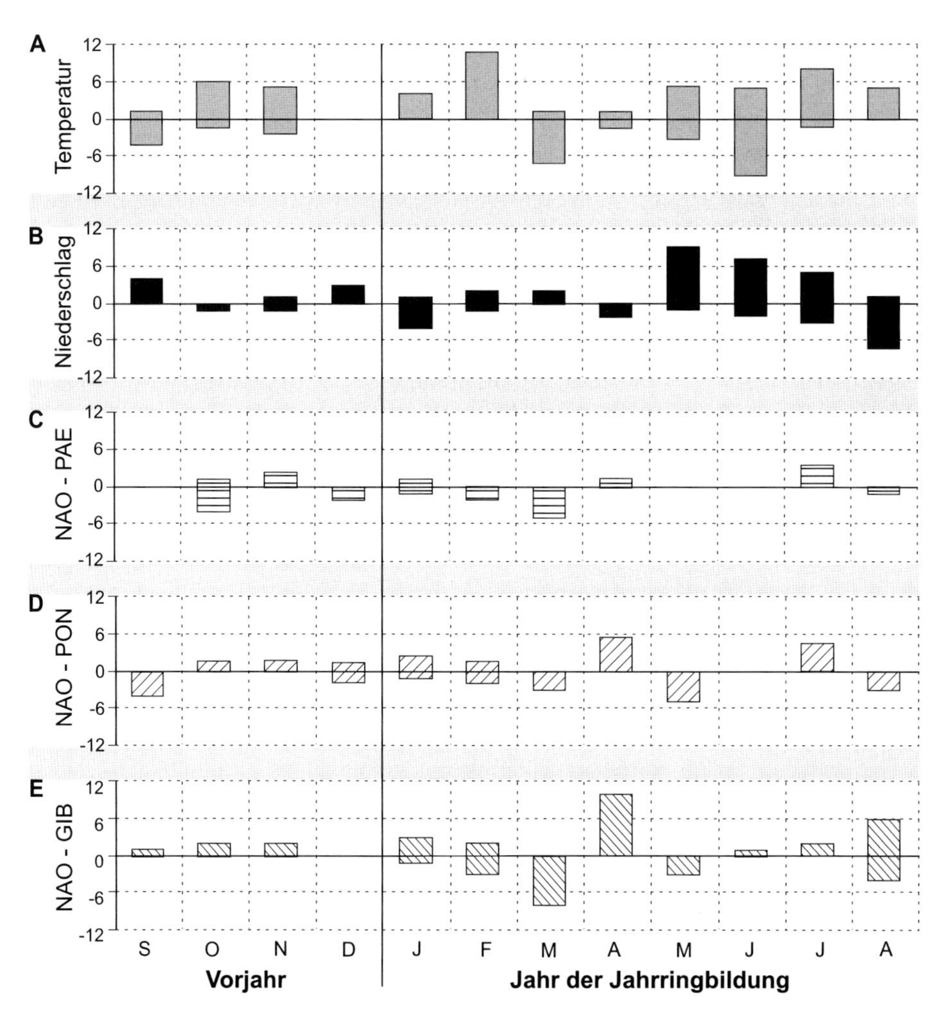

Abb. 7.21 Jahresgänge der Häufigkeiten signifikanter Korrelationen der fünf untersuchten Klimaindizes zu den Wuchsanomalien in den 29 Dendrogruppen

Bei den Temperaturen zeigen sich drei zeitliche Schwerpunkte im Jahresgang der Häufigkeiten signifikanter Korrelationen (Abb. 7.21 A). Auf einen warmen Oktober und November vor der Jahrringbildung reagieren in einem Fünftel der Dendrogruppen die Bäume positiv auf warme Bedingungen. Ein zweites, starkes Signal geht von den Februartemperaturen aus. Die positive Korrelation in knapp 40 % der Dendrogruppen resultiert zum Großteil aus den Zuwachseinbrüchen in Folge extrem niedriger Temperaturen, besonders bei den Tannen. Der dritte Schwerpunkt der Temperatur-Wachstums-Beziehungen liegt in der Vegetationsperiode. Zu gut einem Fünftel der Dendrogruppen bestehen in allen Monaten ab Mai positive Zusammenhänge. Vor allem im Juni bestehen aber auch zu einem Drittel der Dendrogruppen negativ korrelierte Einflüsse. In diesem gegenläufigen Temperatursignal im Frühsommer kommen höhenabhängige Unterschiede ebenso zum Ausdruck, wie artspezifisch unterschiedliche Toleranzen gegenüber den sommerlichen Temperaturbedingungen.

Die NAO-Einflüsse auf das Jahrringwachstum sind auf interannueller Ebene insgesamt deutlich schwächer. Seitens des Lagrange'schen PAE-Indexes bestehen ab dem April nahezu keine signifikante Zusammenhänge mehr. Nur von den PAE-Anomalien im vorjährigen Oktober und im März gehen zu knapp 20 % der Dendrogruppen negativ korrelierte Wirkungen auf das Radialwachstum aus (Abb. 7.21 C). Auch für den PON-Index lassen sich keine systematischen Wirkungen auf das Wachstum ableiten. In keinem Monat bestehen zu mehr als 20 % der Dendrogruppen signifikante Korrelationen (Abb. 7.21 D). Dies ändert sich beim GIB-Index, der aus den Luftdruckwerten der zu Zentraleuropa näher gelegenen Klimastation Gibraltars und Islands ermittelt wird. Im März besteht zu über 25 % der Dendrogruppen eine negative und im April zu über einem Drittel der Dendrogruppen eine positive Korrelation (Abb. 7.21 E). Auch im August bestehen zu zehn Dendrogruppen signifikante Korrelationen, jedoch zu sechs positive und zu 4 Gruppen negative. Verbindet man mit einem positiven NAO eher zonale atmosphärische Grundströmungen, so bringen diese feuchte Luftmassen nach Zentraleuropa, die im April eher wärmer, im August eher kühler als die sie umgebenden Luftmassen sind.

8 Diskussion

Die vorliegende Studie präsentiert eine großräumig angelegte dendroklimatologische Netzwerkanalyse im zentraleuropäischen Raum. Vergleichbare Untersuchungen wurden bislang nur in Regionen mit extremen ökologischen Bedingungen durchgeführt, in semiariden Zonen (FRITTS 1965), im Bereich der polaren Waldgrenze (BRIFFA et al. 1998, 2002) oder in Hochgebirgen (BRÄUNING 1999). An die in diesen klimatischen Extremgebieten herrschenden ökologischen Bedingungen sind oft nur ein oder wenige Baumarten mit ähnlichen ökologischen Ansprüchen adaptiert. Es bestehen klare Klima-Wachstums-Beziehungen, die sich in der Regel in einer Wachstumslimitierung durch nur einen einzigen Einflussfaktor äußern.

In den gemäßigten Breiten liegt eine grundlegend andere Ausgangssituation für die Analyse der Klima-Wachstums-Beziehungen vor. Kleinräumig variierende Klima-, Boden- und Vegetationsverhältnisse sind die Ursache für eine große Heterogenität der ökologischen Standortbedingungen. Mehrere Baumarten mit unterschiedlichen ökologischen Ansprüchen und verschiedenen Arealgrenzen konkurrieren miteinander um die Ressourcen. So wird das Wachstum der Bäume durch mehrere zumeist miteinander in Wechselwirkung stehenden Faktoren gesteuert. Zahlreiche lokal begrenzte dendroklimatologische Studien belegen dies (vgl. SCHWEINGRUBER & NOGLER 2003). Erst eine Interpretation der Wachstumsereignisse im Netzwerk ermöglicht auch im niederschlagsreichen gemäßigten Klimagebiet Zentraleuropas eine Ergründung der spezifischen Wirkung einzelner Faktoren auf das Baumwachstum, wie SCHWEINGRUBER & NOGLER (2003) in ihrer Netzwerkanalyse im Dreiländereck Deutschland – Frankreich – Schweiz aufzeigen konnten. Mit der vorliegenden Arbeit muss diese Aussage für ganz Zentraleuropa verifiziert werden, die im Folgenden diskutiert werden. Werden gewisse Mindestanforderungen an das Ausgangsmaterial und die Methoden eingehalten (Kap. 8.1), können auf der Grundlage eines großen Datenpools Wachstumsmuster gefunden werden (Kap. 8.2), die zum großen Teil klimatisch interpretierbar sind (Kap. 8.3).

8.1 Material und Methoden

Die Untersuchung der Klima-Wachstums-Beziehungen und deren Variabilitäten in einem subkontinentalen Raum wie Zentraleuropa erfordern hohe Ansprüche an das Ausgangsmaterial und die eingesetzten Methoden.

Als Untersuchungsmaterial konnten für die vorliegende Studie Jahrringbreitenserien von über 7.000 Bäumen zusammengetragen werden, die in zahlreichen dendrochronologischen Laboratorien Zentraleuropas zur Beantwortung unterschiedlicher Fragestellungen erhoben wurden. Somit sind in dem zu Grunde liegenden Datenpool Sammelstrategien aus verschiedenen wissenschaftlichen Richtungen kombiniert. An manchen Standorten ist das Jahrringbreitenwachstum auf nur einen Bohrkern je Baum gestützt, an anderen Standorten liegen bis zu acht Radien aus Stammscheiben vor, aus deren Mittelung bereits auf Baumebene eine Betonung eines in allen Radien enthaltenen Signals folgt. Aus Reaktionsholzbildungen resultierende Variationen der Jahrringbreiten, die aus einseitigen mechanischen Belastungen und/oder einer

Schrägstellung des Baumes resultieren (Shroder 1980, Strunk 1997, Gers et al. 2001), können durch eine Mittelung mehrerer Radien oder Bohrkerne minimiert werden. Die Anzahl der je Standort beprobten Bäume variiert ebenfalls sehr stark von nur fünf bis über Hundert (vgl. Anhang III). Je größer die Anzahl der Bäume eines Standortes ist, desto stärker kann sich das in den Datensätzen enthaltene gemeinsame Signal durchsetzen. Ausreißerverhalten eines einzelnen Baumes verlieren in einem großen Kollektiv an Bedeutung.

Das schwerwiegenste aus den unterschiedlichen Sammelstrategien resultierende Problem liegt in der Dokumentation der Beprobung und somit in der Erfassung der Metadaten. In Ausnahmefällen liegen zu den dendrochronologischen Daten ausschließlich Informationen über die geographische Herkunft vor. Selbst wenn Aufzeichnungen zur geologischen, pedologischen und/oder pflanzensoziologischen Situation in den Standorten vorliegen, ist eine Vergleichbarkeit über alle Datensätze nur schwer möglich. Die Angaben sind zu unterschiedlich. Aus diesem Grund musste die von Schweingruber & Nogler (2003) geforderte biogeographische Stratifizierung der Standortchronologien auf eine Gliederung nach Baumart und geographischer Lage eingeschränkt werden.

Trotz des mit über 7000 Bäumen aus 377 Standorten enormen Datenumfangs weist das Netzwerk keine homogenen Verteilungen auf. Regionen ohne Beprobungsflächen wie Rheinland Pfalz stehen Regionen wie dem östlichen Wallis mit hohen räumlichen Standortkonzentrationen gegenüber (Abb. 4.2). Zudem weisen die untersuchten Baumarten unterschiedlich große Anteile am dendrochronologischen Datensatz auf (Abb. 4.3). Über ein Drittel aller Standorte sind mit Fichten bestockt. Die Heterogenitäten in der Artenverteilung verstärken sich in den Höhenstufen. Werden die Tieflagen durch die Laubholzarten Buche und Eiche dominiert, beherrschen in Lagen oberhalb von 1250 m NN die Nadelhölzer das Artenspektrum (Abb. 4.4). Während die artspezifischen Heterogenitäten ökologisch und anthropogen bedingt sind (Ellenberg 1996) und Ausdruck der naturnahen Großgliederung der europäischen Vegetation sind (Abb. 3.1), können die räumlichen Disparitäten in der Standortverteilung durch eine weitere Aufnahme von Chronologien reduziert und ausgeglichen werden.

Alle dendrochronologischen Datensätze wurden gleich bearbeitet, so dass unterschiedliche Ergebnisse nicht auf voneinander abweichende Datenaufbereitungen zurückzuführen sind. Ausgehend von den Rohwertmittelkurven der Bäume wurden alle Zeitreihen in der gleichen Weise und mit den gleichen Programmen behandelt. Die von Cropper (1979) eingeführte Methode zur Bestimmung von Weiserwerten erfasst aus den Zeitreihen der Jahrringbreite positive und negative Zuwachsanomalien in Beziehung zu den benachbarten Jahrringen. Statistisch gesehen sind sie Ausreißer. Die Croppermethode ermöglicht die Quantifizierung von Weiserwerten mittels Computer, liefert jedoch zu visuell ermittelten Weiserjahren (Schweingruber et al. 1990) vergleichbare Resultate (Esper 2000, Neuwirth et al. 2004).

Der Einsatz der Clusteranalyse zur Ausscheidung von Regionen mit ähnlichem Wachstum ist nicht neu. Leuschner & Riemer (1989) können durch dieses multivariate Analyseverfahren historische Datensätze mit unbekannter Herkunft in bestehende Chronologien einbinden und gelangen zu verbesserten Regionalchronologien. Beuting

(2004) setzt die Clusteranalyse mit ähnlicher Zielsetzung ein. Er konnte Hölzer von Instrumenten über deren Jahrringbreitenserien ihren Herkunftsregionen zuordnen. Bräuning (1999) gruppiert mit der Clusteranalyse die Standorte Hochtibets in fünf dendroökologische Wachstumsprovinzen. Bei allen Beispielen fließen Jahrringbreitenserien in die Clusteranalyse ein. In der vorliegenden Studie wird die Clusteranalyse erstmals auf Wuchsanomalien angewandt, d. h. es fließen die Reaktionen auf variierende Standortbedingungen in die Analysen ein. Das mittlere Wachstum, das Ausdruck der individuellen Adaption des Baumes an seine lokalen mittleren Standortbedingungen ist, bleibt unberücksichtigt. Statt Cluster mit ähnlichem Radialwachstum der Bäume resultieren solche, die Bäume mit einem ähnlichen Reaktionsverhalten vereinigen.

Aus der Beschreibung der aus der Kombination von Faktoren-, Cluster- und Diskriminanz-analyse gebildeten Dendrocluster (Tab. 5.4) können Anhaltspunkte für die Gruppeneinteilungen abgeleitet werden. Obwohl nur die Wuchsanomalien an den 377 Standorten in die Analysen einfließen, können 56 der 59 Dendrocluster bereits durch die Parameter Baumart, Höhenlage und geographische Breite charakterisiert werden. Exposition und Lage zum Meer werden zur Charakterisierung der Cluster auf der gewählten Fusionsstufe nicht benötigt. Wie Kahle et al. (1998) bereits im Schwarzwald und Neuwirth et al. (2004) für das Lötschental feststellen konnten, spielt die Exposition gegenüber der Höhenlage für die Ausbildung von Wuchsanomalien eine nur untergeordnete Rolle. Exposition und Lage zum Meer, parametrisiert durch ihre Lokalität westlich oder östlich von 10° E, differenzieren die Cluster erst auf einer geringeren Fusionsstufe mit einer höheren Clusteranzahl (vgl. Kap. 5.1). Es liegt der Schluss nahe, dass die Exposition und weitere aus den Metadaten abzuleitende Parameter an Bedeutung gewinnen, wenn der dendrochronologische Datenpool verdichtet wird.

Die verbleibenden drei, nicht schlüssig aus den Metadaten erklärbaren Dendrocluster stellen Mischcluster dar, die entweder aus weit entfernten Standorten oder aus Standorten vieler Baumarten gebildet werden. Daraus könnte der Schluss abgeleitet werden, die Standorte direkt nach der Baumart und nach geographischen Kriterien zu gliedern. Aber wo liegen die Klassengrenzen z. B. für die Höhenstufen? Welche Gliederungskriterien sind wichtiger, die Spezies, die Höhenlage, der Kontinentalitätsgrad oder die Exposition? Für die Beantwortung solcher und ähnlicher Fragen können multivariate Analyseverfahren wichtige Hilfestellungen geben. So konnten in der vorliegenden Studie die obere Grenze der untersten Höhenstufe bei 250 m NN und die Untergliederung der weiteren Stufen mit 500 m Vertikaldistanzen aus der Clusteranalyse abgeleitet werden. Auch die Rangfolge der für die Gruppeneinteilung notwendigen Parameter - erst die Art, dann eine zonale Gliederung mit einer Höhenstufung – ergab sich aus der Zuordnung der Standorte in Dendrocluster.

Aufgrund der so abgeleiteten Parameter sind zwei Strategien für die weitere Vorgehensweise möglich, das Arbeiten mit den Dendroclustern, die auf Grundlage der Wuchsanomalien gebildet wurden, oder eine Gruppierung der Standorte nach den aus der Clusteranalyse abgeleiteten Kriterien Art, Zone und Höhenlage. In der Wachstumsanalyse wurden beide Strategien verglichen. Weder für die Wüchsigkeit (Kap. 6.1) noch für andere statistische Charakteristika der Jahrringbreitenserien (Kap. 6.2) ergaben sich wesentlichen Abweichungen zwischen beiden Strategien. Selbst die aus den verschiedenen Datensätzen abgeleiteten Wuchsanomalien führen zu nahezu identischen Masterplots (Abb. 6.6). In Folge dessen konnten die Dendrocluster als Datenbasis für die abschließende Klima-Wachstums-Analyse genutzt werden.

Ob eine direkte Klassifizierung der dendrochronologischen Standorte nach den aus der Clusteranalyse abgeleiteten Kriterien und die damit verbundene klare Zuordnung der Standorte in Dendrogruppen zu abweichenden Resultaten in der Analyse der Klima-Wachstums-Beziehungen führen würde, konnte im Rahmen dieser Studie nicht geprüft werden.

8.2 Wachstumsanalyse

Die Bäume Zentraleuropas wachsen in den ersten 7 Jahrzehnten des 20sten Jahrhunderts im Mittel über alle Standorte und Spezies 1,4 mm/a. Während Tannen, Buchen, Fichten und mit Abstrichen die Eichen zu den schnellwüchsigeren Arten zu zählen sind, weisen die drei Hochlagenarten Lärche, Arve und Bergkiefer jährliche Zuwachsraten von 1 mm/a und weniger auf. Auch Petitcolas (1998) ermittelt für die französischen Alpen die geringsten Zuwachsraten für Lärche und Bergkiefern, findet jedoch für die Arven ein den Fichten vergleichbares Radialwachstum. Da gegenüber der Arbeit von Petitcolas (1998) in dieser Studie auch ostalpine Arvenbestände in die Berechnung einfließen, ist der Schluss zu ziehen, dass die Arven in den Ostalpen deutlich langsamer als in den Westalpen wachsen. Dass die Waldkiefern mit nur 0,98 mm/a zu den langsam wachsenden Arten zu zählen sind, obwohl sie zumeist nur in Höhen bis maximal 1500 m NN vorkommen, muss auf die Verdrängung dieser Spezies auf zumindest für andere Arten ungünstige Standorte (Rigling et al. 2001) zurück geführt werden.

Eine direkte Abhängigkeit der Radialzuwächse von der Höhenlage kann für den gesamten Datensatz nicht verifiziert werden. Die unterschiedliche vertikale Verbreitung der einzelnen Arten dürfte diesen Zusammenhang stören. Denn mit Tanne, Fichte und der Buche auf Clusterebene kann für die Arten, die in den meisten Höhenstufen vorkommen, eine Abnahme der jährlichen Zuwachsraten mit zunehmender Höhe statistisch belegt werden. Dies deckt sich mit den Befunden von Lingg (1986) für die Tannen im schweizerischen Wallis und von Bräuning (1999) für die Tannen und Fichten Hochtibets.

Alle untersuchten statistischen Eigenschaften der Jahrringbreitenserien (Tab. 6.2) liegen innerhalb der festgelegten Toleranzen (Tab. 2.1) und attestieren, dass die Mittelkurven die sie bildenden Einzelserien gut wiedergeben. Dies lässt auf eine gemeinsame überregionale Steuerung externer Wachstumsfaktoren schließen (Fritts 1976). Geringe Unterschiede zwischen den Baumarten zeigen, dass bei Bergkiefern die Baumserien die geringsten Ähnlichkeiten zur jeweiligen Mittelkurve aufweisen. Für die Buchen errechnen sich die höchste Gleichläufigkeit und der zweitniedrigste NET-Wert. Entsprechend können aus den Jahrringbreitenserien der Buchen die stärksten Signale in Hinsicht auf den Einfluss eines externen Wachstumsfaktors erwartet werden. Es bestätigt sich damit auch im Vergleich über acht Baumarten, dass die Buche sehr sensitiv auf wechselnde Standortort- und Umweltbedingungen reagiert (Bonn 1998).

Die Höhenverteilungen der statistischen Eigenschaften zeigen kein einheitliches Signal. Während für die Varianz und den Signalstärkeparameter NET ein schwacher Trend zu schwächer werdenden Werten mit zunehmender Höhe zu erkennen ist, weisen die anderen Parameter ihre günstigsten Werte in den mittleren Lagen auf. Dieser zumindest für die Gleichläufigkeit überraschende Befund, dass in den Mittellagen die größten Ähnlichkeiten zwischen den Jahrringserien zu finden sind, scheint mit der dendroklimatologischen Grundannahme in Widerspruch zu stehen, dass gerade in den Extremlagen die deutlichsten aus externen Wachstumsfaktoren abzuleitenden Signale zu finden sind (LaMarche 1974). So bleibt z.B. für die Fichten die Gleichläufigkeit über das gesamte zentraleuropäische Höhenspektrum nahezu konstant, während sie bei den Buchen von 78 % in den Tieflagen unter 250 m NN auf 87 % in den Hochlagen zwischen 1250 und 1500 m NN steigt (vgl. Anhang XI).

Autokorrelationen erster Ordnung sind ein Maß für den Vorjahreseinfluss (Briffa et al. 1988, Riemer 1994). Sie ist bei Lärchen, Buchen und Eichen niedriger als bei Tannen, Fichten, Arven, Berg- und Waldkiefern (Tab. 6.2). Immergrüne Arten profitieren folglich stärker von den Bedingungen im Vorjahr der Jahrringbildung. Eine stärkere Nadelneubildung im Vorjahr ermöglicht ihnen eine höhere Photosyntheseleistung nach der Winterruhe. Dies gilt insbesondere für die Tannen, die die höchsten Autokorrelationen aufweisen. Die starke Abhängigkeit von vorjährigen Bedingungen wird auch von Rolland (1993) für die Tannen der südwestlichen Alpen und von Bräuning (1999) für die Tannen Hochtibets erkannt. Insgesamt findet sich in der Autokorrelation ein Trennkriterium zwischen laubwerfenden und immergrünen Arten.

Dittmar (1999) errechnet für Buchen Mitteleuropas eine mittlere Autokorrelation von 0,67 und eine Gleichläufigkeit von 72 bis 73 %. Nach Dittmar & Elling (1999) weisen bayrische Fichten, gemittelt über verschiedene Höhenlagen, eine mittlere Autokorrelation von 0,76 auf. Obwohl die diesen Arbeiten zu Grunde liegenden Bäume auch Bestandteil dieser Studie sind, ergeben sich hier deutlich günstigere Werte (Tab. 6.2). Diese Verbesserung kann nur auf die insgesamt größere Grundgesamtheit untersuchter Bäume und Standorte zurückgeführt werden. Mit ihr werden individuelle und lokale Effekte stärker unterdrückt, während das gemeinsam in den Daten enthaltene Signal verstärkt wird. Werden die Autokorrelationen nur für die Anomalien der Radialzuwächse als Cropperwerte betrachtet, verliert der in den Autokorrelationen 1. Ordnung zum Ausdruck kommende Vorjahreseinfluss weiter an Bedeutung. Für die Buchen errechnet sich eine Autokorrelation von -0,18, für die Fichten von -0,27. Das Mittel über alle Baumarten liegt knapp über -0,2 (vgl. Anhang XI, S. 53). Die ansonsten negativen Auswirkungen der Autokorrelationen auf das Signifikanzniveau von Korrelationen zwischen Klima- und Wachstumsvariablen werden deutlich minimiert (Cook & Jacoby 1977). Die Zahl der Freiheitsgrade (vgl. Anhang IX) erhöht sich im Mittel um 10, woraus eine Senkung der kritischen Werte für den Korrelationskoeffizienten von durchschnittlich 0,02 folgt.

Da in den gemäßigten Mittelbreiten auf dem zeitreihenanalytischen Ansatz basierende Studien selbst in jüngster Zeit keine abschließenden Resultate für die Klima-Jahrring-Beziehung liefern konnten (Spiecker 1990, Z'Graggen 1992, Kahle 1994, Bonn

1998, Oberhuber et al. 2003), widmen sich die Untersuchungen zunehmend der dendroklimatologischen Interpretation von Extremwerten. Das Vorkommen von Extremjahren sowie deren Häufigkeit und Intensität hängen von der Methodik und dem Untersuchungszeitraum, der Probenauswahl, ihrer Herkunft und der Baumart ab (Schweingruber & Nogler 2003). Da diese Kriterien von Untersuchung zu Untersuchung variieren, fällt ein Vergleich der Weiserwerte schwer. Dennoch sind Überstimmungen zu finden. Die Buche erweist sich in allen Studien wie auch hier (Abb. 6.7) als die Baumart mit den häufigsten Weiserwerten im 20. Jahrhundert. Bonn (1998) führt dies auf die hohe Reaktionsfähigkeit der Buche auf wechselnde Umweltbedingungen zurück, wobei sie schneller und stärker als andere Arten mit Zuwachssteigerungen auf sich verbessernde Bedingungen reagieren kann. Burschel & Huss (1997) belegen diese spezifische Eigenschaft auch für weit über 100 Jahre alte Buchen, während andere Arten mit zunehmendem Alter diese Eigenschaft verlieren. Diese Eigenschaft verschafft den Buchen in alten Beständen einen Konkurrenzvorteil gegenüber anderen Arten, vor allem den Eichen (Bonn 1998, Dittmar 1999). Bei Eichen sind extreme Zuwachseinbrüche deutlich seltener als bei anderen Arten zu finden (Tab. 6.7), was Roloff & Klugmann (1997) mit ihrer großen Toleranz gegenüber wechselnden Standortbedingungen erklären. Die Relationen der artspezifischen Unterschiede bezüglich der Weiserwerthäufigkeiten (Tab. 6.6) stehen in Einklang mit den Literaturangaben (Schweingruber et al. 1991, Petitcolas 1998, Schweingruber & Nogler 2003). Schweingruber et al. (1991) zählen im östlich von Bern gelegenen Krauchtal bei den Buchen fast doppelt so viele Weiserjahre wie bei den Fichten und etwa ein Drittel mehr als bei den Tannen. So reagieren Bergkiefern und Fichten seltener als Eichen, Arven, Lärchen und Waldkiefern, gefolgt von Tannen und Buchen. Das kürzere Zeitfenster und die wesentlich größere Grundgesamtheit der vorliegenden Studie führen zu einer Reduktion der absoluten Weiserwertnennungen. Allerdings kann der enorme Unterschied von vier Weiserjahren bei Bergkiefern und 35 bei Lärchen, den Petitcolas (1998) in Briançonnais (Südwestalpen) für die Periode AD 1900 bis 1993 ermittelt, nicht bestätigt werden. Zwar weisen die Bergkiefern auch in der vorliegenden Studie mit 19 Nennungen zwischen AD 1901 und 1971 die wenigsten Weiserwerte aller Arten auf, liegen damit aber nur knapp unter dem Durchschnitt aller Arten von 21,4 Nennungen.

Von den zentraleuropäischen Weiserwerten (Tab. 6.5) finden sich nur die als extrem ausgewiesenen Jahre in der Mehrzahl der Studien wieder. AD 1948 z. B. wird in allen Studien als ein Jahr mit starken Zuwachsreduktionen genannt. Für das extrem positive Weiserwertjahr 1955 gilt Ähnliches. Bei den Nadelhölzern der Pragser Dolomiten fehlt diese Nennung (Hüsken 1994). Allerdings untersucht Hüsken Weiserintervalle und ermittelt für AD 1956 einen stark negativen Ausschlag. Weiserintervalle geben Auskunft über den Wuchstrend von einem Jahr zum Folgejahr (Schweingruber 1983), sind aber mit dem methodischen Problem behaftet, dass einem positiven Extremwert auch dann ein negatives Interfall folgen muss, selbst wenn der Zuwachs im Folgejahr überdurchschnittlich ist. Esper (2000: 21) spricht in diesem Zusammenhang von einem „Resonanzeffekt“, der aus der Relation von Vorzeichen resultiert. Somit muss das negative Weiserintervall 1956 in den Dolomiten kein Widerspruch zum positiven Weiserwert 1955 sein.

Mit sinkender Intensität der zentraleuropäischen Weiserwerte schwinden auch die Übereinstimmungen mit den Weiserwertkatalogen in der Literatur, d. h. es sind für diese Jahre immer nur Übereinstimmungen zu einem Teil der räumlich enger begrenzten Untersuchungen zu finden. Solche „teilweisen" Übereinstimmungen reflektieren sich in den räumlichen Verbreitungsmustern der Weiserwerte (Anhang XIV). Einerseits sind lokale Studien hilfreich und teilweise auch notwendig, die Verbreitungsmuster deuten und verstehen zu können, andererseits können die Karten helfen, Widersprüche und Ungereimtheiten auf lokaler bis regionaler Ebene aufzulösen. Für AD 1962, einem Jahr, das nicht als zentraleuropäischer Weiserwert eingestuft wurde, soll dies exemplarisch diskutiert werden. Während SCHWEINGRUBER & NOGLER (2003: 135) AD 1962 als negatives Weiserjahr oberhalb von 500 m NN ausweisen, klassiert BONN (1998) es als positives Weiserjahr. Dieser scheinbare Widerspruch liegt in zweierlei Ursachen begründet, der unterschiedlichen Baumart und dem abweichenden Untersuchungsgebiet. Fichten im südwestlichen Zentraleuropa reagieren mit Zuwachseinbrüchen, Buchen im nordöstlichen Zentraleuropa mit Zuwachssteigerungen (Anhang XIV, S. 134).

8.3 Klima-Wachstums-Analyse

Bei der klimatologischen Deutung der Wuchsunterschiede im Jahr 1962 zeigt sich, dass die Zuwachsreduktionen der Fichten und die Zuwachssteigerungen der Buchen aus den gleichen klimatischen Anomalien resultieren. SCHWEINGRUBER & NOGLER (2003) leiten aus der Baseler Reihe ebenso wie BONN (1998) aus einem Komposit von 10 Klimastationen Mittel- und Ostdeutschlands im Vergleich zum jeweils langjährigen Mittel kühl-feuchte Bedingungen für die Monate März bis Juli ab. Die aus den GRID-Daten der Climate Research Unit in Norwich/GB (MITCHELL et al. 2003) für diese Studie berechneten Jahresgänge der mittleren Temperatur- und Niederschlagsanomalien führen zu ähnlichen Witterungsbedingungen. Daraus können für das Jahr 1962 zwei Folgerungen abgeleitet werden.

(i) Unterschiedliche Wuchsanomalien sind trotz der großen räumlichen Distanz nicht Ausdruck verschiedener regionaler Witterungsbedingungen, sondern der artspezifisch unterschiedlichen Reaktionen auf die gleichen Klimaanomalien. Die Nähe der Klimastation zum Baumstandort, die TESSIER (1988) als grundlegend für die Klima-Wachstums-Beziehungen ansieht, spielt zumindest AD 1962 keine Rolle. Vielmehr bestätigt sich die Feststellung von MEYER & SCHWEINGRUBER (2000), dass die Wachstumsverhältnisse oft den Klimaverhältnissen weiter entfernter Stationen entsprechen.

(ii) Für das Radialwachstum der Bäume sind zumindest AD 1962 nicht die absoluten Temperatur- und Niederschlagswerte verantwortlich, diese weichen zwischen Basel und den Stationen in Mittel- und Ostdeutschland deutlich voneinander ab, sondern die Abweichungen der Klimaelemente von den langjährigen Mitteln. Hierin bestätigt sich, dass jeder Baum an seine lokalen Standortbedingungen angepasst ist. So stellen SCHWEINGRUBER & NOGLER (2003: 137) fest:

„During its life a tree adapts to the climate predominating at a given site."

Das großräumig angelegte dendroklimatologische Netzwerk zeigt im Gegensatz zu lokal begrenzten Studien, dass in jedem Jahr zwischen AD 1901 und 1971 solch deutliche

Zuwachsanomalien bestehen, dass sich Regionen mit gleichsinnigen Zuwachsreaktionen ausweisen lassen. Die Weiserwertkarten und Wachstumsdiagramme im Anhang XIV dokumentieren dies eindrucksvoll. Die großräumigen Wachstumsmuster können nur mit dem überregional wirkenden Einfluss des Klimas erklärt werden (BECKER et al. 1990). Dies gilt auch für Jahre, in denen die Bäume in Teilregionen mit konträren Wachstumsreaktionen reagieren, wie das Beispiel AD 1962 zeigt.

Aus den Analysen der Klima-Wachstums-Beziehungen erweist sich eine kühl-feuchte Witterung während der Vegetationsperiode in Zentraleuropa als förderlich für das Wachstum der Bäume (vgl. Abb. 7.1). Überregional und artübergreifend resultieren breite Jahrringe. Dies erstaunt nicht, da in zahlreichen regionalen und lokalen Studien ähnliche Befunde erzielt wurden. So konnten z. B. NEUWIRTH et al. (2004) dies für die Fichten in zentralalpinen Hochlagen ebenso wie BONN (1998) für Buchen und Eichen in mittel- und ostdeutschen Tieflagen als Ursachen für überdurchschnittliche Zuwachssteigerungen belegen. Jede geringfügig von diesen als optimal zu bezeichnenden Bedingungen abweichende Witterung führt zu Zuwachseinbußen, die je nach Art, Region und Höhenlage unterschiedlich ausfallen können.

Die in einer Extremjahr- und einer Zeitreihenanalyse gewonnenen Befunde für die interannuellen Klima-Wachstums-Beziehungen in Zentraleuropa konnten in einem nach Baumarten differenzierten Höhendiagramm zusammengefasst werden. Dabei werden für jede Höhenstufe und jede Spezies die unterschiedlichen klimatischen Ursachen für positive und negative Zuwachsreaktionen gegenübergestellt, jeweils dargestellt durch die Abweichungen von den langjährigen mittleren Witterungsbedingungen. Die einzelnen Befunde entsprechen im Wesentlichen den publizierten Ergebnissen lokal enger begrenzter Untersuchungen. So bestätigen sich insbesondere die Empfindlichkeit der Tannen gegenüber extremer Winterkälte (SCHWEINGRUBER et al. 1991, DESPLANQUE et al. 1999, NOGLER & SCHWEINGRUBER 2003), die positiven Reaktionen der Fichten auf sommerliche Niederschläge (LINGG 1986, KAHLE 1994, PETITCOLAS 1998, DITTMAR & ELLING 1999, NEUWIRTH et al. 2004), die hohe Sensitivität der Buchen gegenüber kurzzeitigen Veränderungen der Standortbedingungen (Z'GRAGGEN 1992, BONN 1998, DITTMAR 1999, SCHWEINGRUBER et al. 1991), die starke Empfindlichkeit der Waldkiefern gegenüber Trockenheit während der Vegetationsperiode (RIGLING et al. 2001, 2003) und die hohen Korrelationen der Lärchen im oberen Waldgrenzökoton zur Sommertemperatur (HÜSKEN 1994, PETITCOLAS 1998, BÜNTGEN et al. 2004).

Werden die klimatischen Ursachen für die Wuchsanomalien der Baumarten über die gewählten Höhenstufen gemittelt betrachtet, so kann die grundlegende Meinung, dass das Baumwachstum im oberen Waldgrenzökoton von der Temperatur und an den unteren Verbreitungsgrenzen durch den Niederschlag gesteuert wird (LAMARCHE 1974), in dieser Pauschalität nicht bestätigt werden. In allen Höhenlagen zeigen sich für die meisten zentraleuropäischen Arten sowohl zum Niederschlag als auch zur Temperatur signifikante Zusammenhänge (Abb. 7.20). So zeigen insbesondere die Fichten in Beständen oberhalb von 1750 m NN ebenso deutliche Reaktionen auf winterliche Niederschläge wie auf sommerliche Temperaturen (vgl. auch NEUWIRTH et al. 2004). KAHLE et al. (1997) machen in den Hochlagen des Schwarzwaldes Wasserbilanzschwankungen für die Varianzen des Radialzuwachses verantwortlich. Lange Trockenperioden wie AD 1945

(Anhang XIV, S. 117) verursachen ebenfalls starke Zuwachseinbrüche sowohl in den Tieflagen bei der Waldkiefer als auch in den Hochlagen der Buchen, Eichen. Selbst die Arven im oberen Waldgrenzökoton weisen einen extrem negativen Weiserwert auf. Ähnlich beschreiben Becker et al. (1990) die Situation in dem Trockenjahr 1976, das außerhalb des dieser Studie zu Grunde liegenden Zeitfenster liegt. AD 1976 sind über alle Höhenzonen von Mittelitalien bis Südskandinavien negative Weiserjahre zu finden, die durch eine Frühjahrs- und Frühsommertrockenheit zu erklären sind.

Briffa et al. (1998) verstehen das aus Jahrringen abgeleitete Temperatursignal als das originäre Signal und interpretieren die Zusammenhänge zum Niederschlag als einen Resonanzeffekt, der durch die systematisch reduzierten Temperaturen bei Niederschlagsereignissen hervorgerufen wird. Diese Einschätzung kann aufgrund der Befunde dieser Studie nur teilweise Aufrecht erhalten bleiben, etwa für die in den Lärchen gefundenen Signale. Hier dürften aufgrund der hohen Abhängigkeit der Lärchen von sommerlicher Wärme die negativen Korrelationen zum Niederschlag Resonanzeffekte zu niedrigen Temperaturen sein. Die positiven Korrelationen der Fichten und Waldkiefern zu den Niederschlägen im Winter und Sommer müssen jedoch als primäre Signale angesehen werden. Besonders die Fichten als Flachwurzler sind gerade in warmen Sommern auf direkte Niederschläge angewiesen und profitieren direkt von Niederschlagsspenden. Gleiches gilt für die Waldkiefer, die zwar eine kräftige Pfahlwurzel ausbilden, zumeist aber Standorte mit einer geringen Wasserhaltekapazität bestocken (Rigling et al. 2003). Für sie sind die Niederschläge, fast unabhängig von den Temperaturbedingungen, lebenswichtig.

9 Zusammenfassung und Ausblick

Die vorliegende Studie präsentiert eine denroklimatologische Netzwerkanalyse der interannuellen Klima-Wachstums-Beziehungen zentraleuropäischer Bäume. Die Untersuchung geht von der Annahme aus, dass die in den Radialzuwächsen der Bäume enthaltenen Anomalien zu regionalen Wachstumsmustern führen, die durch die von den mittleren Bedingungen abweichenden Witterungsverhältnissen verursacht werden. Die Beschränkung der Untersuchungsperiode auf die Jahre AD 1901 bis 1971 liegt einerseits im gemeinsamen Überlappungsbereich von Klima- und Dendrodaten begründet. Andererseits soll die vorliegende Grundlagenstudie zu den Klima-Wachstums-Beziehungen durch die Phase, in der sich die Auswirkungen des globalen Klimawandels in den Daten verstärkt abzeichnen, nicht negativ beeinflusst werden.

Die Grundlage der Arbeit ist ein Netzwerk dendrochronologischer und klimatologischer Daten, die über ihre Metadaten miteinander verknüpft werden. Überdies beinhaltet das Netzwerk an die Datenstruktur angepasste Module zur Aufbereitung der Eingangsdaten, ihrer Auswertung und zur Darstellung von Untersuchungsergebnissen.

Auf dendrochronologischer Seite fließen 377 Standortchronologien der Gattungen *Abies*, *Fagus*, *Larix*, *Picea*, *Pinus* und *Quercus* mit insgesamt über 1,2 Millionen Rohwerten zur Jahrringbreite für die 71-jährige Untersuchungsperiode in das Netzwerk ein. Die Jahrringdaten wurden von zahlreichen dendrochronologischen Laboratorien und Arbeitsgruppen des In- und Auslandes erhoben und für diese Untersuchung zur Verfügung gestellt. Sie decken, abgesehen von Sonderstandorten wie Auen- oder Moorlandschaften sowie stark anthropogen geprägten Forsten, das ökologische Spektrum zentraleuropäischer Waldgesellschaften ab.

Monatlich aufgelöste Daten zur Temperatur, zum Niederschlag und zur Nord Atlantischen Oszillation, der die zentraleuropäischen Großwetterlagen steuernde Luftgradient zwischen Azorenhoch und Islandtief, bilden den klimatologischen Datenpool. Die Temperatur- und Niederschlagsdaten wurden von der Climate Research Unit (CRU) in Norwich/GB berechnet und sind Reanalysedaten in einem Gitternetz mit 10-minütiger räumlicher Auflösung.

Die methodische Aufbereitung der Daten gliedert sich in vier Phasen. Die mit jeder Phase erzielten Ergebnisse können eigenständig Grundlage einer Klima-Wachstums-Analyse sein, werden in dieser Studie jedoch zu einer umfassenden Charakterisierung der interannuellen Beziehungen zwischen Klima und Jahrringwachstum zusammen geführt.

(i) Nach der Methode von Cropper (1979) werden aus den Jahrringbreiten Zeitreihen ermittelt, die für jeden Standort die Abweichungen vom jeweils mittleren Radialzuwachs angeben. Deren kartographische Umsetzung führt zu Weiserwertkarten, die für jedes Jahr der Untersuchungsperiode in einer zweipoligen Farbskala in Rot die Regionen mit Zuwachssteigerungen und in Blau die Regionen mit Zuwachseinbrüchen illustrieren.

(ii) Die Kombination der multivariaten Analyseverfahren Faktoren-, Cluster- und Diskriminanzanalyse fusioniert die 377 Standorte zu 59 Clustern, die Standorte mit ähnlichen Wuchsanomalien während der 71 Jahre von AD 1901 bis 1971 in sich vereinigen. Die kartographische Umsetzung mündet in Clusterkarten, die in den geographischen Zentren der Cluster die signifikanten Abweichungen vom Radialzuwachs visualisieren.

(iii) Eine Gruppierung der Dendrocluster nach den sie dominierenden Baumarten, differenziert nach Zonen zur geographischen Breite und der Höhe über NN führt zu 29 Dendrogruppen. Die graphische Umsetzung ihrer Wuchsanomalien führt zu Wachstumsdiagrammen, die gemittelt über die Zonen für jede Spezies höhenabhängige Weiserwerte in drei Intensitätsstufen zeigen.

(iv) Die Temperatur- und Niederschlagsdaten werden über die Gitternetzpunkte zu repräsentativen Zeitreihen für die Höhenstufen jeder Zone und für das gesamte Untersuchungsgebiet gemittelt, ehe auf Basis der Monate und Jahreszeiten ihre Abweichungen von den jeweiligen langjährigen Mitteln nach der Methode von Cropper (1979) berechnet werden. Die drei Indizes zur NAO, die sich durch verschiedene Ausgangsdaten unterscheiden, stellen bereits Anomalien zu einem langjährigen Mittel dar und bedürfen lediglich einer z-Transformation. Die Visualisierung der fünf Indizes erfolgt durch Jahresgänge der Anomalien, die jeweils im September vor der Jahrringbildung beginnen und im folgenden August enden.

Auf Grundlage dieser Konzeption und der daraus resultierenden Methodenwahl können folgende Antworten auf die in Kapitel 1 formulierten Fragestellungen gegeben werden:

1. *Welchen Beitrag können multivariate Analyseverfahren für die Ausweisung von Regionen mit ähnlichen radialen Wuchseigenschaften und für die Analyse der Klima-Wachstums-Beziehungen leisten?*

Der wesentliche Beitrag der multivariaten Analyseverfahren Faktoren-, Cluster- und Diskriminanzanalyse liegt in der Differenzierung der radialen Wuchseigenschaften. Aus der Interpretation der zu Clustern fusionierten Standorte konnten eine Hierarchie der Kriterien zur Klassifizierung der Wachstumsreaktionen und Schwellenwerte für die Klasseneinteilungen abgeleitet werden. Mit abnehmender Bedeutung stellen die Baumart und somit die genetische Grundausstattung, die Höhenlage und die zonale Lage der Standorte die wichtigsten Kriterien für die Differenzierung der Wuchsreaktionen in Folge sich ändernder Standortbedingungen dar. Der meridionalen Lage der Standorte kommt ebenso wie der Exposition eine untergeordnete Bedeutung zu. Für die Höhendifferenzierung folgten aus der Clusteranalyse die 250-m-Isohypse als Obergrenze für die Tieflagen und die 1250- und 1750-m-Isohypsen als Untergrenzen der beiden oberen Stufen.

Ein weiterer Vorteil der Clusterung der Dendrodaten liegt in der Reduktion des Datenumfangs und des daraus resultierenden Rechenaufwands. Statt der 377 Standorte sind in der Klima-Wachstums-Analyse nur 59 Dendrocluster zu bearbeiten. Ein möglicher Nachteil der Dendrocluster liegt in der nicht immer eindeutigen Zuordnung der Cluster zu artspezifischen und räumlichen Einheiten. Jedoch weisen Untersuchungen zu den Wachstumseigenschaften und zur Verteilung und Intensität der Weiserwerte keine signifikanten Unterschiede zwischen den Dendroclustern und den Standorten aus, so dass in der. Klima-Wachstums-Analyse für beide Datensätze ähnliche Resultate zu erwarten sind.

2. *Wie sind die Bäume in Zentraleuropa auf interannueller Skalenebene gewachsen? Können ähnliche, aber auch abweichende Wachstumsmuster zwischen den Standorten quantifiziert werden?*

Gemittelt über alle untersuchten Bäume errechnet sich ein radialer Zuwachs von 1,42 mm/a. Tannen, Buchen, Fichten und Eichen wachsen schneller als Lärchen, Arven, Berg- und Waldkiefern. Durch die Autokorrelation erster Ordnung unterscheiden sich die immergrünen von den laub- und nadelwerfenden Arten. Immergrüne Arten hängen stärker von den Bedingungen im Jahr vor der Jahrringneubildung ab. Bei Tannen, Fichten und Buchen ist eine Abnahme der mittleren Wüchsigkeit mit zunehmender Höhenlage der Standorte statistisch gesichert. Im Mittel über alle Spezies kann diese Höhenabhängigkeit nicht verifiziert werden.

Aus der Untersuchung der Wuchssanomalien resultieren auf Grundlage der Dendrocluster 12 positive (AD 1904, 1916, 1927, 1932, 1943, 1946, 1951, 1955, 1958, 1961, 1967 und 1969) und 13 negative (AD 1909, 1913, 1922, 1929, 1930, 1934, 1942, 1948, 1954, 1956, 1957, 1965 und 1968) zentraleuropäische Weiserwerte. Mit diesen Weiserwerten sind Jahre gefunden, in denen über alle Baumarten trotz ihrer spezifischen ökologischen Ansprüche und über alle Standorte trotz der unterschiedlichen ökologischen Eigenschaften hinweg die Jahrringe zeitgleiche und gleichsinnige Zuwachsreaktionen in großen Teilen des Untersuchungsgebietes aufweisen. Für das gesamte Untersuchungsgebiet einheitliche Reaktionen bestehen nur in den Jahren mit extremen Weiserwerten. Mit abnehmender Intensität der Weiserwerte verstärken sich die regionalen und artspezifischen Unterschiede. In jedem Jahr existierten Weiserwerte von zumindest regionaler und/oder artspezifischer Bedeutung. Weiserwertkarten illustrieren ihre flächenhaften regionalen Disparitäten, Wachstumsdiagramme ihre höhenabhängigen und artspezifischen Disparitäten. Obwohl Weiserwerte mit vergleichbarer Intensität zu ähnlichen Wachstumsmustern führen, reichen die Kriterien Spezies, Höhenlage und geographische Lage nicht zu ihrer Erklärung aus.

3. *Welche klimatischen Faktoren steuern die interannuellen Wachstumsvariationen der Bäume Zentraleuropas? Lassen sich dabei artspezifische und/oder durch räumlich variierende Standortfaktoren determinierte Unterschiede quantifizieren?*

Die für das Wachstum der Bäume Zentraleuropas optimalen Witterungsbedingungen konnten aus der Analyse der beiden extrem positiven Weiserwertjahre 1932 und 1955 bestimmt werden. Die größten Radialzuwächse im Untersuchungsgebiet resultieren aus Temperaturen, die während der Vegetationsperiode nur geringfügig unter den langjährigen Monatsmitteln bleiben, sowie aus Niederschlägen im Bereich der langjährigen Mittel. Bereits geringfügige Abweichungen von diesen kühlen und feuchten Witterungsbedingungen führen zu Zuwachsreduktionen, die je nach Art und Standort unterschiedlich ausfallen. Aus der klimatologischen Interpretation von Extremjahren und den Korrelationen zwischen Klima- und Wuchsanomalien können wesentliche klimatische Einflüsse auf das Radialwachstum festgestellt werden, wie:

- die Empfindlichkeit der Tannen gegenüber extremer Winterkälte,
- die positiven Reaktionen der Fichten aller Höhenlagen auf sommerliche Niederschläge,
- die hohe Sensitivität der Buchen gegenüber kurzzeitigen Klimaänderungen,
- die mit der Höhe zunehmende Abhängigkeit der Eichen von Sommerniederschlägen,
- die insgesamt niedrigere Klimasensitivität der Bergkiefern,
- die negative Korrelation der Arven zu den Temperaturen des vorjährigen Herbstes,
- die starke Empfindlichkeit der Waldkiefern gegenüber Trockenheit, und
- die hohen Korrelationen von Lärchen der Hochlagen zur Sommertemperatur.

Die Einzelbefunde der Klima-Wachstums-Beziehungen konnten in einem Diagramm zusammengeführt werden, dass die für die positiven und negativen Zuwachsreaktionen verantwortlichen Witterungsanomalien in den von den untersuchten Baumarten bestockten Höhenstufen gegenüberstellt (Abb. 7.20). Deutlich zeigt sich der wechselseitige Einfluss von Temperatur- und Niederschlagsverhältnissen in allen Höhenlagen. Weder können die Temperaturen in den Hochlagen, noch die Niederschläge in den Tieflagen alleine für die Wuchsreaktionen verantwortlich gemacht werden.

Insgesamt konzentrieren sich die Einflüsse der Niederschläge auf die Monate Mai bis August und gehen von positiven Korrelationen im Mai kontinuierlich in negative Korrelationen im Hochsommer über. Bei den Temperaturen zeigen sich insbesondere im Winter ausschließlich und im Sommer überwiegend positive Zusammenhänge zum Radialwachstum. Im Juni überwiegen jedoch negative Korrelationen. Das gegenläufige Signal erklärt sich aus unterschiedlichen Toleranzen gegenüber frühsommerlichen Temperaturen in verschiedenen Höhenlagen. Besonders Tannen und Waldkiefer reagieren auf Junihitze mit schmalen Jahrringen.

4. *Welchen Einfluss übt die NAO auf das Baumwachstum aus? Bestehen Unterschiede zwischen den NAO-Indizes und liefern sie einen über Temperatur- und Niederschlagsanalysen hinausgehenden Beitrag für die Klima-Wachstums-Beziehungen?*

Die NAO-Indizes üben im Vergleich zu Temperatur und Niederschlag einen deutlich schwächeren Einfluss auf die interannuellen Wuchsanomalien aus. Die stärksten Zusammenhänge bestehen für den GIB-Index, der die Luftdruckgradienten zwischen Island und Gibraltar beschreibt. Im März zeigen sich zumeist negative Korrelationen zu allen Baumarten, im April hingegen positive Korrelationen zu den Nadelhölzern. Für den PON-Index, in dem der Luftdruck des Azorenhochs aus den Daten der Station Ponta Delgadas ermittelt wird, bestehen ähnlich gerichtete, aber deutlich schwächere Zusammenhänge zu den Wuchsanomalien. Der die Verschiebung der Druckzentren berücksichtigende PAE-Index korreliert negativ im Oktober und März vor der Jahrringneubildung, jeweils aber nur zu einem Fünftel der Dendrogruppen.

In der Einzeljahranalyse liefern die NAO-Indizes keinen über die Temperatur- und Niederschlagsanalysen hinausgehenden Beitrag zur Deutung der Weiserwerte.

5. *Lassen sich im Untersuchungsgebiet, das naturräumlich in Hoch- und Mittelgebirge sowie Tiefländer gegliedert ist, Regionen mit ähnlichen Klima-Wachstums-Beziehungen ausgliedern und wie stimmen diese mit der naturräumlichen Gliederung überein?*

Die Faktorenanalyse über die von Jahr zu Jahr variierenden Wuchsanomalien führt zu einer Gruppierung der Jahre, die räumlich ähnliche Wachstumsmuster aufweisen (Tab. 5.3). Jedoch waren – zumindest mit den verfolgten Strategien – diesen räumlichen Mustern keine klaren Klima-Wachstums-Beziehungen zuzuweisen. Als wichtigstes Kriterium für die Klima-Wachstums-Beziehungen erwies sich die genetische Grundausstattung der Bäume. Aufgrund des starken modifizierenden Einflusses der Höhenlage der Bestände kann aber eine räumliche Gliederung der klimatischen Wirkungen auf das Radialwachstum nicht ausgeschlossen werden, im Gegenteil. Jedoch wird eine Ausscheidung solcher Regionen und die Festlegung quantitativer Grenzwerte für deren Abgrenzung erst durch eine komplexe Analyse mit einem Geographischen Informationssystem zu erreichen sein. Dies war innerhalb des zeitlichen Rahmens dieser Arbeit nicht verifizierbar.

Aus den Erkenntnissen dieser Studie sind für weiterführende Arbeiten folgende Aspekte von Interesse:

Eine Ausweitung des bestehenden dendrochronologischen Datensatz erscheint in folgenden Regionen sinnvoll, dem Westen Deutschlands, den Ostalpen und der Südabdachung der Alpen. In diesen Regionen weist der Datensatz erhebliche Lücken auf. Wenn auch keine grundlegenden Änderungen der gefundenen Zusammenhänge erwartet werden, da die wichtigsten Baumarten in ihrem Höhenspektrum bearbeitet wurden, so kann eine Verifizierung der Befunde auch in diesen Regionen die Arbeit abrunden. Eventuell ist mit einer gleichmäßiger im Raum verteilten Datengrundlage das Ziel der räumlichen Gliederung der Klima-Wachstums-Beziehungen eher zu erreichen.

Bislang konnten die Klima-Wachstums-Beziehungen Zentraleuropas ausschließlich auf inter-annueller Ebene bearbeitet werden. Untersuchungen der dekadischen und mehrdekadischen Frequenzen in den Datensätzen stellen einen weiteren Aspekt dieser Beziehungen dar. Zumindest für die NAO-Indizes, deren Dynamik gerade in diesem Wellenbereich zum Tragen kommt (Hurrell et al. 2003), wird ein deutlich stärkerer Einfluss auf das Wachstum der Bäume erwartet. Es ist jedoch zu berücksichtigen, dass für die Analyse von mittel- und langfristigen Trends andere Indexierungsverfahren einzusetzen sind. Erst die Diskussion aller in den Jahrringserien enthaltenen Wellenlängen bietet eine solide Grundlage für Klimarekonstruktionen (Esper et al. 2002, Esper 2004).

Eine Ausweitung der Untersuchungsperiode bis in die heutige Zeit ermöglicht auf Grundlage der vorgelegten Befunde eine Quantifizierung der durch den globalen Klimawandel induzierten Veränderungen im Radialzuwachs der Bäume Zentraleuropas. Gerade für solche vergleichenden Untersuchungen ist eine einheitliche methodische Bearbeitung aller Datensätze unerlässlich.

Die vorgelegten Ergebnisse sind aufgrund der einheitlichen statistischen Aufbereitung brauchbar für Vergleiche zwischen verschiedenen Baumarten und Regionen. Sie belegen, dass auch in den niederschlagsreichen gemäßigten Mittelbreiten Extremwerte klimatologisch zu erklären sind. Die Wuchsanomalien erweisen sich dank der optimalen Adaption der Bäume an ihren Standort als guter Parameter, auch mit kontinuierlichen analytischen Verfahren jährlich variable Wachstumsmuster mit der modifizierenden Wirkung des Klimas in Einklang zu bringen, auch wenn nicht alle Wuchsreaktionen eindeutig erklärt werden konnten.

10 Literatur

ANDERSON, T. W. (1996): R. A. Fisher and multivariate Analysis. In: Statistical Science 11 (1), S. 20–34.

APPENZELLER, C.; STOCKER, T. F. & M. ANKLIN (1998): North Atlantic Oscillation dynamics recorded in Greenland ice cores. In: Science 282, S. 446–449.

BACKHAUS, K.; ERICHSON, B.; PLINKE, W. & R. WEIBER (1994[7]): Multivariate Analysemethoden. Eine anwendungsorientierte Einführung. Berlin.

BAHRENBERG, G.; GIESE, E. & J. NIPPER (1999[4]): Statistische Methoden in der Geographie – Bd. 1: Univariate und bivariate Statistik. Stuttgart, Leipzig.

BAHRENBERG, G.; GIESE, E. & J. NIPPER (2003[2]): Statistische Methoden in der Geographie – Bd. 2: Multivariate Statistik. Berlin, Stuttgart.

BAILLIE, M. G. L.; PILCHER, J. R. & G. W. PEARSON (1983): Dendrochronology at Belfast as background to high-precision calibration. In: Radiocarbon 25, S. 171–178.

BECKER, B. (1993): An 11.000-year German oak and pine chronology for radiocarbon calibration. In: Radiocarbon 35, S. 201-213.

BECKER, B.; BILLAMBOZ, A.; EGGER, H.; GASSMANN, P.; ORCEL, A.; ORCEL, C. & U. RUOFF (1985): Dendrochronologie in der Ur- und Frühgeschichte. Die absolute Datierung der Pfahlbausiedlungen nördlich der Alpen im Jahrringkalender Mitteleuropas. In: Antiqua 11 (Jahrbuch der Schweizerischen Gesellschaft für Ur- und Frühgeschichte).

BECKER, M.; BRÄKER, O. U.; KENK, G.; SCHEIDER, O. & F. H. SCHWEINGRUBER (1990): Kronenzustand und Wachstum von Waldbäumen im Dreiländereck Deutschland-Frankreich-Schweiz in den letzten Jahrzehnten. In: Allgemeine Forstzeitung 45, S. 263–266 u. 272–274.

BELLGARDT, E. (1997): Statistik mit SPSS – Ausgewählte Verfahren für Wissenschaftler. München.

BENISTON, M. (1997): Variations of snow depth and duration in the Swiss Alps over the last 50 years: links to changes in large-scale climate forcings. In: Climate Change 36, S. 281–300.

BENISTON, M. & M. REBETEZ (1996): Regional behaviour of minimum temperatures in Switzerland for the period 1979–1993. In: Theoretical Applied Climatology 53, S. 231–243.

BEUTING, M. (2004): Holzkundliche und dendrochronologische Untersuchungen an Resonanzholz als Beitrag zur Organologie. Dissertation, Universität Hamburg.

BÖHM, H. (1965): Eine Klimakarte der Rheinlande. In: Erdkunde 18, S. 202–206.

BONN, S. (1998): Dendroökologische Untersuchung der Konkurrenzdynamik in Buchen/ Eichen-Mischbeständen und zu erwartende Modifikationen durch Klimaänderungen. In: Forstwissenschaftliche Beiträge Tharandt/Contributions to Forest Sciences 3.

BRADLEY, R. S. & P. D. JONES (1987): Precipitation fluctuations over northern henisphere land areas since the mid-19th century. In: Science 237, S. 171–175.

Bräker, O. U. (1981): Der Alterstrend bei Jahrringdichten und Jahrringbreiten von Nadelhölzern und sein Ausgleich. In: Mitt. forstl. Bunderversuchsanst. Wien 142/I, S. 75–102.

Braun-Blanquet, J. (1964[3]): Pflanzensoziologie. Wien.

Bräuning, A. (1994): Dendrochronology for the last 1400 years in Eastern Tibet. In: GeoJournal 34 (1), S. 75–95.

Bräuning, A. (1995): Zur Anwendung der Dendrochronologie in den Geowissenschaften. In: Die Erde 126, S. 189–204.

Bräuning, A. (1999): Zur Dendroklimatologie Hochtibets während des letzten Jahrtausends. In: Dissertationes Botanicae 312.

Briffa, K. R.; Jones, P. D. & F. H. Schweingruber (1988): Summer temperature patterns over Europe: A reconstruction from 1750 AD based on maximum latewood density indices of conifers. In: Quaterny Research Letters 30, S. 36–52.

Briffa, K. R.; Schweingruber, F. H.; Jones, P. D.; Osborn, T. J.; Shiyatov, S. G. & E. A. Vaganov (1998): Reduced sensitivity of recent tree-growth to temperature at high northern latitudes. In: Nature 391, S. 678–682.

Briffa, K. R.; Baillie, M. G. L.; Bartholin, T.; Bonde, N.; Kalela-Brundin, M.; Eckstein: D.; Eronen, M.; Frnezel, B.; Friedrich, M., Groves, C.; Grudd, H., Hantemirov, R.; Hilam, J.; Jansma, E.; Jones, P. D.; Karlén, W.; Leuschner, H. H.; Lindholm, M.; Makowka, I.; Naurbaev, M. M.; Nogler, P.; Osborn, T. J.; Riemer, T.; Salmon, M.; Sander, C.; Schweingruber, F. H.; Shiatov, S. G.; Spain, J.; Spurk, M.; Timonen, M.; Tyers, I.; Vaganov, E. A.; Wazny, T. & P. Zetterberg (1999): Analysis of dendrochronological variability and associated natural climates in Eurasia – last 10,000 years. ADVANCE-10K. Final report to the Commission of European Communities DGX11 (ENV4-CT95-0127). Climate Research Unit, University of East Anglia, Norwich.

Briffa, K. R.; Osborn, T. J.; Schweingruber, F. H.; Harris, I. C.; Jones, P. D.; Shiyatov, S. G. & E. A. Vaganov (2001): Low-frequency temperature variations from a northern tree ring density network. In: Journal of Geophysical Research 106, D3, S. 2929–2941.

Briffa, K. R.; Osborn, T. J.; Schweingruber, F. H.; Jones, P. D.; Shiyatov, S. G. & E.A. Vaganov (2002): Tree-ring width and density data around the Northern Hemisphere: Part 2, spatio-temporal variability and associated climate patterns. In: The Holocene 12 (6), S. 759–789.

Buhmann, E., Bachhuber, R. & J. Schaller (Hrsg.) (1996): ArcView – GIS-Arbeitsbuch. Heidelberg.

Büntgen, U.; Esper, J.; Schmidthalter, M.; Frank, D.; Treydte, K.; Neuwirth, B. & M. Winiger (2004): Using recent and historical larch wood to build a 1300-year Valais-chronology. In: Jansma, E.; Bräuning, A.; Gärtner, H. & G. Schleser: TRACE – Tree Rings in Archaeology, Climatology and Ecology, Vol. 1: Proceedings of the Dendrosymposium 2003, April 11th – 13th 2002, Utrecht/NL. Schriften des Forschungszentrums Jülich, Reihe Umwelt/Environment 33, S. 85–92.

Burga, C. A. & R. Perret (1998): Vegetation und Klima der Schweiz seit dem jüngeren Eiszeitalter. Thun.

Burschel, P. & J. Huss (1997): Grundriß des Waldbaus: Ein Leitfaden für Studium und Praxis. Berlin.

Cook, E. R. (1987): The decomposition of tree-ring series for environmental studies. In: Tree-Ring Bulletin 47, S. 37–59.

Cook, E. R.; Bird, T.; Peterson, M.; Barbetti, M.; Buckley, B.; D'Arrigo, R.; Francey, R. & P. Tans (1991): Climate Change in Tasmania inferred from a 1089-year tree-ring chronology of huon pine. In: Science 253, S. 1266–68.

Cook, E. R. & G. C. Jacoby (1977): Tree-ring-drought relationship in the Hudson Valley, New York. In: S. Science 198, S. 399–401.

Cook, E. R.; Bird, T.; Peterson, M.; Barbetti, M.; Buckley, B.; D'Arrigo, R.; Francey, F. & P. Tans (1991): Climatic change in Tasmania inferred from a 1089-tree-ring chronology of Huon Pine. In: Science 253, S. 1266–1268.

Cook, E. R. & Kairiukstis L. A. (Hrsg.) (1992): Methods of dendrochronology – Applications in the environmental sciences.-XII. Dordrecht, Boston, London.

Cook, E. R.; D'Arrigo, R. D. & K. R. Briffa (1998): A reconstruction of the NAO using tree-ring chronologies from North America and Europe. In: Holocene 8, S. 9–17.

Cook, E. D. & R. D. D'Arrigo (2002): A well-veryfied, multiproxy reconstruction of the winter North Altlantic oscillation index since AD 1400. In: Journal of Climate 15, S. 1754–1764.

Cook, E. R.; Esper, J. & D'Arrigo (2004): Extra-tropical Northern Hemisphere temperature variability over the past 1000 years. In: Quaternary Science Reviews 23, S. 2063–2074.

Craig, H. (1954): Isotopic carbon 13 in plants and the relationship between carbon 13 and carbon 14 variations in nature. In: Journal of Geology 62, S. 115–149.

Cramer, T. (2000): Klimaökologische Studien im Bagrottal – Karakorumgebirge, Pakistan. In: GEO AKTUELL Forschungsarbeiten. Göttingen.

Cropper, J. P. (1979): Tree-ring skeleton plotting by computer. In: Tree-Ring Bulletin 39, S. 47–59.

Cubasch, U.; Haselmann, K.; Höck, H.; Maier-Reimer, E.; Mikolajewicz, U.; Santer, D. D. & R. Sausen (1992): Time-dependent greenhouse warming computations with a coupled ocean-atmosphere model. In: Climate Dynamics 8, S. 55–69.

Defant, A. (1924): Die Schwankungen der atmosphärischen Zirkulation über dem nord-atlantischen Ozean im 25-jährigen Zeitraum 1881–1905. In: Geografiska Annaler 6, S. 13–41.

Deser, C. & M. L. Blackmon (1993): Surface climate variations over the North Atlantic Ocean during winter: 1900–1989. In: Journal of Climate 6, S. 1743–1753.

Desplanque, C. (1997): Dendroecologie comparee du sapin et de l'epicea dans les Alpes internes franco-italiennes. Dissertation l'Université Joseph Fourier – Grenoble.

Desplanque, C.; Rolland, C. & F. H. Schweingruber (1999): Influence of species and abiotic factors on extreme tree ring modulation: Picea abies and Abies alba in Tarentaise and Maurienne (French Alps). In: Trees 13, S. 218–227.

Dierckx, P. (1995): Curve and surface fitting with splines. Oxford.

Dittmar, C. (1999): Radialzuwachs der Rotbuche (Fagus sylvatica L.) auf unterschiedlich immissionsbelasteten Standorten in Europa. In: Bayreuther Bodenkundliche Berichte 67.

Dittmar, C. & W. Elling (1999): Jahrringbreite von Fichte und Buche in Abhängigkeit von Witterung und Höhenlage. In: Forstwissenschafliches Centralblatt 118, S. 251–270.

Douglass, A. E. (1941): Crossdating in Dendrochronology. In: Journal in Forestry 39 (10), S. 825–832.

EcksteIn: D.; Wrobel, S & R. W. Aniol (Hrsg.) (1983): Dendrochronology and archeology in Europe. In: Mitteilungen der Bundesforschungsanstalt für Forst- und Holzwirtschaft, Hamburg, 141, S. 1–249.

EcksteIn: D.; Richter, K.; Aniol, R. W. & F. Quiehl (1984): Dendroklimatologische Untersuchungen zum Buchensterben im südwestlichen Vogelsberg. In: Forstwissenschaftliches Centralblatt 103, S. 274–290.

Ellenberg, H. (1990): Bauernhaus und Landschaft in ökologischer und historischer Sicht. Stuttgart.

Ellenberg, H. (1996[5]): Vegetation Mitteleuropas mit den Alpen in ökologischer, dynamischer und historischer Sicht. Stuttgart.

Elling, W. (1987): Eine Methode zur Erfassung von Verlauf und Grad der Schädigung von Nadelbaumbeständen. In: European Journal of Forest Pathology 7, S. 426–440.

Enquete Kommission „Schutz der Erdatmosphäre" des Deutschen Bundestages (Hrsg.) (1994): Schutz der grünen Erde – Klimaschutz durch umweltgerechte Landwirtschaft und Erhalt der Wälder. Dritter Bericht der Enquete-Kommision „Schutz der Erdatmosphäre". Bonn.

Erlbeck, R.; Haseder, I. E. & G. K. F. Stinglwagner (2002[2]): Das Kosmos Wald- und Forstlexikon. Stuttgart.

Eschbach, W.; Nogler, P.; Schär E. & F. H. Schweingruber (1995): Technical advances in the radiodensitometrical determination of wood density. In: Dendrochronologia 13, S. 155–168.

Esper J. (2000): Paläoklimatische Untersuchungen an Jahrringen im Karakorum und Tien Shan Gebirge (Zentralasien). Bonner Geographische Abhandlungen 103.

Esper, J. (2004): Climate reconstructions: Low-frequency ambition and high-frequency ratification. In: EOS 85 (12), vom 23.03.2004, 113 + 120.

Esper, J. & H. Gärtner (2001): Interpretation of tree-ring chronologies. In: Erdkunde 55, S. 277–288.

Esper, J.; Neuwirth, B. & Treydte, K. (2001 a): A new parameter to evaluate temporal signal strength of tree-ring chronologies. In: Dendrochronologia 19 (1), S. 93–102.

Esper, J.; Treydie, K.; Gärtner, H. & B. Neuwirth (2001 b): A tree-ring reconstruction of climatic extreme years since AD 1427 for Western Central Asia. In: Palaeobotanist 50, S. 141–152.

Esper, J.; Cook E. R. & F. H. Schweingruber (2002 a): Low-frequency signals in long tree-ring chronologies for reconstructing past temperature variability. In: Science 295, S. 2250–2253.

Esper, J.; Schweingruber, F. H. & M. Winiger (2002 b): 1,300 years of climate history for Western Central Asia inferred from tree-rings. In: The Holocene 12 (3), S. 267–277.

Esper, J.; Shiyatov, S. G.; Mazepa, V. S.; Wilson, R. J. S.; Graybill, D. A. & G. Funkhauser (2003): Temperature-sensitive Tien Shan tree-ring chronologies show multi-centennial growth trends. In: Climate Dynamics 8, S. 699–706.

Farquhar, G. D.; O'Leary, M. H. & J. A. Berry (1982): On the relationship between carbon isotope discrimination and the intercellular carbon dioxide concentration in leaves. In: Australian Journal of Plant Physiology 9, S. 121–137.

Firbas, F. (1949): Spät- und nacheiszeitliche Waldgeschichte von Mitteleuropa nördlich der Alpen. Bd. 1: Allgemeine Waldgeschichte. Jena.

Fischer, F. (1980): Verjüngungszustand und Jungwaldaufbau im Gebirgswald. Einige Beispiele aus dem Lötschental. Beiheft zu den Zeitschriften des Schweizer Forstvereins 67, Zürich.

Fischer, M. M. (1982): Eine Methodologie der Regionaltaxonomie: Probleme und Verfahren der Klassifikation und Regionalisierung in der Geographie und Regionalforschung. In: Bremer Beiträge zur Geographie und Raumplanung 3. Bremen.

Fisher, R. A. (1936): The use of multiple measurements in taxonomic problems. In: Annals of Eugenics 7, S. 179–188.

Flohn, H. (1956): Zum Klima der Hochgebirge Zentralasiens II. In: Meteorologische Rundschau 9, S. 85–88.

Flohn, H. (1985): Das Problem der Klimaänderungen in Vergangenheit und Zukunft. Erträge der Forschung, Bd. 220. Darmstadt.

Friedrichs, D. & B. Neuwirth (2004): A spatial high resolved climate reconstruction from recent and historical tree-ring data in the Rheinische Schiefergebirge since AD 1500. In: Bräuning, A.; Jansma, E.; Gärtner, H. & G. Schleser: TRACE – Tree Rings in Archaeology, Climatology and Ecology, Vol. 3: Proceedings of the Dendrosymposium 2004, Birmensdorf/CH. Schriften des Forschungszentrums Jülich, Reihe Umwelt/Environment, S. 78–84.

Fritts, H. C. (1965): Tree-ring evidence for climatic changes in western North America. In: Monthly Weather Review 12, S. 18–46.

Fritts, H. C. (1976): Tree rings and climate. London.

Gärtner, H. (2003): Holzanatomische Analyse diagnostischer Merkmale einer Freilegungsreaktion in Jahrringen von Koniferenwurzeln zur Rekonstruktion geomorphologischer Prozesse. In: Dissertationes Botanicae 378.

Gärtner, H., Schweingruber, F. H. & R. Dikau (2001): Determination of erosion rates by analyzing structural changes in the growth pattern of exposed roots. In: Dendrochronologia 19 (1), S. 81–91.

Gers, E.; Florin, N.; Gärtner, H.; Glade, T.; Dikau, R. & F. H. Schweingruber (2001): Application of shrubs for dendrogeomorphological analysis to reconstruct spatial and temporal landslide movement patterns. A preliminary study. In: Dikau, R. & K. H. Schmidt (Hrsg.): Mass movements in South, West and Central Germany. In: Zeitschrift für Geomorphologie, Supplements 125, S. 163–175.

Glaser, R. (2001): Klimageschichte Mitteleuropas. 1000 Jahre Wetter, Klima, Katastrophen. Primus Verlag, Darmstadt.

Glueck, M. F. & C. W. Stockton (2001): Reconstruction of the North Atlantic Oscillation, 1429–1983. In: International Journal of Climatology 21, S. 1453–1465.

Glowienka-Hense, R. (1990): The North Atlantic Oscillation in the Atlantic-European SLP. In: Tellus 42 A, S. 497–507.

Grissino-Mayer, H. D. & H. C. Fritts (1997): The International Tree-Ring Data Bank: an en-hanced global database serving the global scientific community. In: The Holocene 7 (2), S. 235–238.

Grosser, D. (2003): Die Hölzer Mitteleuropas. Ein mikrophotographischer Lehratlas. Remagen.

Grudd, H.; Briffa, K. R.; Karlén, W.; Bartholin, T. S.; Jones, P. D. & B. Kromer (2002): A 7400-year tree-ring chronology in northen Swedish Lapland: natural climatic variability expressed on annual to millennial timescales. In: The Holocene 12 (6), S. 657–687.

Herzog, J. & G. Müller-Westermeier (1998): Homogenitätsprüfung und Homogenisierung klimatologischer Meßreihen im Deutschen Wetterdienst. In: Berichte des Deutschen Wetterdienstes 202, Offenbach am Main.

Hinderer, K. (1980): Grundbegriffe der WahrscheinlichkeitstheorieBerlin: Heidelberg, New York.

Holtmeier, F. K. (1995): Waldgrenzen und Klimaschwankungen. Ökologische Aspekte eines vieldiskutierten Phänomens. In: Geoökodynamik 16, S. 1–24.

Hörsch, B. (2003): Zusammenhang zwischen Vegetation und Relief in alpinen Einzugsgebieten des Wallis (Schweiz). Ein multiskaliger GIS- und Fernkundungsansatz. Bonner Geographische Abhandlungen 110.

Huber, B.; Holdweide, W. & K. Raack (1941): Zur Frage der Unterscheidbarkeit des Holzes von Stiel- und Traubeneiche. In: Holz Roh-Werkstoff 4, S. 373–380.

Hughes, M. K. (1989): The tree-ring record. In: Bradley, R. S. (Hrsg.): Global changes in the past. Boulder/Colorado, UCAR/Office for Interdisciplinary Earth Studies. 117–137.

Hurrell, J. W. (1995): Decadal trends in the North Atlantic Oscillation: regional temperatures and precipitation. In: Science 269, S. 676–679.

Hurrel, J.W. & H. van Loon (1997): Decadal variations in climate associated with the North Atlantic Oscillation. In: Climatic Change 36, S. 301-326.

Hurrel, J. W.; Kushnir, Y.; Ottersen, G. & M. Visbeck (2003): An overview of the North Atlantic Oscillation. In: Hurrel, J. W.; Kushnir, Y.; Ottersen, G. & M.

Visbeck (Hrsg.): The North Atlantic Oscillation. Climatic significance and environmental impact. American Geophysical Union, Washington DC, In: Geophysical Monograph 134, S. 1–35.

Hüsken, W. (1994): Dendrochronologische und ökologische Studien an Nadelhölzern im Gebiet der Pragser Dolomiten (Südtirol/Italien). In: Dissertationes Botanicae 215.

IPCC (2001 a): Climate change 2001: The scientific basis. Contribution of working group I to the third assessment. Report of the Intergovernmental Panel on Climate Change. [Houghton, J. T.; Ding, Y.; Griggs, D. J.; Noguer, M.; van der Linden, P. J.; Dai, X.; Maskell, K. & Johnson, C. A. (Hrsg.)].Cambridge University Press, Cambridge, UK und New York, NY, USA, 881 pp. (http://www.grida.no/climate/ipcc_tar/wg1/index.htm).

IPCC (2001 b): Summery for policymakers. IPCC, Geneva, Switzerland.
(http://www.ipcc.ch/pub/spm22-01.pdf).

Jäger, H. (1994): Einführung in die Umweltgeschichte. Darmstadt.

Jones, P. D.; Jonsson, T. & D. Wheeler (1997): Extension of the North Atlantic Oscillation using early instrumental pressure observations from Gibraltar and South-West Iceland. In: International Journal of Climatology 17 (13–15), S. 1433–1450.

Jones, P. D.; Osborn, T. J.; Briffa, K. R.; Folland, C. K.; Horton, B.; Alexander, L. V.; Parker, D. E. & N. A. Rayner (2001): Adjusting for sampling density in grid-box land and ocean surface temperature time series. In: Journal of Geophysical Research 106, S. 3371–3380.

Kaennel, M. & F. H. Schweingruber (Hrsg.) (1995): Multilingual glossary of dendrochronology. Bern, Stuttgart, Wien.

Kahle, H. P. (1994): Modellierung der Zusammenhänge zwischen der Variation von klimatischen Elementen des Wasserhaushalts und dem Radialzuwachs von Fichten (*Picea abies* (L.) Karst.) aus Hochlagen des Schwarzwaldes. Dissertation, Universität Freiburg im Breisgau.

Kahle, H. P.; Park, Y. I. & H. Spiecker (1997): Inter- und intraanuuelle Wachstumsreaktionen von Fichten (*Picea abies* (L.) Karst.) entlang von Höhen- und Expositionsgradieten, FZKA-PEF, In: 13. Statuskolloquium des PEF am 11. und 12. März 1997 im Forschungszentrum Karlsruhe, Projekt Europäisches Forschungszentrum für Maßnahmen zur Luftreinhaltung (PEF) im Kernforschungszentrum Karlsruhe. S. 217–228.

Kahle, H. P.; Spiecker, H. & Y. I. Park (1998): Zusammenhänge zwischen der Variation von Klima und Witterung und inter- und intraannuellen Wachstumsreaktionen von Fichten, Tannen, Buchen und Eichen auf ausgewählten Standorten des Schwarzwaldes. Projekt Europäisches Forschungszentrum für Maßnahmen zur Reinhaltung der Luft – Forschungsbericht KfK-PEF (Nr. 1 94 002).

Kapala, A.; Mächel, H. & H. Flohn 1998: Behaviour of the centres of action above the Atlantic since 1881. Part II: Associations with regional climate anomalies. In: International Journal of Climatology 18, S. 23–26.

Kern, K. G. & W. Moll (1960): Der jahreszeitliche Ablauf des Dickenwachstums von Fichten verschiedener Standorte im Trockenjahr 1959. In: Allgemeine Forst- und Jagdzeitung 131, S. 97–116.

Kienast, F. (1985): Dendroökologische Untersuchungen an Höhenprofilen aus verschiedenen Klimabereichen. Diss. Universität Zürich.

Klein: P.; Mehringer, H. & J. Bauch (1986): Dendrochronological and wood biological investigations on string instrument. In: Holzforschung 40, S. 197–203.

Kraus, H. (2000): Die Atmosphäre der Erde. Eine Einführung in die Meteorologie. Braunschweig, Wiesbaden.

Krüssmann, G. (1976/78²): Handbuch der Laubgehölze. Berlin, Hamburg, 3 Bände.

Krüssmann, G. (1983²): Handbuch der Nadelgehölze. Berlin, Hamburg.

LaMarche, V. C., Jr. (1974): Frequency-dependent relationships between tree-ring series along an ecological gradient and some dendroclimatic implications. In: Tree-Ring Bulletin 34, S. 1–20.

Leavitt, S. W.; Liu, Y.; Hughes, M. K.; Liu, R.; An, Z., Gutierrez, G. M.; Danzer, S. R. & X. Shao (1995): A single-year δ^{13}C chronology from Pinus tabulaeformis (Chinese pine) tree rings at Huangling, China. In: Radiocarbon 37, 605–610.

Lenz, O.; Nogler, P. & O. U. Bräker (1986): L'évolution du temps et le dépérissement du Sapin blanc dans la region de Berne. In: Berichte der Eidgenössischen Forschungsanstalt WSL 303, S. 288–316.

Leuschner, H. H. & T. Riemer (1989): Verfeinerte Regional- und Standortchronologien durch Clusteranalysen. In: Nachrichten aus Sachsens Urgeschichte 58, S. 281–290.

Leuschner, H. H. & I. Makovka (1992): Standortweiserjahre für Eichen des Weser- und Leineberglandes. In: Schriften aus der Forstlichen Fakultät der Universität Göttingen und der Niedersächsischen Forstlichen Versuchsanstalt 106, S. 198–205.

Liebig, W. (1997): Desktop-GIS mit ArcView. Leitfaden für Anwender. Heidelberg.

Lingg, W. (1998): Dendroökologische Studien an Nadelbäumen im alpinen Trockental Wallis (Schweiz). In: Berichte der Eidgenössische Anstalt für das forstliche Versuchswesen 287, Birmensdorf.

Loon, van, H. & J. C. Rogers (1978): The seesaw in winter temperatures between Greenland and Northern Europe. Part I: General Description. In: Monthly Weather Review 106, S. 296–310.

Luckman, B. H. (1993): Glacier fluctuation and tree-ring records for the last millenium in the Canadien Rockies. In: Quaterny Science Review 12, S. 441–450.

Luterbacher, J.; Schmutz, C.; Gyalistras, D.; Xoplaki, E. & H. Wanner (1999): Reconstruction of monthly NAO and EU indices back to AD 1675. In: Geophysical Research Letters 26, S. 2745–2748.

Luterbacher, J.; Xoplaki, E.; Dietrich, D.; Jones, P. D.; Davies, T. D.; Portis, D.; Gonzalez-Rouco, J. F.; von Storch, H.; Gyalistras, D.; Casty, C. & H. Wanner (2002): Extending North Atlantic Oscillation Reconstructions Back to 1500. In: Atmospheric Science Letters 2, S. 114–124.

Mächel, H. O. (1995): Variabilität der Aktionszentren der bodennahen Zirkulation über dem Atlantik im Zeitraum 1881–1989. Bonner Meteorologische Abhandlungen 44.

MAHLBERG, H. (1997[3]): Meteorologie und Klimatologie – Eine Einführung. Berlin.

MANN, M. E.; BRADLEY, R. S. & M. K. HUGHES (1998): Global-scale temperature patterns and climate forcing over the past six centuries. In: Nature 392, S. 779–787.

MANN, M. E.; BRADLEY, R. S. & M. K. HUGHES (2004): Global-scale temperature patterns and climate forcing over the past six centuries – Corrigendum. In: Nature 430, S. 105.

MARTONNE, DE, E. (1927): Regions of interior basin drainage. In: Geographical Review 17, S. 397–414.

MESSERLI, P. (1979): Beitrag zur statistischen Analyse klimatologischer Zeitreihen. In: Geographica Bernensia, Reihe G 10. Bern.

MAYER, H. (1984): Wälder Europas. Stuttgart.

MEYER, F. D. (1998–1999): Pointer year analysis in dendroecology: a comparision of methods. In: Dendrochronologia 16–17, S. 193–204.

MEYER, F. D. & F. H. SCHWEINGRUBER (2000): Waldentwicklung im subalpinen Waldgrenzökoton bei Grindelwald. In: Bulletin Vegetatio Helvetica 3, S. 6–8.

MEYER, F. D. & O. U. BRÄKER (2001): Climate response in dominant and surpressed trees, Picea abies (L.) Karst., on a subalpine and lower montane site in Switzerland. In: Ecosciences 2001 (8), S. 105–114.

MITCHELL, T. D.; CARTER, T. R.; JONES, P. D.; HULME, M. & M. NEW (2004): A comprehensive set of high-resolution grids of monthly climate for Europe and the globe, the observed record (1901–2000) and 16 scenarios (2001–2100). Tyndall Centre for Climate Change Research, Working Paper 55.

NEUWIRTH, B.; ESPER, J.; SCHWEINGRUBER, F. H. & M. WINIGER (2004): Site ecological differences to the climatic forcing of spruce pointer years from the Lötschental, Switzerland. In: Dendrochronologia 21 (2), S. 69–78.

NEW, M.; HULME, M. & P. D. JONES (1999): Representing twentieth century space-time climate variability. Part 1: Development of a 1961–90 mean monthly terrestrial climatology. In: Journal of Climate 12, S. 829–856.

NICOLUSSI, K. (1995): Jahrringe und Massenbilanz – Dendroklimatologische Rekonstruktion. In: Zeitschrift für Gletscherkunde und Glazialgeologie 30, S. 11–52.

NICOLUSSI, K. & G. PATZELT (1996): Reconstructing glacier history in Tyrol by means of tree-ring investigations. In: Zeitschrift für Gletscherkunde und Glazialgeologie 32, S. 207-215.

NOGLER, P. (1981): Auskeilende und fehlende Jahrringe in absterbenden Tannen (Abies alba Mill.). In: Allgemeine Forst Zeitschrift 128, S. 709–711.

OBERHUBER, W. & W. KOFLER (2003): Effects of climate and slope aspect on radial growth of Cembran Pine (*Pinus cembra* L.) at the alpine timberline ecotone on Mt. Patscherkofel (Tyrol, Austria). In: Centralblatt für das gesamte Forstwesen 120 (1), S. 39–50.

OTT, E. (1978): Über die Abhängigkeit des Radialzuwachses und der Oberhölzer bei Fichte und Lärche von der Meereshöhe und Exposition im Lötschental. In: Schweizerische Zeitschrift für Forstwesen 129 (3), S. 169–193.

Ott, E.; Frehner, M.; Frey, H. U. & P. Lüscher (1997): Gebirgsnadelwälder. Ein praxisorientierter Leitfaden für eine standortgerechte Waldbehandlung. Bern, Stuttgart, Wien.

Paeth, H. (2000): Anthropogene Klimaänderungen auf der Nordhemisphäre und die Rolle der Nordatlantik-Oszillation. Bonner Meteorologische Abhandlungen 51.

Petitcolas, V. (1998): Dendroécologie comparée de l'épicea, du mélèze, du pin cembro et du pin à crochets en limite supérieure de la forêt dans les Alpes françaises: influence de la variabilité macro-écologique. Diss. Université Grenoble.

Petitcolas, V. & C. Rolland (1996): Dendroecological study of three subalpine conifers in the region of Briançon (French Alps). In: Dendrochronologia 14, S. 247–253.

Petitcolas, V. & C. Rolland (1998): Comparision dendroécologique de Larix decidua Mill., *Pinus cembra* L. et *Pinus uncinata* Mill. Ex Mirb. dans l'étage subalpin du Briançonnais (Hautes-Alpes, France). In: Ecologie 29 (1–2), S. 305–310.

Pfister, C. (1985[2]): Klimageschichte der Schweiz 1525–1860. Bd. 1 und 2. Bern, Stuttgart.

Pfister, Ch.; Bütikofer, N.; Schuler, A. & R. Volz (1988): Witterungsextreme und Waldschäden. Bundesamt für Forstwesen und Landschaftsschutz. Bern.

Pfister, C.; Brazdil, R. & R. Glaser (Hrsg.) (1999): Climatic variability in sixteensth century Europa and ist social dimension. In: Climatic Change, Special Vol. 43 (1), S. 351.

Pott, R. (1995[2]): Die Pflanzengesellschaften Deutschlands. Stuttgart.

Riemer , T. (1992): Statistiken zur Erkennung von Weiserjahren. In: Schriften aus der Forstlichen Fakultät der Universität Göttingen und der Niedersächsischen Forstlichen Versuchsanstalt 106, S. 184–197.

Riemer, T. (1994): Über die Varianz von Jahrringbreiten. Statistische Methoden für die Auswertung der jährlichen Dickenzuwächse von Bäumen unter sich ändernden Lebensbedingungen. In: Ber. d. Forschungszentrums Waldökosysteme, Reihe A, Bd. 121. Göttingen.

Rigling, A. & P. Cherubini (1999): Wieso sterben die Waldföhren im „Telwald" bei Visp? In: Schweizerische Zeitschrift für Forstwesen 150 (4), S. 113–131.

Rigling, A.; Waldner, P.; Forster, T.; Bräker, O. U. & A. Pouttu (2001): Ecological interpretations of tree-ring width and intra-annual dendity fluctuations in Pinus sylvestris L. from dry sites of the Central Alps and Siberia. In: Canadian Journal of Forest Research 31, S. 18–31.

Rigling, A.; Bräker, O. U.; Schneiter, G. & F. H. Schweingruber (2003): Irrigation effect on tree growth and vertical resin duct production of Pinus sylvestris L. on dry sites in the Central Alps, Switzerland. In: Forest Ecology and Management 163 (1), S. 105–121.

Rinn, F. (1996): TSAP – Time Series Analysis and Presentation, Version 3, Reference Manual. Heidelberg.

Rogers, J. C. (1984): The association between the North Atlantic Oscillation and the Southern Oscillation in the Northern Hemisphere. In: Monthly Weather Review 111, S. 1999–2015.

Rogers, J. C. (1990): Patterns of low frequency monthly sea level pressure variability (1899–1986) and associated wave cyclone frequencies. In: Journal of Climate 3, S. 1364–1379.

Rolland, C. (1993): Tree-ring and climate relationsships for *Abies alba* in the internal Alps. In: Tree-Ring Bulletin 53, S. 1–11.

Rolland, C.; Desplanque, C.; Michalet, R. & F. H. Schweingruber (2000): Extreme tree rings in Spruce (*Picea abies* [L.] Karst.) and Fir (*Abies alba* Mill.) stands in relation to climate, site, and space in the southern French and Italian Alps. In: Arctic, Antarctic, and Alpine Research 32 (1), S. 1–13.

Roloff, A. & K. Klugmann (1997): Ursachen und Dynamik von Eichen-Zweigabsprüngen. Forstwissenschaftliche Beiträge Tharandt/Contributions to Forest Sciences 1.

Saurer, M.; Borella, S. & M. Leuenberger (1997): δ^{18} O of tree rings of beech (Fagus silvatica) as record of δ^{18} O of the growing season precipitation. In: Tellus, 49 B, S. 80–92.

Schickhoff, U. (1995): Verbreitung, Nutzung und Zerstörung der Höhenwälder im Karakorum und angrenzenden Hochgebirgsräumen Nordpakistans. In: Petermanns Geographische Mitteilungen 139, S. 67–85.

Schleser, G. H. (1995): Parameters determining carbon isotopes ratios in plants. In: Frenzel, B.; Stauffer, B. & M. M. Weiss (Hrsg.): Problems of stable isotopes in tree rings, lake sediments and peat bogs as climatic evidence fort he Holocene. In: Paläoklimaforschung/ Paleoclimate Research 15, S. 71–96.

Schmatz, D. R.; Ghosh S. & I. Heller (2001): Tree Ring Web and alternative chronologies. In: Kaennel, M. & Bräker, O. U. (Hrsg.): International Conference Tree Rings and People. Davos, 22–26 September 2001, Abstracts, Birmensdorf, Swiss Federal Research Institute WSL.

Schmutz, C.; Luterbacher, J.; Gyalistras, D.; Xoplaki, E. & H. Wanner (2000): Can we trust proxy-based NAO index reconstructions? In: Geophysical Research Letters 27, S. 1135–1138.

Schmidt-Vogt, H. (1977): Die Fichte. Bd. 1, Paul Parey Verlag, Berlin.

Schönwiese, C. D. (1992[2]): Praktische Statistik für Meteorologen und Geowissenschaftler. Stuttgart.

Schweingruber, F. H. (1983): Der Jahrring. Standort, Methodik, Zeit und Klima in der Dendrochronologie. Bern.

Schweingruber, F. H. (1985): Dendro-ecological zones in the coniferous forests of Europe. In: Dendrochronologia 3, S. 67–75.

Schweingruber, F. H. (1988): Tree rings. Basics and applications of dendrochronology. Dordrecht.

SCHWEINGRUBER, F. H. (1992[2]): Baum und Holz in der Dendrochronologie. Morphologische, anatomische und jahrringanalytische Charakteristika häufig verwendeter Bäume. WSL Birmensdorf.

SCHWEINGRUBER, F. H. (1993): Die ökologische Bedeutung von Ereignis- und Weiserjahren in Waldbäumen des schweizerischen Mittellandes. In: Dissertationae Botanicae 196, S. 175–183.

SCHWEINGRUBER, F. H. (1996): Tree rings and environment – Dendroecology. Bern, Stuttgart, Wien.

SCHWEINGRUBER, F. H. (2001): Dendroökologische Holzanatomie. Anatomische Grundlagen der Dendrochronologie. Bern, Stuttgart, Wien.

SCHWEINGRUBER, F. H.; FRITTS, H. C.; BRÄKER, O. U.; DREW, L. G. & E. SCHÄR (1978): The X-ray technique as applied to dendroclimatology. In: Tree-Ring Bulletin 38, S. 61–91.

SCHWEINGRUBER, F. H.; ECKSTEIN, D.; SERRE-BACHET, F. & O.U. BRÄKER (1990): Identification, presentation and interpretation of event years and pointer years in dendrochronology. In: Dendrochronologia 8, S. 9–38.

SCHWEINGRUBER, F. H.; WEHRLI, U.; AELLEN-RUMO, K. & M. AELLEN (1991): Weiserjahre als Zeiger extremer Standorteinflüsse. In: Schweizerische Zeitschrift für Forstwesen 142, S. 33–52.

SCHWEINGRUBER, F. H. & K. R. BRIFFA (1996): Tree-ring density networks for climate reconstruction. In: JONES, P. D.; BRADLEY, R. S. & J. JOUZEL (Hrsg.): Climatic variations and forcing mechanisms of the last 2000 years. NATO ASI Ser. 141, S. 43–66.

SCHWEINGRUBER, F. H. & P. NOGLER (2003): Synopsis and climatological interpretation of Central European tree-ring sequences. In: Botanica Helvetica 113 (2), S. 125–243.

SHRODER, J. F. (1980): Dendrogeomorphology): Review and new techniques of tree-ring dating. In: Progress in Physical Geography 4, 161–188.

SITTE, P.; WEILER, E. W.; KADEREIT, J. W.; BRESINSKY, A. & C. KÖRNER (2002[35]): Lehrbuch der Botanik für Hochschulen. Begr. von E. STRASBURGER et al. Berlin.

SPIECKER, H. (1990): Zusammenhänge zwischen Waldwachstum und der Variation von Klima und Witterung auf langfristig beobachteten Versuchsflächen in Baden-Württemberg. Beschreibung eines Forschungsvorhabens. In: Tagungsbericht Deutscher Verband Forstlicher Forschungsanstalten, Sektion Ertragskunde, S. 324–332.

SPIECKER, H.; MIELIKÄINEN, K.; KÖHL, M. & J. SKOVSGAARD (Hrsg.) (1996): Growth trends in European forests. Studies from 12 countries. Berlin, Heidelberg, New York u. a.

STRACKEE, J. & E. JANSMA (1992): The statistical properties of mean sensitivity – a reappraisal. In: Dendrochronologia 10, S. 121–135.

STRUNK, H. (1997): Dating of geomorphological processes using dendrogeomorphological methods. In: Catena 31, S. 137–151.

Swetnam, T. W. (1993): Fire history and climate change in Giant Sequoia groves. Science 262, 886–889.

Tessier, L. (1988): Spatio-temporal analysis of climate-tree ring relationships. In: The New Phytologist 111, S. 517–529.

Treydte, K. S. (2003): Dendro-Isotope und Jahrringbreiten als Klimaproxis der letzten 1200 Jahre im Karakorumgebirge/Pakistan. Schriften des Forschungszentrums Jülich, Reihe Umwelt/Environment 38. Jülich.

Treydte, K.; Schleser, G. H.; Schweingruber F. H. & M. Winiger (2001): The climatic significance of δ^{13} C in subalpine spruces (Lötschental, Swiss Alps) – A case study with respect to altitude, exposure and soil moisture. Tellus 53 B (5), S. 593–611.

Tüxen, R. (1956): Die heutige potentielle natürliche Vegetation als Gegenstand der Vegetationskartierung. In: Pflanzensoziologie 13, S. 5–42.

Überla, K. (1977[2]): Faktorenanalyse. Eine systematische Einführung für Psychologen, Mediziner, Wirtschafts- und Sozialwissenschaftler. Berlin, Heidelberg, New York.

Ulbrich, U. & M. Christoph (1999): A shift of the NAO and increasing storm track activity over Europe due to anthropogenic greenhouse gas forcing. In: Climatic Dynamics 15, S. 551–559.

Varley, G. C. (1978): The effects of insect defoliation on the growth of oaks in England. In: Fletcher, J.: Dendrochronology in Europe. B.A.R. Int. Ser. 51, S. 179–184.

Vogel, R. & S. Keller (1998): Dendrochronologische Rekonstruktion der schweizerischen Fluggebiete des Maikäfers (*Melolontha melolontha* L.) für die vergangenen 700 Jahre. In: Mitteilungen der schweizerischen entomologischen Gesellschaft 71, S.141–152.

Weber, U. M. (1995): Ecological pattern of larch budmoth (*Zeiraphera diniana*) outbreaks in the Central Swiss Alps. In: Dendrochronologia 13, S. 11–31.

Weber, U. M. (1997): Dendroecological reconstruction and interpretation of larch budmoth (*Zeiraphera diniana*) outbreaks in two central alpine valleys of Switzerland from 1470–1990. In: Trees 11, S. 277–290.

Wessel, P. & W. H. F. Smith (1995): New version of the generic mapping tools released. American Geophysical Union. http://www.agu.org/eos_elec/95154e.html (v. 27.10.09).

Weischet, W. (1977): Einführung in die Allgemeine Klimatologie. Stuttgart.

Wilson, R. J. S.; Esper, J. & B. H. Luckman (2004): Utilising historical tree-ring data for dendroclimatology: A case study from the Bavarian Forest, Germany. In: Dendrochronologia 21 (2), S. 53–68.

Z'Graggen (1992): Dendrohistometrisch – klimatologische Untersuchung an Buchen (Fagus sylvatica L.). Diss. Universität Basel.

BONNER GEOGRAPHISCHE ABHANDLUNGEN

Heft 4: HAHN, H.: Der Einfluß der Konfessionen auf die Bevölkerungs- und Sozialgeographie des Hunsrücks. 1950. 96 S. € 2,50

Heft 5: TIMMERMANN, L.: Das Eupener Land uns seine Grünlandwirtschaft. 1951. 92 S. € 3,00

Heft 15: PARDÉ, M.: Beziehungen zwischen Niederschlag und Abfluß bei großen Sommerhochwassern. 1954. 59 S. € 2,00

Heft 16: BRAUN, G.: Die Bedeutung des Verkehrswesens für die politische und wirtschaftliche Einheit Kanadas. 1955. 96. S. € 4,00

Heft 19: STEINMETZLER, J.: Die Anthropogeographie Friedrich Ratzels und ihre ideengeschichtlichen Wurzeln. 1956. 151 S. € 4,00

Heft 21: ZIMMERMANN, J.: Studien zur Anthropogeographie Amazoniens. 1958. 97. S. € 5,00

Heft 22: HAHN, H.: Die Erholungsgebiete der Bundesrepublik. Erläuterungen zu einer Karte der Fremdenverkehrsorte in der deutschen Bundesrepublik. 1958. 182 S. € 5,50

Heft 23: VON BAUER, P.-P.: Waldbau in Südchile. Standortskundliche Untersuchungen und Erfahrungen bei der Durchführung einer Aufforstung. 1958. 120 S. € 5,50

Heft 26: FRÄNZLE, O.: Glaziale und periglaziale Formbildung im östlichen Kastilischen Scheidegebirge (Zentralspanien). 1959. 80 S. € 5,00

Heft 27: BARTZ, F.: Fischer auf Ceylon. 1959. 107 S. € 5,00

Heft 30: LEIDLMAIR, A.: Hadramaut, Bevölkerung und Wirtschaft im Wandel der Gegenwart. 1961. 47 S. € 4,00

Heft 33: ZIMMERMANN, J.: Die Indianer am Cururú (Südwestpará). Ein Beitrag zur Anthropogeographie Amazoniens. 1963. 111 S. € 10,00

Heft 37: ERN, H.: Die dreidimensionale Anordnung der Gebirgsvegetation auf der Iberischen Halbinsel. 1966. 132 S. € 10,00

Heft 38: HANSEN, F.: Die Hanfwirtschaft Südostspaniens. Anbau, Aufbereitung und Verarbeitung des Hanfes in ihrer Bedeutung für die Sozialstruktur der Vegas. 1967. 155 S. € 11,00

Heft 39: SERMET, J.: Toulouse et Zaragoza. Comparaison des deux villes. 1969. 75 S. € 8,00

Heft 41: MONHEIM, R.: Die Agrostadt im Siedlungsgefüge Mittelsiziliens. Erläutert am Beispiel Gangi. 1969. 196 S. € 10,50

Heft 42: HEINE, K.: Fluß- und Talgeschichte im Raum Marburg. Eine geomorphologische Studie. 1970. 195 S. € 10,00

Heft 43: ERIKSEN, W.: Kolonisation und Tourismus in Ostpatagonien. Ein Beitrag zum Problem kulturgeographischer Entwicklungsprozesse am Rande der Ökumene. 1970. 289 S. € 14,50

Heft 44: ROTHER, K.: Die Kulturlandschaft der tarentinischen Golfküste. Wandlungen unter dem Einfluß der italienischen Agrarreform. 1971. 246 S. € 14,00

Heft 45: BAHR, W.: Die Marismas des Guadalquivir und das Ebrodelta. 1972. 282 S. € 13,00

Heft 47: GOLTE, W.: Das südchilenische Seengebiet. Besiedlung und wirtschaftliche Erschließung seit dem 18. Jahrhundert. 1973. 183 S. € 14,00

Heft 48: STEPHAN, J.: Die Landschaftsentwicklung des Stadtkreises Karlsruhe und seiner näheren Umgebung. 1974. 190 S. € 20,00

Heft 49: THIELE, A.: Luftverunreinigung und Stadtklima im Großraum München. 1974. 175 S. € 19,50

Heft 50: BÄHR, J.: Migration im Großen Norden Chiles. 1977. 286 S. € 15,00

Heft 51: STITZ, V.: Studien zur Kulturgeographie Zentraläthiopiens. 1974. 395 S. € 14,50

Heft 53: KLAUS, D.: Niederschlagsgenese und Niederschlagsverteilung im Hochbecken von Puebla-Tlaxcala. 1975. 172 S. € 16,00

Heft 54: BANCO, I.: Studien zur Verteilung und Entwicklung der Bevölkerung von Griechenland. 1976. 297 S. € 19,00

Heft 55: SELKE, W.: Die Ausländerwanderung als Problem der Raumordnungspolitik in der Bundesrepublik Deutschland. 1977. 167 S. € 14,00

Heft 56: SANDER, H.-J.: Sozialökonomische Klassifikation der kleinbäuerlichen Bevölkerung im Gebiet von Puebla-Tlaxcala (Mexiko). 1977. 169 S. € 12,00

Heft 57: WIEK, K.: Die städtischen Erholungsflächen. Eine Untersuchung ihrer gesellschaftlichen Bewertung und ihrer geographischen Standorteigenschaften – dargestellt an Beispielen aus Westeuropa und den USA. 1977. 216 S. € 10,00

Heft 58: FRANKENBERG, P.: Florengeographische Untersuchungen im Raume der Sahara. Ein Beitrag zur pflanzengeographischen Differenzierung des nordafrikanischen Trockenraumes. 1978. 136 S. € 24,00

Heft 60: LIEBHOLD, E.: Zentralörtlich-funktionalräumliche Strukturen im Siedlungsgefüge der Nordmeseta in Spanien. 1979. 202 S. € 14,50

Heft 61: LEUSMANN, CH.: Strukturierung eines Verkehrsnetzes. Verkehrsgeographische Untersuchungen unter Verwendung graphentheoretischer Ansätze am Beispiel des süddeutschen Eisenbahnnetzes. 1979. 158 S. € 16,00

Heft 62: SEIBERT, P.: Die Vegetationskarte des Gebietes von El Bolsón, Provinz Río Negro, und ihre Anwendung in der Landnutzungsplanung. 1979. 96. S. € 14,50

Heft 67: HÖLLERMANN, P.: Blockgletscher als Mesoformen der Periglazialstufe – Studien aus europäischen und nordamerikanischen Hochgebirgen. 1983. 84 S. € 13,00

Heft 69: GRAAFEN, R.: Die rechtlichen Grundlagen der Ressourcenpolitik in der Bundesrepublik Deutschland. Ein Beitrag zur Rechtsgeographie. 1984. 201 S. € 14,00

Heft 70: FREIBERG, H.-M.: Vegetationskundliche Untersuchungen an südchilenischen Vulkanen. 1985. 170 S. € 16,50

BONNER GEOGRAPHISCHE ABHANDLUNGEN (Fortsetzung • *continued*)

Heft 71:	YANG, T.: Die landwirtschaftliche Bodennutzung Taiwans. 1985. 178 S.	€ 13,00
Heft 72:	GASKIN-REYES, C. E.: Der informelle Wirtschaftssektor in seiner Bedeutung für die neuere Entwicklung in der nordperuanischen Regionalstadt Trujillo und ihrem Hinterland. 1986. 214 S.	€ 14,50
Heft 73:	BRÜCKNER, CH.: Untersuchungen zur Bodenerosion auf der Kanarischen Insel Hierro. 1987. 194 S.	€ 16,00
Heft 74:	FRANKENBERG, P. u. D. KLAUS: Studien zur Vegetationsdynamik Südosttunesiens. 1987. 110 S.	€ 14,50
Heft 75:	SIEGBURG, W.: Großmaßstäbige Hangneigungs- und Hangformanalyse mittels statistischer Verfahren. Dargestellt am Beispiel der Dollendorfer Hardt (Siebengebirge). 1987. 243 S.	€ 19,00
Heft 77:	ANHUF, D.: Klima und Ernteertrag – eine statistische Analyse an ausgewählten Beispielen nord- und südsaharischer Trockenräume – Senegal, Sudan, Tunesien. 1989. 177 S.	€ 18,00
Heft 78:	RHEKER, J. R.: Zur regionalen Entwicklung der Nahrungsmittelproduktion in Pernambuco (Nordbrasilien). 1989. 177 S.	€ 17,50
Heft 79:	VÖLKEL, J.: Geomorphologische und pedologische Untersuchungen zum jungquartären Klimawandel in den Dünengebieten Ost-Nigers (Südsahara und Sahel). 1989. 258 S.	€ 19,50
Heft 80:	BROMBERGER, CH.: Habitat, Architecture and Rural Society in the Gilân Plain (Northern Iran). 1989. 104 S.	€ 15,00
Heft 81:	KRAUSE, R. F.: Stadtgeographische Untersuchungen in der Altstadt von Djidda / Saudi-Arabien. 1991. 76 S.	€ 14,00
Heft 82:	GRAAFEN, R.: Die räumlichen Auswirkungen der Rechtsvorschriften zum Siedlungswesen im Deutschen Reich unter besonderer Berücksichtigung von Preußen, in der Zeit der Weimarer Republik. 1991. 283 S.	€ 32,00
Heft 83:	PFEIFFER, L.: Schwermineralanalysen an Dünensanden aus Trockengebieten mit Beispielen aus Südsahara, Sahel und Sudan sowie der Namib und der Taklamakan. 1991. 235 S.	€ 21,00
Heft 84:	DITTMANN, A. and H. D. LAUX (Hrsg.): German Geographical Research on North America – A Bibliography with Comments and Annotations. 1992. 398 S.	€ 24,50
Heft 85:	GRUNERT, J. u. P. HÖLLERMANN (Hrsg.): Geomorphologie und Landschaftsökologie. 1992. 224 S.	€ 14,50
Heft 86:	BACHMANN, M. u. J. BENDIX: Nebel im Alpenraum. Eine Untersuchung mit Hilfe digitaler Wettersatellitendaten. 1993. 301 S.	€ 29,00
Heft 87:	SCHICKHOFF, U.: Das Kaghan-Tal im Westhimalaya (Pakistan). 1993. 268 S.	€ 27,00
Heft 88:	SCHULTE, R.: Substitut oder Komplement – die Wirkungsbeziehungen zwischen der Telekommunikationstechnik Videokonferenz und dem Luftverkehrsaufkommen deutscher Unternehmen. 1993. 177 S.	€ 16,00
Heft 89:	LÜTZELER, R.: Räumliche Unterschiede der Sterblichkeit in Japan – Sterblichkeit als Indikator regionaler Lebensbedingungen. 1994. 247 S.	€ 21,00
Heft 90:	GRAFE, R.: Ländliche Entwicklung in Ägypten. Strukturen, Probleme und Perspektiven einer agraren Gesellschaft, dargestellt am Beispiel von drei Dörfern im Fayyûm. 1994. 225 S.	€ 23,00
Heft 92:	WEIERS, S.: Zur Klimatologie des NW-Karakorum und angrenzender Gebiete. Statistische Analysen unter Einbeziehung von Wettersatellitenbildern und eines Geographischen Informationssystems (GIS). 1995. 216 S.	€ 19,00
Heft 93:	BRAUN, G.: Vegetationsgeographische Untersuchungen im NW-Karakorum (Pakistan). 1996. 156 S.	€ 27,00
Heft 94:	BRAUN, B.: Neue Cities australischer Metropolen. Die Entstehung multifunktionaler Vorortzentren als Folge der Suburbanisierung. 1996. 316 S.	€ 14,50
Heft 95:	KRAFFT, TH. u. L. GARCÍA-CASTRILLO RIESCO (Hrsg.): Professionalisierung oder Ökonomisierung im Gesundheitswesen? Rettungsdienst im Umbruch. 1996. 220 S.	€ 12,00
Heft 96:	KEMPER, F.-J.: Wandel und Beharrung von regionalen Haushalts- und Familienstrukturen. Entwicklungsmuster in Deutschland im Zeitraum 1871-1978. 1997. 306 S.	€ 17,00
Heft 97:	NÜSSER, M.: Nanga Parbat (NW-Himalaya): Naturräumliche Ressourcenausstattung und humanökologische Gefügemuster der Landnutzung. 1998. 232 S.	€ 21,00
Heft 98:	BENDIX, J.: Ein neuer Methodenverbund zur Erfassung der klimatologisch-lufthygienischen Situation von Nordrhein-Westfalen. Untersuchungen mit Hilfe boden- und satellitengestützter Fernerkundung und numerischer Modellierung. 1998. 183 S.	€ 24,00
Heft 99:	DEHN, M.: Szenarien der klimatischen Auslösung alpiner Hangrutschungen. Simulation durch Downscaling allgemeiner Zirkulationsmodelle der Atmosphäre. 1999. 99 S.	€ 11,00
Heft 100:	KRAFFT, TH.: Von Shâhjahânâbâd zu Old Delhi: Zur Persistenz islamischer Strukturelemente in der nordindischen Stadt. 1999. 217 S.	€ 19,50
Heft 101:	SCHRÖDER, R.: Modellierung von Verschlämmung und Infiltration in landwirtschaftlich genutzten Einzugsgebieten. 2000. 175 S.	€ 12,00
Heft 102:	KRAAS, F. und W. TAUBMANN (Hrsg.): German Geographical Research on East and Southeast Asia. 2000. 154 S.	€ 16,00
Heft 103:	ESPER, J.: Paläoklimatische Untersuchungen an Jahrringen im Karakorum und Tien Shan Gebirge (Zentralasien). 2000. 137 S.	€ 11,00
Heft 104:	HALVES, J.-P.: Call-Center in Deutschland. Räumliche Analyse einer standortunabhängigen Dienstleitung. 2001. 148 S.	€ 13,00
Heft 105:	STÖBER, G.: Zur Transformation bäuerlicher Hauswirtschaft in Yasin (Northern Areas, Pakistan). 2001, 314 S.	€ 18,00

BONNER GEOGRAPHISCHE ABHANDLUNGEN (Fortsetzung • *continued*)

Heft 106: CLEMENS, J.: Ländliche Energieversorgung in Astor: Aspekte des nachhaltigen Ressourcenmanagements im nordpakistanischen Hochgebirge. 2001. 210 S. € 19,00

Heft 107: MOTZKUS, A. H.: Dezentrale Konzentration – Leitbild für eine Region der kurzen Wege? Auf der Suche nach einer verkehrssparsamen Siedlungsstruktur als Beitrag für eine nachhaltige Gestaltung des Mobilitätsgeschehens in der Metropolregion Rhein-Main. 2002. 182 S. € 18,00

Heft 108: BRAUN, TH.: Analyse, Planung und Steuerung im Gesundheitswesen. Geographische Möglichkeiten und Perspektiven am Beispiel von Daten der Gesetzlichen Krankenversicherung. 2002. 147 S. € 16,00

Heft 109: REUDENBACH, CH.: Konvektive Sommerniederschläge in Mitteleuropa. Eine Kombination aus Satellitenfernerkundung und numerischer Modellierung zur automatischen Erfassung mesoskaliger Niederschlagsfelder. 2003. 152 S. € 18,00

Heft 110: HÖRSCH, B.: Zusammenhang zwischen Vegetation und Relief in alpinen Einzugsgebieten des Wallis (Schweiz). Ein multiskaliger GIS- und Fernerkundungsansatz. 2003. 270 S. € 24,00

Heft 111: RASEMANN, S.: Geomorphometrische Struktur eines mesoskaligen alpinen Geosystems. 2004. 240 S. € 22,00

Heft 112: SCHMIDT, M.: Boden- und Wasserrecht in Shigar, Baltistan: Autochthone Institutionen der Ressourcennutzung im Zentralen Karakorum. 2004. 314 S. € 25,00

Heft 113: SCHÜTTEMEYER, A.: Verdichtete Siedlungsstrukturen in Sydney. Lösungsansätze für eine nachhaltige Stadtentwicklung. 2005. 159 S. € 19,00

Heft 114: GRUGEL, A.: Zuni Pueblo und Laguna Pueblo – Ökonomische Entwicklung und kulturelle Perspektiven. 2005. 281 S. € 21,00

Heft 115: SCHMIDT, U.: Modellierung des kurzwelligen solaren Strahlungshaushalts im Hochgebirge auf der Basis von digitalen Geländemodellen und Satellitendaten am Beispiel des Hunza-Karakorum / Nordpakistan. 2006. 133 S. € 21,00

Heft 116: NYENHUIS, M.: Permafrost und Sedimenthaushalt in einem alpinen Geosystem. 2006. 142 S. € 23,00

Heft 117: ROER, I.: Rockglacier Kinematics in a High Mountain Geosystem. 2007. 217 S. € 25,00

Heft 118: RAHMAN-FAZLUR: Persistence and Transformation in the Eastern Hindu Kush: A Study of Resource Management Systems in Mehlp Valley, Chitral, North Pakistan. 2007. 314 S. € 25,00

Heft 119: UHLIG, B.: *Calocedrus decurrens* (TORREY) FLORIN und *Austrocedrus chilensis* (D. DON) PIC. SERM. & BIZZARRI. Ein pflanzengeographischer und ökologischer Vergleich zweier Reliktconiferen in den nord- und südamerikanischen Winterregen-Subtropen. 2008. 281 S. € 25,00

Heft 120: WIESE, B.: Museums-Ensembles und Städtebau in Deutschland – 1815 bis in die Gegenwart – Akteure – Standorte – Stadtgestalt. 2008. 287 S. € 28,00

Heft 121: RAUPRICH, D.: Alltagsmobilität Alltagsmobilität älterer Menschen im suburbanen Raum – Möglichkeiten und Grenzen einer ökologisch nachhaltigen Gestaltung durch eine geänderte Verkehrsmittelnutzung. 283 S. € 21,00

Heft 122: LÖWNER, M.-O.: Formale semantische Modellierung von geomorphologischen Objekten und Prozessen des Hochgebirges zur Repräsentation in einem Geoinformationssystem (GIS). 121 S. € 16,00

Heft 123: SCHMIDT, S.: Die reliefabhängige Schneedeckenverteilung im Hochgebirge – ein multiskaliger Methodenverbund am Beispiel des Lötschentals (Schweiz). 2009. 166 S. € 23,00

Heft 124: OTTO, J.-C.: Paraglacial Sediment Storage Quantification in the Turtmann Valley, Swiss Alps. 2009. 130 S. € 19,00

In Kommission bei • *on consignment with* E. Ferger Verlag, Bergisch Gladbach

Nicht genannte Nummern sind vergriffen, sämtliche Titel unter
Titles not listed are out of print, see for all titles www.geographie.uni-bonn.de/schriften.welcome.html